クラスター入門

物理と化学でひも解くナノサイエンス

元 東京大学教授
理学博士

豊田工業大学准教授
理学博士

近藤　保　市橋正彦

共　著

裳　華　房

Introduction To Cluster Science

Physics and Chemistry in Nanotechnology

by

Tamotsu Kondow, Dr. Sc.

Masahiko Ichihashi, Dr. Sc.

SHOKABO

TOKYO

序　　文

　ナノテクノロジーという言葉が流行し始めたのは，西暦 2000 年のクリントン演説以来といわれている．ナノテクノロジーとは何かと誰かに聞いてみると，その答えは千差万別である．ナノテクノロジーが注目され始めた頃は，自分の分野こそがナノテクノロジーであるというような極端な答えもあった．今でも，それぞれの人がそれぞれの解釈を持っていることは事実である．そのことからもわかるように，その内容は複雑多岐にわたっている．長い話を短くし，一言でいってしまうと，「物質をナノメートル程度の寸法に小さくすると，物質本来の性質が非常に違ってくるので，このことを利用して，新しい性質を持つ物質を作ろう」というのがナノテクノロジーであろう．

　このように考えてくると，ナノよりも寸法の小さなサブナノメートルの物質を利用するサブナノテクノロジーなども考えられるのだろうか，という考えに至る．しかし，サブナノメートルのように小さな寸法の物質はクラスターと呼んで，ナノ物質と別に分けて考えることが多い．

　さて，サブナノ物質，すなわちクラスター中には，数個から数百個の原子しか含まれていないので，その特性は原子に近いように思える．クラスターで面白いのは，クラスターを構成する原子数（サイズ）によって千変万化する性質である．シリコンのクラスターはサイズが大きくなるにつれ，シリコン原子的な性質から半導体的な性質に近づき，その途中で光 - エネルギー変換効率が良いサイズ領域がある．また，鉄のクラスターは磁石ではないが，大きくなるにつれて強い磁性を示すようになり，磁石として利用できるようになる．

　このような，ナノあるいはサブナノの寸法を持つ物質を支配する法則を追求する学問分野が，ナノ科学あるいはクラスター科学である．この本では，

これらを一緒にして，クラスター科学といってしまうことにしよう．本書「クラスター入門」は，これら科学の入り口を解説するものである．

さてそれでは，このような特性を示す根本原因は何か，ということになると，はてなと首を傾ける人たちも多いのではなかろうか．この現象に着目し，その原因を解明する1つの方法を示したのは久保亮五である（サイズ効果）.[*]金属を細分化していくと，10ナノメートルぐらいの寸法で，エネルギー準位の間隔が熱エネルギーと同じ程度になり，金属が本来持っている性質と違ってくる．つまり，このような微小粒子は金属なのかどうかわからなくなってくる．一方，金属原子を1個，1個と増やしていくことを考えてみよう．つまり，金属クラスターのサイズを増やしていくと，その性質は，どのように変化しながら最後には金属になるかという攻め方である．実際に実験してみると，奇妙なことがわかってきた．金属クラスターの"温度"が低いとその性質は分子的と考えられるのに対して，"温度"が高いと金属的になるということである．慧眼な読者には，すぐにその理由が理解できるであろう．

久保のサイズ効果でも述べたように，エネルギー準位の間隔が熱エネルギーよりも大きいか小さいかの問題である．また，高温では，金属クラスターが液体のような状態であるのに対して，低温では，固体のような状態になっていることも関連している．ただ，「これで全部わかりました，お終い」というわけにはいかない．それほど簡単ではない．例えば，金属原子からクラスターを経て金属になるにつれて，クラスターの磁性は予想を超えた奇妙な変化をする．磁性が，電子やスピン状態の微妙なバランスで決まっており，これらの状態がサイズによって微妙に変化をするためである．

ここで少し話題を変え，金属の触媒作用のことを考えてみよう．金は安定な金属で，触媒などには使われていない．ところが，そのクラスターでは，一酸化炭素の酸化反応を促進するなど，顕著な触媒作用を示す．その理由は

---

[*]　R. Kubo: J. Phys. Soc. Jpn. **17** (1962) 975

まだ良くわかっていないが，電子構造や幾何構造の変化によることは当然である．一方，鉄族金属（鉄，コバルト，ニッケル）原子自身はあまり顕著な触媒作用を持っていないが，そのクラスターでは，サイズがある値を超えると多彩な触媒作用を示すようになる．このような顕著なサイズ効果の背景には，電子構造や幾何構造のサイズによる変化があると考えられる．実際に，価電子状態にd電子がどの程度含まれているかとか，幾何構造が反応サイトに適しているかなどが重要な因子らしい，ということが実験から推察される．

原子が集合していくにつれて，その性質がどのように変化していくかを示す原理を解明する学問がクラスター科学である．しかし，クラスター科学は，単なる物質科学だけではなく，自然の原理を解明しようという広い視野を持つものであり，自然科学における集合論のようなものである．素粒子の集合が原子核や原子であり，原子の集合が分子であり，分子の集合が我々の身の回りにある物質であり，生命体であり，それが地球を形作り，恒星群，銀河系，大宇宙を形作るのである．このように物質が集合して形成される集合体の性質が，それを構成する基本単位の集合によってどのように変化していくかについて，クラスター科学は答えを与えるものだと考えられる．

ここで，クラスター科学が解決できるかもしれない興味深い一口話をしよう．子どもが学校で悪いことをして，新聞種になることがよくある．その時，その子どもの両親が，うちの子どもに限ってそんな悪いことはしない筈である，というのは世の常である．それを聞いている我々は，子ども可愛さのことであり，本当は子どもが悪いのだと聞き流す．ところが，家では子どもは実際に良い子である場合も多い．学校に行って友達の中に入ると，周りと一緒になって悪いことをするのである．つまり，クラスターの科学では，子ども自身が持つ性質でないものが，子ども間の相互作用がはたらいて悪い行動に走る（集合効果）と考えるのである．このような問題にも，クラスター科学が答えを出してくれるかもしれない．

さて，本書は「クラスターを学ぶための準備」，「クラスターの基礎理論」，

「クラスターの応用」の3部構成になっている．まず，「クラスターを学ぶための準備」では，量子力学のおさらいをしている．これはクラスターの性質の根底にあるものも量子力学であり，それを避けては通れないからである．一方，兎にも角にもクラスターのことをまず知りたいという読者は，「クラスターの基礎理論」から読み始め，その際，必要とあれば「クラスターを学ぶための準備」を参照するのがよいであろう．「クラスターの基礎理論」ではまず，クラスターの構造を詳しく紹介した．ここから得られたクラスターのイメージをもとに，それに続く章で述べられているクラスターのさまざまな性質の紹介へと読み進んでいってもらいたい．また，クラスターがどんなふうに使われるかをまず知りたいという人は，「クラスターの応用」から読んでみるのがよいであろう．この中には，数年のうちには非常に身近な技術になるものも含まれていよう．

　本書の内容は物理と化学の広い範囲に亘っているが，各章ごとのつながりや各内容の関連性は十分に確保されているのではないかと考えている．クラスターへの興味を高める一助になれば幸いである．

　また，本書の読者対象がクラスターの初学者であることから，多くの図を用意することによって，理解の深化を図った．その際には，いくつかの図においては許可を得て利用させていただいた．そのようなものには，図説に出典元を明示することで謝意を示した．また，そのままではなく，筆者が図の作製の際に参考とさせていただいたものもある．このようなものには，章末に記した参考文献の該当する番号を，図説の上付き文字として明示することで謝意を示した．読者の方には，原論文を読まれる際の参考にしていただければ幸いである．

　最後に，本書の執筆に当たって，東京大学の真船文隆 氏には，著書からの抜粋を快くご了承いただいた．また，北海道大学の廣川 淳 氏には原稿の段階でご査読いただき，全体的な観点から細かい点に至るまで多くの適切なご助言をいただいた．さらに，京都大学の諸熊奎治 氏，首都大学東京の春田正

毅 氏，東北大学の川添良幸 氏，分子科学研究所の西 信之 氏，北海道大学の佃 達哉 氏，産業技術総合研究所の古賀健司 氏には，それぞれの専門分野に関して有用なご助言や図のご提供をいただき，本書の執筆を励ましていただいた．また，筆者の所属する研究室でともに研究してきた方々からもいろいろなご助言をいただいた．紙面を借りて厚くお礼を申し上げたい．重ねて，本書の執筆を励まし，よりよいクラスターの入門書を作るために熱心にご助力下さった，裳華房編集部の石黒浩之氏にお礼申し上げる．

近藤　保
市橋正彦

共著者である近藤 保先生は，残念ながら本書の完成を見ることなく逝去されました．近藤先生はクラスター研究に対する熱意を最後まで持ち続けておられ，本書の執筆に当たっても，盛り込むべき内容や構成に関してともに議論し取り組んでまいりました．本書が無事に刊行できたことを今は亡き近藤先生にご報告するとともに，ここにご冥福をお祈りしたいと思います．

2010年秋

市橋正彦

目　次

クラスターを学ぶための準備

1. 量子力学の基礎

1.1 シュレーディンガー（Schrödinger）方程式・・・2
  1.1.1 シュレーディンガー方程式の導出・・・・・・・3
  1.1.2 演算子と固有値問題・・・5
  1.1.3 1次元の井戸型ポテンシャルとシュレーディンガー方程式・・・・・・・7
  1.1.4 波動関数の規格化と確率・9
  1.1.5 物理量と期待値・・・・10
  1.1.6 不確定性原理の簡単な確認・・・・・・・・・・12
1.2 量子力学の基礎のまとめ・・13

クラスターの基礎理論

2. 幾何構造と電子構造

2.1 希ガスクラスター・・・・28
2.2 分子クラスター・・・・・31
  2.2.1 水クラスター――鎖状，環状構造から3次元構造へ・・・32
  2.2.2 水クラスター――3次元構造・・・・・・・・・・・・38
  2.2.3 水クラスターイオン――安定な籠状構造・・・39
2.3 溶媒和クラスター・・・・41
  2.3.1 セシウムイオン－メタノール溶媒和クラスター・41
  2.3.2 塩化物イオン－水溶媒和クラスター・・・・43
2.4 イオン結合クラスター・・・45
  2.4.1 ヨウ化セシウムクラスターイオンの構造・・・45
  2.4.2 安定なクラスターの観測・・・・・・・・・・48
  2.4.3 電子線回折によるクラスターの構造解明・49
2.5 炭素クラスター・・・・・54
2.6 金属クラスター・・・・・56

2.6.1　ナトリウムクラスター　・56
2.6.2　電子殻模型　・・・・・57
2.6.3　電子構造と幾何構造の相克
　　　　・・・・・・・・・63
2.6.4　金クラスター　・・・・65
2.6.5　遷移金属クラスター　・・70
2.6.6　水銀クラスターの電子構造
　　　　—サイズによる金属-非金属
　　　　転移　・・・・・・73
参考文献・・・・・・・・・・76

3. 光学的性質と磁気的性質

3.1　Na_n^+の光吸収スペクトル　・・78
3.2　遷移金属クラスターのスピン
　　　状態および磁性　・・・・82
　3.2.1　クラスターの磁性の測定
　　　　・・・・・・・・・84
　3.2.2　ランジュヴァン（Langevin）
　　　　の常磁性理論　・・・88
　3.2.3　実験と常磁性理論との比較
　　　　・・・・・・・・・91
参考文献・・・・・・・・・・94

4. 熱・統計力学

4.1　計算機シミュレーション
　　　—分子動力学法　・・・・95
4.2　アルゴンクラスターの融解と
　　　凝固　・・・・・・・98
　4.2.1　固体状態での振舞・・100
　4.2.2　液体状態での振舞・・101
　4.2.3　固液共存状態での振舞・102
4.3　相転移のクラスターサイズ
　　　依存性・・・・・・・104
4.4　クラスターの融点・凝固点・107
4.5　光解離による比熱測定—
　　　ナトリウムクラスターイオン・109
　4.5.1　融点・潜熱・エントロピー
　　　　のサイズ依存性・・・114
　4.5.2　幾何構造・電子構造の
　　　　サイズ依存性・・・116
　4.5.3　融点のサイズ依存性の解釈
　　　　・・・・・・・・・118
4.6　温度によるクラスターの構造変
　　　化の観察—金クラスター　・121
　4.6.1　液体殻模型・・・・・125
　4.6.2　構造転移のメカニズム・126
参考文献・・・・・・・・・・128

5. ダイナミクス—振動運動と衝突反応—

5.1　弾性球の振動　・・・・・129
5.2　球形クラスターの全体振動・132
5.3　非球形クラスターの全体振動
　　　・・・・・・・・・135
5.4　クラスターの全体振動の
　　　実験的観測・・・・・・138
　5.4.1　実験室系と重心系・・・139
　5.4.2　衝突のニュートン力学・140

目次　xi

5.4.3　アルゴンクラスターの振動励起・・・・・142
5.4.4　エネルギー損失スペクトル・・・・・・・・・145
5.4.5　サイズ依存性・・・・・148
5.4.6　弾性球モデルとの比較・149
5.5　アルゴンクラスターイオン Ar_n^+ とアルゴン原子との衝突・151
5.5.1　アルゴンクラスターイオン Ar_n^+ の安定構造・・・151
5.5.2　蒸発反応と取り込み反応・・・・・・・・・・・155
5.5.3　反応生成物のサイズ分布・・・・・・・・・・・156
5.5.4　クラスターの励起エネルギー・・・・・・・・・158
5.5.5　反応断面積・・・・・160
5.5.6　イオン-分子反応のニュートン力学・・・・・163
5.5.7　Ar_{13}^+ と Ar との衝突過程・・・・・・・・・・・165
5.6　金属クラスターと原子との衝突・・・・・・・・・・166
5.6.1　Na_9^+ と Na との衝突・・167
5.6.2　Na_9^+ と He との衝突・・172
5.7　クラスターの固体表面との衝突・・・・・・・・・・174
参考文献・・・・・・・・・・180

クラスターの応用

6.　エネルギー分野へ広がる応用

6.1　メタンハイドレート・・・182
6.1.1　籠状構造・・・・・・・189
6.1.2　メタンを閉じ込める機能を持つ籠状構造・・・191
6.2　クラスターの核融合反応・・192
6.2.1　重水素クラスターを用いる核融合・・・・・・193
6.2.2　核融合効率をさらに高めるために・・・・・195
参考文献・・・・・・・・・・199

7.　触媒分野へ広がる応用

7.1　鉄クラスターと水素との反応・・・・・・・・・200
7.2　鉄クラスターイオンと炭化水素との反応・・・・・・・203
7.3　金属クラスターを触媒としたカーボンナノチューブ生成・・・・・・・・・・・205
7.3.1　カーボンナノチューブ生成の実験的観測・・・206
7.3.2　カーボンナノチューブ生成の計算機シミュレーション・・・・・・・・・207
7.4　担持された金クラスターの反応・・・・・・・・・214

- 7.4.1 サイズ依存性・・・・・214
- 7.4.2 担体による反応性変化・217
- 7.4.3 担体と金クラスターとの接合状態・・・・・218
- 7.5 金クラスターの精密大量合成・・・・・218
- 7.6 窒化アルミニウムクラスターによる水素吸蔵・・・・221
- 参考文献・・・・・・・224

8. 電子工学分野へ広がる応用

- 8.1 有機金属クラスター・・・225
  - 8.1.1 サンドイッチ型クラスターの磁性・・・・・・227
  - 8.1.2 自己組織化単分子膜によるクラスターの固体表面付着・・・・・・・231
- 8.2 金属クラスターの固体表面付着によるデバイス作製・・・234
- 参考文献・・・・・・・237

さらに深く学びたい読者のために・・・・・・・・・・・238

事項索引・・・・・・・・・・・・・・・・・・239

物質索引・・・・・・・・・・・・・・・・・・244

クラスターを学ぶための準備

1 量子力学の基礎

クラスターのような小さな粒子の性質を記述するためには,量子力学が必要である.以後の準備のため,量子力学の内容を簡単に復習しておこう.*

1.1 シュレーディンガー (Schrödinger) 方程式

最初に,量子力学の基本方程式の1つである**シュレーディンガー方程式**の意味から説明していこう.物質は,粒子性と波動性の両面を持っている.特に,クラスターにおける電子の振舞に関しては,その両面性を満足させるべく,シュレーディンガー方程式を用いる必要がある.まずは,物質の波動性を弦や膜の振動現象と類似させて考え,その波動方程式から出発する.次に,粒子の運動量と物質波の波長とを結び付けるド・ブロイ (de Broglie) の関係式を用いて,波動方程式の波長を粒子の運動量でおきかえる.このような手続きを取り,シュレーディンガー方程式を導く.以下に,その概略を示そう.

---

* この章では,量子力学の復習として,「化学新シリーズ 量子化学」(近藤 保,真船文隆 共著,裳華房) より必要な部分を抜粋する.

1.1.1 シュレーディンガー方程式の導出

ド・ブロイは，運動量 p を持つ粒子は波長 λ を持つ物質波であると考え，p と λ との関係式，

$$p = \frac{h}{\lambda} \tag{1.1}$$

を導出した．この関係式を**ド・ブロイの式**という．ここで h はプランク（Planck）定数である．

まず，弦の振動のような1次元の波動から考えてみよう．弦上の各点の変位 $u(x, t)$ は，各点の位置 x および時間 t の関数である（図1.1参照）．そのような波動を記述する1次元の**波動方程式**は，

$$\frac{\partial^2 u(x, t)}{\partial x^2} - \frac{1}{v^2}\frac{\partial^2 u(x, t)}{\partial t^2} = 0 \tag{1.2}$$

で与えられる．ここで v は波の速さである．弦の長さを l として，両端が固定されているという**境界条件**を与え，その解が，時間のみに依存する部分と位置のみに依存する部分との積になるようにしてみよう（**変数分離**）．求める一般解は，

$$u_n(x, t) = A_n \cos(\omega_n t + \phi_n) \sin\frac{n\pi x}{l} \quad (n = 1, 2, 3, \cdots) \tag{1.3}$$

で与えられる．ここで A_n, ϕ_n, ω_n はそれぞれ波の振幅，位相，角速度を表す．簡単のために，A_n を1，ϕ_n を0とし，ω_n の満たすべき条件を見ていこう．以後，添字 n を省くことにする．位置に依存する部分を $\phi(x)$ とすると，

$$u(x, t) = \phi(x) \cos \omega t \tag{1.4}$$

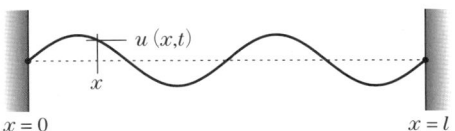

図 1.1　弦の振動

となる．この式を (1.2) に代入すると，

$$\frac{d^2\psi(x)}{dx^2}\cos\omega t + \frac{\omega^2}{v^2}\psi(x)\cos\omega t = \left[\frac{d^2\psi(x)}{dx^2} + \frac{\omega^2}{v^2}\psi(x)\right]\cos\omega t = 0 \tag{1.5}$$

が得られる．上式が時間によらず，常に成り立つためには，

$$\frac{d^2\psi(x)}{dx^2} + \frac{\omega^2}{v^2}\psi(x) = 0 \tag{1.6}$$

でなければならない．波長 λ と振動数 ν の積が波の速度 v となるので，

$$v = \nu\lambda \tag{1.7}$$

の式が成り立つ．また，

$$\omega = 2\pi\nu \tag{1.8}$$

である．これらを (1.6) に代入すると，

$$\frac{d^2\psi(x)}{dx^2} + \frac{4\pi^2}{\lambda^2}\psi(x) = 0 \tag{1.9}$$

となる．この式には，波長 λ という波動性に関連した量しか含まれていない．この式の中に粒子性に関連した，運動量 p を導入したい．そのためには，波長 λ と運動量 p を関係付けるド・ブロイの式を用いて，λ の代わりに p を (1.9) に導入すればよい．粒子の全エネルギー E は運動エネルギー $(1/2)mv^2$ とポテンシャルエネルギー $V(x)$ との和であるから，

$$E = \frac{1}{2}mv^2 + V(x) \tag{1.10}$$

で与えられる．ニュートン (Newton) 力学での運動量 p の定義式，

$$p = mv \tag{1.11}$$

を用いると，

$$E = \frac{p^2}{2m} + V(x) \tag{1.12}$$

が得られる．すなわち

$$p = \sqrt{2m[E - V(x)]} \quad (1.13)$$

である．ここで，ド・ブロイの式を用いると，

$$\lambda = \frac{h}{p} = \frac{h}{\sqrt{2m[E - V(x)]}} \quad (1.14)$$

となる．この式を (1.9) に代入すると，

$$\frac{d^2\phi(x)}{dx^2} + 4\pi^2 \frac{2m[E - V(x)]}{h^2} \phi(x) = 0 \quad (1.15)$$

となる．ここで $h/2\pi$ を $\hbar$ で表すと，

$$\frac{d^2\phi(x)}{dx^2} + \frac{2m[E - V(x)]}{\hbar^2} \phi(x) = 0 \quad (1.16)$$

が求められ，少し式を変形すると，最終的に，

$$-\frac{\hbar^2}{2m} \frac{d^2\phi(x)}{dx^2} + V(x)\,\phi(x) = E\,\phi(x) \quad (1.17)$$

になる．この式は，質量 m を持つ粒子の1次元の運動に対するシュレーディンガー方程式と一致する．

1.1.2 演算子と固有値問題

　シュレーディンガー方程式を解くことに関連して，演算子（オペレーター）や演算子が作用する被演算関数（オペランド）を用いることが多いので，あらかじめ基礎知識として説明しておこう．演算子であることを示すために，演算子を示す記号の上に ^ 記号を付ける．

　量子力学では，線型演算子が用いられる．線型演算子とは，

$$\hat{A}(c_1\phi_1 + c_2\phi_2) = c_1\hat{A}\phi_1 + c_2\hat{A}\phi_2 \quad (1.18)$$

で示されるように，「被演算関数の和に対して演算子を作用させたもの」と，「被演算関数のそれぞれに対して演算子を作用させ，それらの和をとったもの」とが一致するような演算子のことである．ここで，c_1 と c_2 は定数である．

　どのような演算子が線型演算子であろうか．例えば，$\frac{d}{dx}$，$\int dx$ は線型演

算子である．なぜならば，

$$\frac{d}{dx}(c_1\phi_1 + c_2\phi_2) = c_1\frac{d\phi_1}{dx} + c_2\frac{d\phi_2}{dx} \tag{1.19}$$

$$\int (c_1\phi_1 + c_2\phi_2)\,dx = c_1\int \phi_1\,dx + c_2\int \phi_2\,dx \tag{1.20}$$

が成り立つからである．なお，2乗を取る演算子 $\hat{S}$ は非線型演算子である．すなわち，

$$\hat{S}(c_1\phi_1 + c_2\phi_2) = c_1^2\phi_1^2 + c_2^2\phi_2^2 + 2c_1c_2\phi_1\phi_2 \tag{1.21}$$

$$\neq c_1\hat{S}\phi_1 + c_2\hat{S}\phi_2 \tag{1.22}$$

となるからである．

　ここで，2つの演算子が下記のような条件を満たすとき，これら2つの演算子は交換可能（可換）であるという．すなわち，

$$\hat{A}\hat{B}f(x) = \hat{B}\hat{A}f(x) \quad \text{または} \quad \hat{A}\hat{B} = \hat{B}\hat{A} \tag{1.23}$$

という関係のときをいう．しかし，演算子は必ずしも交換可能であるとはいえない点に注意しておこう．例えば，2つの演算子 $\hat{A} = d/dx$ と $\hat{B} = x^2$ について考えてみよう．それぞれについて計算してみると，

$$\hat{A}\hat{B}f(x) = \frac{d}{dx}[x^2 f(x)] = 2xf(x) + x^2\frac{df(x)}{dx} \tag{1.24}$$

$$\hat{B}\hat{A}f(x) = x^2\frac{df(x)}{dx} \tag{1.25}$$

となり，演算して求め2つの値は一致せず，$\hat{A} = d/dx$ と $\hat{B} = x^2$ は可換ではないことがわかる．

　一方，質量 m を持つ粒子の1次元運動に対するシュレーディンガー方程式は，

$$\left[-\frac{\hbar^2}{2m}\frac{d^2}{dx^2} + V(x)\right]\psi(x) = E\,\psi(x) \tag{1.26}$$

のように書き直すことができる．左辺の括弧内を1つの演算子と考え，それ

を，$\hat{H}$ としよう．この演算子を，**ハミルトン演算子**あるいは，**ハミルトニアン**と呼ぶ．$\hat{H}$ を用いて上記の式を書き直すと，

$$\hat{H}\phi(x) = E\phi(x) \tag{1.27}$$

のように，シュレーディンガー方程式を簡単に書くことができる．このシュレーディンガー方程式を解くことは，E と $\phi(x)$ を求めることにほかならない．これは，演算子 $\hat{H}$ に対する**固有関数** $\phi(x)$ と**固有値** E を求めることと同等である．一般的にいうと，演算子 $\hat{A}$ に対して関数 ϕ および定数 a が

$$\hat{A}\phi = a\phi \tag{1.28}$$

という関係を満たすとき，この関数 ϕ を固有関数，a を固有値という．また，演算子 $\hat{A}$ に対して ϕ と a を求めることを固有値問題という．

1.1.3　1次元の井戸型ポテンシャルとシュレーディンガー方程式

シュレーディンガー方程式は非線型の方程式なので，その解を求めることは容易ではない．ポテンシャルエネルギー $V(x)$ が特別な形をしているときだけ，この方程式の解を求めることができる．その一例として，ここで**井戸型ポテンシャル**を取り上げてみよう．図 1.2 で示すように，このポテンシャルエネルギー $V(x)$ は，$0 \leq x \leq a$ の領域では 0 で，$x < 0$ および $x > a$ で無限大となる．すなわち，

$$V(x) = \begin{cases} \infty & (x < 0) \\ 0 & (0 \leq x \leq a) \\ \infty & (x > a) \end{cases} \tag{1.29}$$

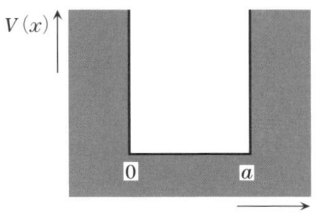

図 1.2　1 次元の井戸型ポテンシャル

である.

この井戸型ポテンシャルのなかで,質量 m の粒子が自由に運動しているとする.$0 \leq x \leq a$ の領域におけるシュレーディンガー方程式は,

$$-\frac{\hbar^2}{2m}\frac{d^2\psi(x)}{dx^2} = E\,\psi(x) \tag{1.30}$$

あるいは

$$\frac{d^2\psi(x)}{dx^2} + \frac{2mE}{\hbar^2} = 0 \tag{1.31}$$

となる.その解は

$$\psi(x) = A\cos kx + B\sin kx \tag{1.32}$$

$$k = \frac{\sqrt{2mE}}{\hbar} \tag{1.33}$$

で表される.ここで A, B は定数である.また境界条件は,

$$\psi(0) = \psi(a) = 0 \tag{1.34}$$

である.1つ目の境界条件,$\psi(0) = 0$ を用いると,

$$A = 0 \tag{1.35}$$

となり,もう1つの境界条件,$\psi(a) = B\sin ka = 0$ を当てはめると,

$$ka = n\pi \quad (n = 1, 2, 3, \cdots) \tag{1.36}$$

となる.

よって,粒子の持つエネルギー E は,(1.33) より,

$$\begin{aligned}E &= \frac{\hbar^2 k^2}{2m} \\ &= \frac{\hbar^2 n^2 \pi^2}{2ma^2} \\ &= \frac{h^2 n^2}{8ma^2}\end{aligned} \tag{1.37}$$

となる.n は整数であるから,粒子の持つエネルギーは離散的な値をとるこ

1.1 シュレーディンガー（Schrödinger）方程式

とがわかる．この n のことを**量子数**といい，エネルギーがこのような状態になっていることを，エネルギーが**量子化**されているという．また，それぞれの離散化されたエネルギーのことを**エネルギー準位**という．ここで $n=1$ の最もエネルギーの低い状態を**基底状態**といい，それ以外の $n \geq 2$ の状態を**励起状態**という．例えば，基底状態にある粒子は $h^2/8ma^2$ のエネルギーを持つが，この粒子は $3h^2/8ma^2$ のエネルギーを受け取って $n=2$ の励起状態に遷移する．

方程式の解も n に依存し，

$$\phi_n(x) = B \sin kx = B \sin \frac{n\pi}{a}x \quad (n = 1, 2, 3, \cdots) \quad (1.38)$$

となる．

1.1.4 波動関数の規格化と確率

一般に，波動方程式の解を**波動関数**という．波動関数を $\phi(x)$ とおくと，x と $x + dx$ の間に粒子が存在する**確率**は，

$$\phi^*(x)\,\phi(x)\,dx \quad (1.39)$$

で与えられる．ここで，$\phi^*(x)$ は $\phi(x)$ の複素共役である．また，ある粒子が定義された空間内に存在する確率は 1 であるので（**規格化条件**），

$$\int_{-\infty}^{\infty} \phi^*(x)\,\phi(x)\,dx = 1 \quad (1.40)$$

でなければならない．1 次元井戸型ポテンシャル中の粒子の波動関数は，

$$\phi_n(x) = B \sin \frac{n\pi}{a}x \quad (n = 1, 2, 3, \cdots) \quad (1.41)$$

であるから，規格化条件から以下の式が成り立つ．すなわち，

$$\int_0^a \phi^*(x)\,\phi(x)\,dx = |B|^2 \int_0^a \sin^2 \frac{n\pi}{a}x\,dx = 1 \quad (1.42)$$

ここで，$n\pi x/a = \xi$ とおき，

$$\frac{a}{n\pi}|B|^2 \int_0^{n\pi} \sin^2 \xi \, d\xi = \frac{a}{n\pi}|B|^2 \left(\frac{n\pi}{2}\right)$$
$$= \frac{a}{2}|B|^2$$
$$= 1 \tag{1.43}$$

であることを考慮すれば，$B = \sqrt{2/a}$ が得られる．したがって，粒子の波動関数は

$$\phi_n(x) = \sqrt{\frac{2}{a}} \sin \frac{n\pi}{a} x \quad (n = 1, 2, 3, \cdots) \tag{1.44}$$

となる．

1.1.5 物理量と期待値

シュレーディンガー方程式
$$\hat{H}\phi_n(x) = E_n \phi_n(x) \tag{1.45}$$
の両辺に左から $\phi_n^*(x)$ を掛けて，全空間で積分すると，

$$\int_{-\infty}^{\infty} \phi_n^*(x) \hat{H} \phi_n(x) \, dx = E_n \int_{-\infty}^{\infty} \phi_n^*(x) \phi_n(x) \, dx = E_n \tag{1.46}$$

が得られる．ここで，$\phi(x)$ は規格化されていること，すなわち，$\int_{-\infty}^{\infty} \phi^*(x) \phi(x) \, dx = 1$ であることに注意しよう．このように，ハミルトニアン $\hat{H}$ を波動関数で挟み，全空間で積分すると，エネルギーの**期待値** E_n が求まる．

一般的に物理量 A に対応する演算子 $\hat{A}$ の期待値 $\langle A \rangle$ は，

$$\langle A \rangle = \int_{-\infty}^{\infty} \phi^*(x) \hat{A} \phi(x) \, dx \tag{1.47}$$

で与えられる．

次に，1次元井戸型ポテンシャル中の自由粒子の運動量 p および p^2 の期待値を計算してみよう．

1.1 シュレーディンガー(Schrödinger)方程式

運動量 p に対応する演算子は,

$$\hat{p} = -i\hbar \frac{d}{dx} \tag{1.48}$$

で与えられるから,1次元井戸型ポテンシャル中の自由粒子の運動量 p および p^2 の期待値は,

$$\begin{aligned}
\langle p \rangle &= \int_0^a \left(\sqrt{\frac{2}{a}} \sin \frac{n\pi}{a} x\right)\left(-i\hbar \frac{d}{dx}\right)\left(\sqrt{\frac{2}{a}} \sin \frac{n\pi}{a} x\right) dx \\
&= -i\hbar \frac{2\pi n}{a^2} \int_0^a \sin \frac{n\pi}{a} x \cos \frac{n\pi}{a} x \, dx \\
&= -i\hbar \frac{\pi n}{a^2} \int_0^a \sin \frac{2n\pi}{a} x \, dx \\
&= \frac{-i\hbar}{2a} \int_0^{2n\pi} \sin \xi \, d\xi \\
&= 0
\end{aligned} \tag{1.49}$$

$$\begin{aligned}
\langle p^2 \rangle &= \int_0^a \left(\sqrt{\frac{2}{a}} \sin \frac{n\pi}{a} x\right)\left(-\hbar^2 \frac{d^2}{dx^2}\right)\left(\sqrt{\frac{2}{a}} \sin \frac{n\pi}{a} x\right) dx \\
&= \frac{2n^2\pi^2\hbar^2}{a^3} \int_0^a \sin^2 \frac{n\pi}{a} x \, dx \\
&= \frac{n^2\pi^2\hbar^2}{a^2}
\end{aligned} \tag{1.50}$$

である.また,1次元井戸型ポテンシャル中の自由粒子の位置 x および x^2 の期待値は,以下のようになる.

$$\begin{aligned}
\langle x \rangle &= \int_0^a \left(\sqrt{\frac{2}{a}} \sin \frac{n\pi}{a} x\right) x \left(\sqrt{\frac{2}{a}} \sin \frac{n\pi}{a} x\right) dx \\
&= \frac{2}{a} \int_0^a x \sin^2 \frac{n\pi}{a} x \, dx \\
&= \frac{a}{2}
\end{aligned} \tag{1.51}$$

$$\langle x^2 \rangle = \int_0^a \left(\sqrt{\frac{2}{a}} \sin \frac{n\pi}{a} x\right) x^2 \left(\sqrt{\frac{2}{a}} \sin \frac{n\pi}{a} x\right) dx$$

$$= \frac{2}{a} \int_0^a x^2 \sin^2 \frac{n\pi}{a} x \, dx$$

$$= \left(\frac{a}{2\pi n}\right)^2 \left(\frac{4\pi^2 n^2}{3} - 2\right) \tag{1.52}$$

1.1.6 不確定性原理の簡単な確認

　前項では，運動量と運動量の2乗の期待値，および位置と位置の2乗の期待値，を計算した．これらの期待値を用いて，運動量と位置の不確定さを求め，**不確定性原理**が成り立っているかどうかを調べてみよう．そのため，運動量および位置の分散 σ を計算してみよう．すなわち，

$$\sigma_p^2 = \langle p^2 \rangle - \langle p \rangle^2 \tag{1.53}$$

$$\sigma_x^2 = \langle x^2 \rangle - \langle x \rangle^2 \tag{1.54}$$

であるので

$$\sigma_p^2 = \frac{n^2 \pi^2 \hbar^2}{a^2} \tag{1.55}$$

$$\sigma_x^2 = \left(\frac{a}{2\pi n}\right)^2 \left(\frac{4\pi^2 n^2}{3} - 2\right) - \left(\frac{a}{2}\right)^2$$

$$= \left(\frac{a}{2\pi n}\right)^2 \left(\frac{\pi^2 n^2}{3} - 2\right) \tag{1.56}$$

$$\sigma_p \sigma_x = \frac{n\pi \hbar}{a} \left(\frac{a}{2\pi n} \sqrt{\frac{\pi^2 n^2}{3} - 2}\right)$$

$$= \frac{\hbar}{2} \sqrt{\frac{\pi^2 n^2}{3} - 2}$$

$$\geq \frac{\hbar}{2} \sqrt{\frac{\pi^2}{3} - 2} \tag{1.57}$$

が得られる．ここでは，n が1のときに平方根の中が一番小さくなるという

ことを利用している．この平方根の値は，

$$\sqrt{\frac{\pi^2}{3} - 2} \approx 1.1357 \tag{1.58}$$

であるから，

$$\sigma_p \sigma_x \geq \frac{\hbar}{2} \tag{1.59}$$

となる．上の式は，不確定性原理が成立していることを示している．ここで，

$$\sigma_p = \frac{n\pi\hbar}{a} \tag{1.60}$$

$$\sigma_x = \frac{a}{2\pi n}\sqrt{\frac{\pi^2 n^2}{3} - 2} \tag{1.61}$$

であることに留意しておこう．

1.2 量子力学の基礎のまとめ

　紙面の関係で，量子力学の詳細を述べるわけにはいかないので，大切な部分だけを整理して，以下に箇条書き風にまとめておく．もっと詳しい内容を知りたい読者は，量子力学の本を読んでいただきたい．本書を読むためには，このようなまとめで一応の用が足りるであろう．

波動関数

　原子・分子など非常に小さな粒子の状態は，波動関数 $\Psi(\bm{r}, t)$ によって表現される．この関数は，定義された領域で変数のあらゆる値に対して1価連続で有限の値を持つ．

　粒子が座標 $\bm{r}(x, y, z)$ にあり，時間が t のとき，体積要素 $dx\,dy\,dz$ 中に粒子が存在する確率は以下で表される．

$$\Psi^*(\bm{r}, t)\, \Psi(\bm{r}, t)\, dx\, dy\, dz \tag{1.62}$$

全空間の中には，粒子が必ず存在する．すなわち，

$$\int_{-\infty}^{\infty}\int_{-\infty}^{\infty}\int_{-\infty}^{\infty} \Psi^*(\boldsymbol{r},t)\,\Psi(\boldsymbol{r},t)\,dx\,dy\,dz = 1 \tag{1.63}$$

または以下のようになる.

$$\int_{-\infty}^{\infty} \Psi^*(\boldsymbol{r},t)\,\Psi(\boldsymbol{r},t)\,d\tau = 1 \quad \text{ただし} \quad d\tau = dx\,dy\,dz \tag{1.64}$$

時間依存シュレーディンガー方程式

系の波動関数は,時間とともに以下の式に従って発展する.

$$\hat{H}\,\Psi(\boldsymbol{r},t) = i\hbar\frac{\partial \Psi}{\partial t} \tag{1.65}$$

ハミルトニアンには時間に関する項が含まれないとすると,波動関数は時間に依存する部分と位置に依存する部分の積で表現することができて,時間と座標の変数分離が可能になる.このことを式で記述すると,

$$\Psi(\boldsymbol{r},t) = \phi(\boldsymbol{r})\,f(t) \tag{1.66}$$

$$\hat{H}\,\phi(\boldsymbol{r})\,f(t) = i\hbar\,\phi(\boldsymbol{r})\,\frac{\partial f(t)}{\partial t} \tag{1.67}$$

$$\frac{1}{\phi(\boldsymbol{r})}\hat{H}\,\phi(\boldsymbol{r}) = \frac{i\hbar}{f(t)}\frac{\partial f(t)}{\partial t} \tag{1.68}$$

となる.左辺は $\boldsymbol{r}$ のみに依存し,右辺は t のみに依存しているので,すべての $\boldsymbol{r}$, t に対してこの式が成り立つためには,両辺がある一定の値 E に等しくなることが必要である.すなわち,

$$\frac{1}{\phi(\boldsymbol{r})}\hat{H}\,\phi(\boldsymbol{r}) = \frac{i\hbar}{f(t)}\frac{\partial f(t)}{\partial t} = E \tag{1.69}$$

となることである.ここで,式を書き直して,

$$\hat{H}\,\phi(\boldsymbol{r}) = E\,\phi(\boldsymbol{r}) \tag{1.70}$$

$$\frac{df(t)}{dt} = -\frac{i}{\hbar}E f(t) \tag{1.71}$$

が得られ，時間のみに依存する式 (1.71) は解けて，

$$f(t) = e^{-iEt/\hbar} = e^{-i\omega t} \quad \text{ただし } \omega = \frac{E}{\hbar} \tag{1.72}$$

が得られる．最終的には，時間を含む波動関数は以下のようになる．

$$\Psi(\boldsymbol{r}, t) = \phi(\boldsymbol{r})\, e^{-i\omega t} \tag{1.73}$$

一方，粒子が座標 $\boldsymbol{r}$，時間 t での体積要素 $dx\,dy\,dz = d\tau$ に存在する確率は，

$$\begin{aligned}\Psi^*(\boldsymbol{r}, t)\,\Psi(\boldsymbol{r}, t)\,d\tau &= \phi^*(\boldsymbol{r})\,e^{i\omega t}\,\phi(\boldsymbol{r})\,e^{-i\omega t}\,d\tau \\ &= \phi^*(\boldsymbol{r})\,\phi(\boldsymbol{r})\,d\tau \end{aligned} \tag{1.74}$$

で与えられ，その確率は時間に依存しないことになる．

物理量と演算子

観測の対象となる物理量は，線型のエルミート演算子で表現される．変数

表 1.1

物理量	記号	演算を表す記号	演算の内容
位置	x	$\hat{x}$	x
	$\boldsymbol{r}$	$\hat{\boldsymbol{r}}$	$\boldsymbol{r}$
運動量	p_x	$\hat{p}_x$	$-i\hbar\dfrac{\partial}{\partial x}$
	$\boldsymbol{p}$	$\hat{\boldsymbol{p}}$	$-i\hbar\left(\boldsymbol{i}\dfrac{\partial}{\partial x}+\boldsymbol{j}\dfrac{\partial}{\partial y}+\boldsymbol{k}\dfrac{\partial}{\partial z}\right)$
運動エネルギー	T_x	$\hat{T}_x$	$-\dfrac{\hbar^2}{2m}\dfrac{\partial^2}{\partial x^2}$
	T	$\hat{T}$	$-\dfrac{\hbar^2}{2m}\left(\dfrac{\partial^2}{\partial x^2}+\dfrac{\partial^2}{\partial y^2}+\dfrac{\partial^2}{\partial z^2}\right)$
ポテンシャルエネルギー	$V(x)$	$V(\hat{x})$	$V(x)$
	$V(\boldsymbol{r})$	$V(\hat{\boldsymbol{r}})$	$V(\boldsymbol{r})$
全エネルギー	E	$\hat{H}$	$-\dfrac{\hbar^2}{2m}\left(\dfrac{\partial^2}{\partial x^2}+\dfrac{\partial^2}{\partial y^2}+\dfrac{\partial^2}{\partial z^2}\right)+V(x,y,z)$
角運動量	$L_x = yp_z - zp_y$	$\hat{L}_x$	$-i\hbar\left(y\dfrac{\partial}{\partial z}-z\dfrac{\partial}{\partial y}\right)$
	$L_y = zp_x - xp_z$	$\hat{L}_y$	$-i\hbar\left(z\dfrac{\partial}{\partial x}-x\dfrac{\partial}{\partial z}\right)$
	$L_z = xp_y - yp_x$	$\hat{L}_z$	$-i\hbar\left(x\dfrac{\partial}{\partial y}-y\dfrac{\partial}{\partial x}\right)$

として，座標 x, y, z，運動量 p_x, p_y, p_z および時間 t を用いる．古典力学の運動方程式も，位置座標，運動量，時間などで表現される．量子力学の運動方程式であるシュレーディンガー方程式との対応から，観測の対象となる物理量がどのような演算子になるかがわかる．それら演算子の表記法を表1.1に示した．

固有値

a を定数として，ある物理量 A に対応する演算子 $\hat{A}$ が，

$$\hat{A}\psi = a\psi \tag{1.75}$$

を満たすとき，その物理量 A の観測値は a であるという．一般的にいって，1つの演算子 $\hat{A}$ は，固有値群 $\{a_n\}$ を持つ．つまり，

$$\hat{A}\psi_n = a_n\psi_n \tag{1.76}$$

である．この固有値群 $\{a_n\}$ を，$\hat{A}$ のスペクトルという．物理量として全エネルギーを考える場合には，対応する演算子はハミルトニアン $\hat{H}$ であり，そのエネルギー固有値 $\{E_n\}$ はシュレーディンガー方程式,

$$\hat{H}\psi_n = E_n\psi_n \tag{1.77}$$

から求まる．

線型演算子

ある物理量に対応する演算子 $\hat{A}$ は線型演算子である．c を任意の定数として，

$$\hat{A}(\psi_1 + \psi_2) = \hat{A}\psi_1 + \hat{A}\psi_2 \tag{1.78}$$

$$\hat{A}(c\psi) = c\hat{A}\psi \tag{1.79}$$

が成り立つ．一般的に書くと，

$$\begin{aligned}\hat{A}\psi &= \hat{A}\left(\sum_{i=1}^{n} c_i\psi_i\right) \\ &= \sum_{i=1}^{n} c_i(\hat{A}\psi_i)\end{aligned} \tag{1.80}$$

となる．ここで c_i は任意の定数である．次に挙げるハミルトニアン $\hat{H}$ や運

1.2 量子力学の基礎のまとめ

動量演算子 $\hat{p}_x$ は線型演算子である.

$$\text{ハミルトニアン } \hat{H} = -\frac{\hbar^2}{2m}\left(\frac{\partial^2}{\partial x^2} + \frac{\partial^2}{\partial y^2} + \frac{\partial^2}{\partial z^2}\right) + V(x, y, z) \tag{1.81}$$

$$\text{運動量演算子 } \hat{p}_x = -i\hbar\frac{\partial}{\partial x} \tag{1.82}$$

エルミート演算子

任意の2つの状態, Ψ と Φ について,

$$\int \Psi^* \hat{A} \Phi \, d\tau = \int \Phi \hat{A}^* \Psi^* \, d\tau \tag{1.83}$$

が成立するとき, 演算子 $\hat{A}$ はエルミート演算子であるといい, その固有値は実数である. 以下に, その理由を示す.

$\hat{A}$ をエルミート演算子とし, a, ϕ をその固有値および固有関数とすると,

$$\hat{A}\phi = a\phi \tag{1.84}$$

である. 両辺の複素共役をとると,

$$\hat{A}^*\phi^* = a^*\phi^* \tag{1.85}$$

となる. (1.84) の両辺に左から ϕ^* を掛けて積分すると,

$$\int \phi^* \hat{A} \phi \, d\tau = \int \phi^* a\phi \, d\tau = a \tag{1.86}$$

が得られる. また, (1.85) の両辺に左から ϕ を掛けて積分すると

$$\int \phi \hat{A}^* \phi^* \, d\tau = \int \phi a^* \phi^* \, d\tau = a^* \tag{1.87}$$

となる. $\hat{A}$ はエルミート演算子であるので, (1.86) と (1.87) の左辺同士は等しくなり, $a = a^*$ が成り立つ. したがって, a は実数である.

波動関数の直交性

エルミート演算子 $\hat{A}$ の異なった固有値 a_n, a_m に対応する固有関数 ϕ_n, ϕ_m は以下に示す,

$$\int \phi_n^* \phi_m \, d\tau = 0 \tag{1.88}$$

という関係を満たす．このような関係を満たす場合，固有関数 ϕ_n と ϕ_m は直交しているといい，その直交性を以下のように示すことができる．

固有値，固有関数の関係から，

$$\hat{A}\phi_n = a_n\phi_n \tag{1.89}$$

$$\hat{A}\phi_m = a_m\phi_m \tag{1.90}$$

である．(1.89) の両辺の複素共役を取り，左から ϕ_m を掛けて積分すると，

$$\int \phi_m \hat{A}^* \phi_n^* \, d\tau = \int \phi_m a_n^* \phi_n^* \, d\tau = a_n^* \int \phi_m \phi_n^* \, d\tau \tag{1.91}$$

となる．一方，(1.90) の左から ϕ_n^* を掛けて積分すると，

$$\int \phi_n^* \hat{A} \phi_m \, d\tau = \int \phi_n^* a_m \phi_m \, d\tau = a_m \int \phi_n^* \phi_m \, d\tau \tag{1.92}$$

となる．$\hat{A}$ はエルミート演算子であるから，(1.91) と (1.92) の左辺は等しい．すなわち，

$$a_n^* \int \phi_m \phi_n^* \, d\tau = a_m \int \phi_n^* \phi_m \, d\tau \tag{1.93}$$

である．したがって，

$$(a_n^* - a_m) \int \phi_n^* \phi_m \, d\tau = 0 \tag{1.94}$$

$a_n \neq a_m$ であることから，左辺の積分部分が 0 となる必要がある．すなわち，

$$\int \phi_n^* \phi_m \, d\tau = 0 \tag{1.95}$$

が得られる．

上の場合には，$a_n \neq a_m$ であるとした．しかし，異なる波動関数が偶然同じ固有値を持つ場合もある．このような場合は，固有値が**縮重**あるいは**縮退**しているという．縮退している場合にも，上記と同様な議論ができる．例え

1.2 量子力学の基礎のまとめ

ば,以下のように 2 つの状態が縮退している場合を考えてみよう.縮退している 2 つの状態に対応する波動関数を ϕ_1 および ϕ_2 とし,共通の固有値を a としよう.これらのことを式で表すと,

$$\hat{A}\phi_1 = a\phi_1 \tag{1.96}$$

$$\hat{A}\phi_2 = a\phi_2 \tag{1.97}$$

となる.これら 2 つの波動関数の 1 次結合,

$$\phi = c_1\phi_1 + c_2\phi_2 \tag{1.98}$$

も $\hat{A}$ の固有関数となっている.すなわち,

$$\begin{aligned}\hat{A}\phi &= \hat{A}(c_1\phi_1 + c_2\phi_2) \\ &= c_1\hat{A}\phi_1 + c_2\hat{A}\phi_2 \\ &= ac_1\phi_1 + ac_2\phi_2 \\ &= a(c_1\phi_1 + c_2\phi_2) \\ &= a\phi \end{aligned} \tag{1.99}$$

となる.したがって,ϕ もまた $\hat{A}$ の固有関数である.

これらの波動関数の 1 次結合を適切に選んで,直交する波動関数 ϕ_1, ϕ_2 を作る.例えば,$\phi_1 = \phi_1$,$\phi_2 = c\phi_1 + \phi_2$ とすると,

$$\begin{aligned}\int \phi_1^* \phi_2 \, d\tau &= \int \phi_1^*(c\phi_1 + \phi_2) \, d\tau \\ &= c + \int \phi_1^* \phi_2 \, d\tau \end{aligned} \tag{1.100}$$

である.したがって,$c = -\int \phi_1^* \phi_2 \, d\tau$ とおけば上式は 0 になり,これら 2 つの関数は直交する.以上述べたように,縮退があっても固有関数の適切な 1 次結合を取ることによって,互いに直交する波動関数を作ることができる.エルミート演算子の固有関数は,すべてが直交するような関数系を成すということができる.これを,この関数系は直交系を成すという.

ここで,任意の関数 $f(\boldsymbol{r})$ は,完全系を成す関数 $\{\phi_n(\boldsymbol{r})\}$ の 1 次結合によって展開することができることに注意しておこう.すなわち,

$$f(\boldsymbol{r}) = \sum_{n=1}^{\infty} c_n \phi_n(\boldsymbol{r}) \tag{1.101}$$

である．

固有関数の1次結合

先ほども述べたように，系の状態を表す波動関数 $\Psi(\boldsymbol{r},t)$ は，完全形を成す関数群 $\{\phi_n(\boldsymbol{r})\}$ を用いて展開することができる．すなわち，

$$\Psi(\boldsymbol{r},t) = \sum_{n}^{\infty} c_n \phi_n(\boldsymbol{r}) \tag{1.102}$$

で表すことができる．係数 c_n を求めるために，(1.102) の両辺に左から ϕ_m^* を掛けて積分すると，

$$\begin{aligned}
\int_{-\infty}^{\infty} \phi_m^* \Psi(\boldsymbol{r},t)\,d\tau &= \sum_{n=1}^{\infty} c_n \int_{-\infty}^{\infty} \phi_m^* \phi_n\,d\tau \\
&= \sum_{n=1}^{\infty} c_n \delta_{mn} \\
&= c_m \tag{1.103}
\end{aligned}$$

が得られる．ここで δ_{mn} はクロネッカー（Kronecker）のデルタと呼ばれ，$m \neq n$ のとき 0，$m = n$ のとき 1 の値を取る．

系の波動関数と固有関数

物理量 A に対応するエルミート演算子 $\bar{A}$ の固有関数 ϕ_n を用いて，ある系の状態を表す波動関数 Ψ を展開する．すなわち，

$$\Psi = \sum_n c_n \phi_n \tag{1.104}$$

となる系について，物理量 A の測定を行う．このとき，測定値として $\bar{A}$ の固有値 a_n を得る確率は $|c_n|^2$ である．

上記のことをもう少し詳しく説明しよう．(1.104) の両辺に左から演算子 $\bar{A}$ を作用させると，

$$\hat{A}\Psi = \hat{A}\Bigl(\sum_n c_n \phi_n\Bigr)$$

$$= \sum_n c_n \hat{A}\phi_n$$

$$= \sum_n c_n a_n \phi_n \tag{1.105}$$

となる．ここで，a_n は固有関数 ϕ_n の固有値である．得られた式の左から Ψ^* を掛けて積分すると，

$$\int \Psi^* \hat{A}\Psi \, d\tau = \int \Psi^* \Bigl(\sum_n c_n a_n \phi_n\Bigr) d\tau$$

$$= \int \Bigl(\sum_m c_m^* \phi_m^*\Bigr)\Bigl(\sum_n c_n a_n \phi_n\Bigr) d\tau$$

$$= \sum_{n,m} c_m^* c_n a_n \int \phi_m^* \phi_n \, d\tau$$

$$= \sum_{n,m} c_m^* c_n a_n \delta_{nm}$$

$$= \sum_n |c_n|^2 a_n \tag{1.106}$$

となり，上式の $\sum_n |c_n|^2 a_n$ は，固有値 a_n に，それが観測される確率 $|c_n|^2$ を掛け，量子数 n について足し合わせたものになっている．すなわち，これは観測値の期待値 $\langle A \rangle$，つまり

$$\langle A \rangle = \int \Psi^* \hat{A}\Psi \, d\tau \tag{1.107}$$

になっている．

演算子の交換関係

一般に，演算子は可換（交換可能）ではない．例えば，$\hat{p}_x \bigl(= -i\hbar \dfrac{d}{dx}\bigr)$ と $\hat{x}$ $(= x)$ との交換関係，

$$[\hat{p}_x, \hat{x}] = \hat{p}_x \hat{x} - \hat{x}\hat{p}_x \tag{1.108}$$

について考えてみる．任意の関数 $f(x)$ を右から掛けて計算すると，

$$[\hat{p}_x, \hat{x}] f(x) = \hat{p}_x \hat{x} f(x) - \hat{x}\hat{p}_x f(x)$$
$$= -i\hbar \frac{d}{dx}[x f(x)] + x i\hbar \frac{d}{dx} f(x)$$
$$= -i\hbar f(x) - i\hbar x \frac{df}{dx} + i\hbar x \frac{df}{dx}$$
$$= -i\hbar f(x) \quad (1.109)$$

よって，
$$[\hat{p}_x, \hat{x}] = -i\hbar (\neq 0) \quad (1.110)$$

である．すなわち，$\hat{p}_x$ と $\hat{x}$ が可換ではないということである．この2つの演算子が可換でないということは，運動量と位置が同時には正確に決定できないことを示している．一方，演算子 $\hat{A}$ と $\hat{B}$ が同じ固有関数を持つ，つまり，

$$\hat{A}\phi_n = a_n \phi_n \quad (1.111)$$
$$\hat{B}\phi_n = b_n \phi_n \quad (1.112)$$

ということは，$\hat{A}$, $\hat{B}$ に対応する物理量を同時に正確に決定できることを意味している．このとき $\hat{A}$ と $\hat{B}$ は可換となる．以下に，そのことを説明しよう．

物理量は線型のエルミート演算子で表現され，エルミート演算子の固有関数は完全系を成すので，その固有関数 ϕ_n を用いて任意の関数 $f(x)$ を展開できる．すなわち，

$$f(x) = \sum_n c_n \phi_n(x) \quad (1.113)$$

と書ける．この $f(x)$ に $[\hat{A}, \hat{B}] (=\hat{A}\hat{B} - \hat{B}\hat{A})$ を作用させると，

$$[\hat{A}, \hat{B}] f(x) = \sum_n c_n [\hat{A}, \hat{B}] \phi_n(x)$$
$$= \sum_n c_n (a_n b_n - b_n a_n) \phi_n(x)$$
$$= 0 \quad (1.114)$$

となる．$f(x)$ は任意の関数であるから，
$$[\hat{A}, \hat{B}] = 0 \quad (1.115)$$

1.2 量子力学の基礎のまとめ

が成立する．すなわち，$\hat{A}$と$\hat{B}$は可換である．

さらに，$\hat{A}$と$\hat{B}$が可換ならば，演算子$\hat{A}$と$\hat{B}$が同じ固有関数を持つことを以下に説明する．上記 2 つの演算子について，

$$\hat{A}\phi_a = a\phi_a \tag{1.116}$$

$$\hat{B}\phi_b = b\phi_b \tag{1.117}$$

が成立するとしよう．$\hat{A}$と$\hat{B}$が可換なので，

$$\begin{aligned}[\hat{A}, \hat{B}]\phi_a &= \hat{A}\hat{B}\phi_a - \hat{B}\hat{A}\phi_a \\ &= \hat{A}(\hat{B}\phi_a) - a(\hat{B}\phi_a) \\ &= 0 \end{aligned} \tag{1.118}$$

である．すなわち，

$$\hat{A}(\hat{B}\phi_a) = a(\hat{B}\phi_a) \tag{1.119}$$

が得られる．この式は，$\hat{B}\phi_a$が$\hat{A}$の固有関数であり，固有値aを与えることを示している．固有関数が縮退していなければ，固有値aに対してただ 1 つの固有関数が対応しているから，$\hat{B}\phi_a$はϕ_aと定数倍しか違っていないはずである．すなわち，

$$\hat{B}\phi_a = （定数） \times \phi_a \tag{1.120}$$

となり，ϕ_aは$\hat{B}$の固有関数ということになる．したがって，演算子$\hat{A}$と$\hat{B}$が同じ固有関数を持つと結論できる．

上に述べた諸原則の意味を，1 次元の**井戸型ポテンシャル**の中の自由粒子の運動を例として考えてみよう．井戸型ポテンシャルは，

$$V(x) = \begin{cases} \infty & (x < 0) \\ 0 & (0 \leq x \leq a) \\ \infty & (x > a) \end{cases} \tag{1.121}$$

で表される．全エネルギーEは，運動エネルギーTとポテンシャルエネルギーVの和である．つまり，

$$E = T + V \tag{1.122}$$

と表される．これを演算子に書きかえると，

$$\hat{H} = -\frac{\hbar^2}{2m}\frac{d^2}{dx^2} + V \qquad (1.123)$$

となる．$0 \leq x \leq a$ の範囲では $V = 0$ であるから，

$$\hat{H} = -\frac{\hbar^2}{2m}\frac{d^2}{dx^2} \qquad (1.124)$$

となる．したがって，シュレーディンガー方程式は

$$-\frac{\hbar^2}{2m}\frac{d^2\phi(x)}{dx} = E\,\phi(x) \qquad (1.125)$$

で与えられる．ハミルトニアンは線型演算子であるので，

$$\hat{H}(\phi_1 + \phi_2) = \hat{H}\phi_1 + \hat{H}\phi_2 \qquad (1.126)$$

が成り立つ．このシュレーディンガー方程式を解いて得られる固有値は，

$$E_n = \frac{h^2 n^2}{8ma^2} \qquad (n = 1, 2, 3, \cdots) \qquad (1.127)$$

である．これは，系の全エネルギーに対応する演算子 $\hat{H}$ の固有値となっているので，E_n は系の全エネルギーである．固有値 E_n に対応する固有関数は，

$$\phi_n(x) = \sqrt{\frac{2}{a}}\sin\frac{n\pi}{a}x \qquad (n = 1, 2, 3, \cdots) \qquad (1.128)$$

である．ここで固有関数 $\phi_n(x)$ と $\phi_m(x)$ の積分は $n \neq m$ のとき

$$\begin{aligned}
\int_0^a \phi_n^* \phi_m\,dx &= \int_0^a \left(\sqrt{\frac{2}{a}}\sin\frac{n\pi x}{a}\right)\left(\sqrt{\frac{2}{a}}\sin\frac{m\pi x}{a}\right)dx \\
&= \frac{2}{a}\int_0^a \left(\sin\frac{n\pi x}{a}\right)\left(\sin\frac{m\pi x}{a}\right)dx \\
&= -\frac{1}{a}\int_0^a \left[\cos\frac{(n+m)\pi x}{a} - \cos\frac{(n-m)\pi x}{a}\right]dx \\
&= -\frac{1}{a}\left[\int_0^a \cos\frac{(n+m)\pi x}{a}\,dx - \int_0^a \cos\frac{(n-m)\pi x}{a}\,dx\right]
\end{aligned}$$
$$(1.129)$$

ここで，

$$\int_0^a \cos\frac{(n+m)\pi x}{a}\,dx = 0 \tag{1.130}$$

$$\int_0^a \cos\frac{(n-m)\pi x}{a}\,dx = 0 \tag{1.131}$$

であるから，結局，

$$\int_0^a \phi_n^* \phi_m\,dx = 0 \tag{1.132}$$

となる．すなわち，これらの固有関数は直交している．

井戸型ポテンシャルの中の自由粒子の状態を表す波動関数 $\Psi(\boldsymbol{r},t)$ は，以下のように固有関数 $\phi_n(x)$ の 1 次結合で表現できる．

$$\Psi(\boldsymbol{r},t) = \sum_n c_n(t) \sqrt{\frac{2}{a}} \sin\frac{n\pi x}{a} \tag{1.133}$$

また，各エネルギー固有状態 E_n が占有されている確率は $|c_n|^2$ で与えられる．

クラスターの基礎理論

2
幾何構造と電子構造

「クラスター」という言葉は，元来はブドウなどの「房」を表す言葉である．見ようによっては，クラスターとして原子や分子が集合した様子はブドウのように見える．まずは，いろいろな種類のクラスターの幾何構造と電子構造を見ていこう．

2.1 希ガスクラスター

クラスターを構成する，原子や分子の間にはたらく相互作用の種類によって，クラスターの構造も違ってくる．例えば，ヘリウム，ネオン，アルゴン，クリプトン，キセノンなど**閉殻**電子構造を持つ希ガス原子の間には，等方的な**ファン・デル・ワールス**（van der Waals）**力**がはたらいているので，このような相互作用の特徴がクラスターの幾何構造を決めることになる．

希ガスクラスターは，試料気体を小孔から真空中に噴出することによって生成することができる（図2.1参照）．真空中に噴出した気体は**断熱自由膨張**によって急冷されて凝縮し，クラスターが生成するのである．このようにして生成されたキセノンクラスター Xe_n の**質量スペクトル**は，図2.2のようになる．クラスターを構成する原子数に応じて質量が異なり，質量スペクトル上にそれに相当するピークが現れる．ピークの高さは，それぞれの存在量

2.1 希ガスクラスター

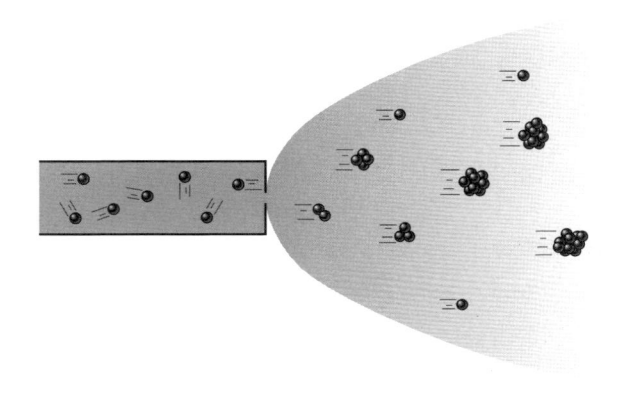

図 2.1 希ガスクラスターの生成

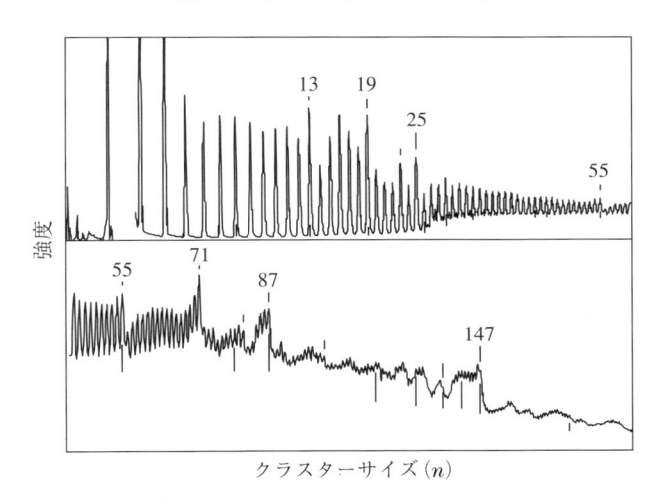

図 2.2 キセノンクラスターの質量スペクトル（O. Echt, K. Sattler and E. Recknagel: Phys. Rev. Lett. **47** (1981) 1121 より）

を反映している．この存在比は単調な変化ではなく，ところどころに強いピークがあることに気付くだろう．ある特定のサイズ（構成原子数）のクラスターが，その隣のサイズのクラスターよりも多く存在するのである．これら強いピークを示すサイズは**魔法数**と呼ばれている．

図 2.3 クラスターの正 20 面体構造

13量体　55量体　147量体

　クラスターでは構成原子数が比較的少ないので，クラスター表面に露出する原子の割合が多くなる．クラスターの内側にある原子は周りを別の原子で取り囲まれており，等方的に結合を生じている．一方，クラスターの表面にある原子は，周りの半分は真空で別の原子とは結合を作っておらず，その分だけ結合の数が少なくなっている．そのため，クラスター全体を考えると，構成原子数に対して表面に露出した原子の数の割合をなるべく減らしたほうがエネルギー的に有利となる．表面原子数の割合が少ない，球に近い構造が安定となり，図 2.3 のような**正 20 面体構造**が安定構造として出現することになる．

　正 20 面体構造は **5 回回転対称性**を持ち，並進対称性を持たないので，通常の結晶では見られない構造である．最も小さな正 20 面体構造は，13 個の原子から構成される 13 量体である．ここでは 1 つの原子の周りを 12 個の原子で取り囲んでいる．この構造は，さらにその周りを 42 個の原子が取り囲んだ 55 量体へ，さらにその周りを 92 個の原子が取り囲んだ 147 量体へと層状の発展をしていく．一般的に，正 20 面体構造を取るサイズ n_{I_h} は以下の式によって表される．

$$n_{I_h} = \frac{1}{3}(10K^3 - 15K^2 + 11K - 3) \quad (K = 2, 3, \cdots) \quad (2.1)$$

　この式は，次のように考えると容易に導出できる．正 20 面体構造の表面は，図 2.4 のような正 3 角形が 20 個組み合わさって構成されている．この正 3 角形の 1 辺は K 個の原子でできているので，この正 3 角形を構成する原子数は全部で $K(K+1)/2$ である．正 20 面体では，この正 3 角形の頂点

の原子と辺を構成する原子の計 $3+3\times(K-2)$ は隣の面と共有されているので，これを差し引かなければならない．正 20 面体の頂点は 12 個，辺は 20 本あるので，これ

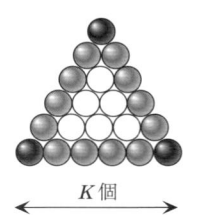

図 2.4 正 20 面体構造の表面を構成する正 3 角形

を構成する原子を加えると，正 20 面体の表面を構成する原子数は以下のようになる．

$$20\left\{\frac{K(K+1)}{2}-3-3(K-2)\right\}+12+20(K-2)=10K^2-20K+12 \tag{2.2}$$

内側の各層を構成する原子数も同様に求められるので，

$$n_{I_h}=1+\sum_{k=2}^{K}(10k^2-20k+12) \tag{2.3}$$

であり，これを計算すると (2.1) のようになる．

キセノンクラスターの質量スペクトルに現れる $n=13$, 55, 147 の強いピークは，まさに正 20 面体構造の生成によるものである．同様の安定構造の出現は，アルゴンクラスターにおいても観測されている．

2.2 分子クラスター

分子の集合により，分子クラスターも形成される．この場合，分子間にはたらく相互作用は，互いの配向に応じて変化するので分子の向きが重要になる．特に，水やアンモニアなど**水素結合**を形成する分子ではこの傾向が強くなる．

分子クラスターの例として水クラスターが挙げられ，希ガスと水蒸気の混合気体を小孔から真空中に噴出することによって得られる．まず，水 2 量体 $(H_2O)_2$ の構造を見てみよう．

$(H_2O)_2$ では図 2.5 のように，分子間で水素原子と酸素原子との間に水素結合が生じている．水分子内では水素原子と酸素原子との**電気陰性度**の違いから，水素原子は電子不足に，酸素原子は電子過剰になる傾向がある．このため，水分子間で水素

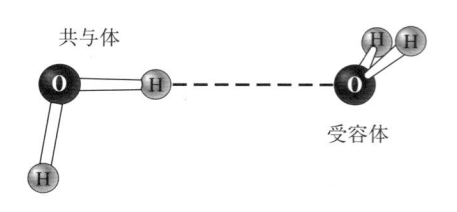

図 2.5 水 2 量体クラスターの構造

原子と酸素原子とで結合を作り，互いの過不足を解消しようとする傾向にある．分子のなかで水素原子を結合に提供する側を供与体，一方，水素原子の提供を受ける側を受容体と呼ぶことが多い．

このような水素結合はファン・デル・ワールス力に比べると強い結合ではあるが，共有結合などに比べるとはるかに弱い結合である．また，酸素原子上の**電子軌道**（電子の波動関数）を反映したものになるため，指向性を持った結合である．そのため，この結合は氷の結晶構造や相転移，液体の水のダイナミクスなどにおいて重要な役割を果たすことになる．それでは我々の身の周りにあり，生命にとって非常に重要な水のクラスター構造を見ていこう．

2.2.1 水クラスター ─ 鎖状，環状構造から 3 次元構造へ

水 2 量体は図 2.5 のように水分子間に水素結合を形成している．この水素結合長は 1.99 Å であり，水分子内の水素原子と酸素原子の距離（0.96 Å）よりもかなり長い．しかしながら，水 2 量体はこの構造のままじっとしているわけではなく，互いの相対的な配置を周期的に変えながら運動（**分子間振動**）しており，例えば，図 2.6 のような**ポテンシャルエネルギー曲線**に従って構造変化を頻繁に行っている．

最も頻繁に起こっているのは，(1) の水素原子のスイッチングと呼ばれる運動である．受容体（右側）の水分子の 2 つの水素原子がパタンと上から下に移動すると同時に，供与体（左側）の水分子が O‒H 軸の周りで 180°回転

し，構造的には再び同じ2量体になるのである．この運動を妨げる山の高さ（**エネルギー障壁**）は約19 meVである．(2) は供与体と受容体との役割の交代である．水素原子を受け入れていた分子が，今度は水素原子を提供するよ

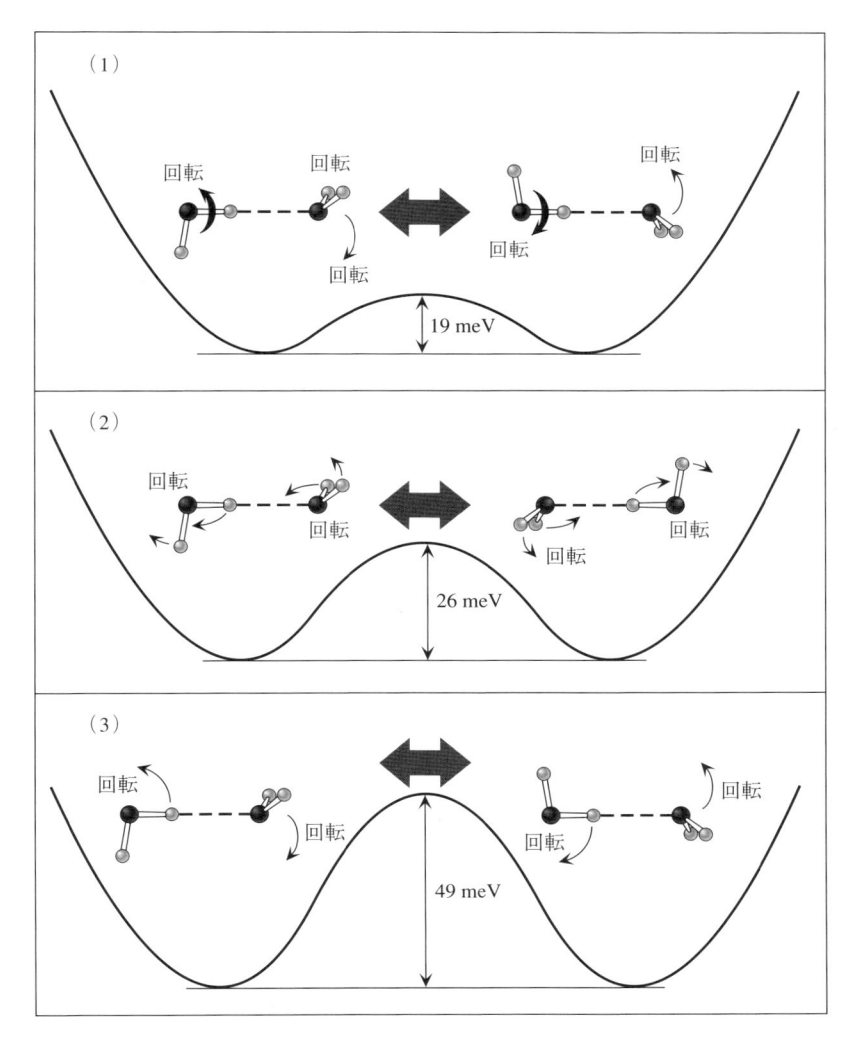

図 2.6 水2量体クラスターの構造変形[2]とポテンシャルエネルギー曲線

うになり，反対に，水素原子を提供していた分子が水素原子を受け入れるようになっている．この運動のエネルギー障壁は約 26 meV である．このようにエネルギー障壁が高い分，(1) に比べて (2) の運動は起こりにくくなっている．またエネルギー障壁は少し高くなる（約 49 meV）が，(3) のような構造変化も起こっている．これは (1) に似ているが，受容体の2つの水素原子が上から下へ移動するのに合わせて供与体も紙面に垂直な軸の周りで回転し，水素結合を形成する水素原子が，同じ水分子内のもう一方の水素原子に入れ替わるのである．

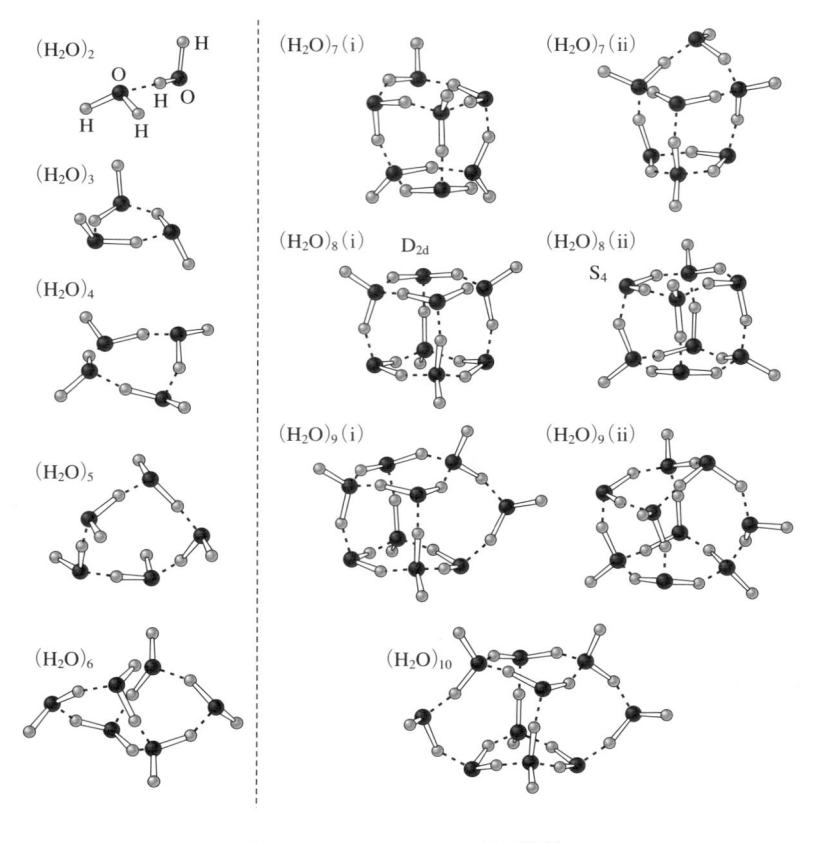

図 2.7 水クラスターの構造[2], [3]

2.2 分子クラスター

次に，水3量体を見てみよう．図2.7にあるように，3量体は3個の水素結合でつながった**環状構造**を取っている．これは2量体に比べると柔軟性の少ない構造である．3量体の酸素原子間距離（2.80 Å）は2量体の場合よりも短くなるが，これは3つの分子の協同によって水素結合が強くなっているためである．各水分子は水素結合の供与体かつ受容体として互いに相互作用している．また，各水分子は水素結合に関与する水素原子と関与しない水素原子を1つずつ持っており，水素結合に関与しない水素原子は，3量体の成す平面の上下どちらかに突き出た格好になっている．

3量体の場合も，2量体と同様な構造変化を行う経路が存在する（図2.8参

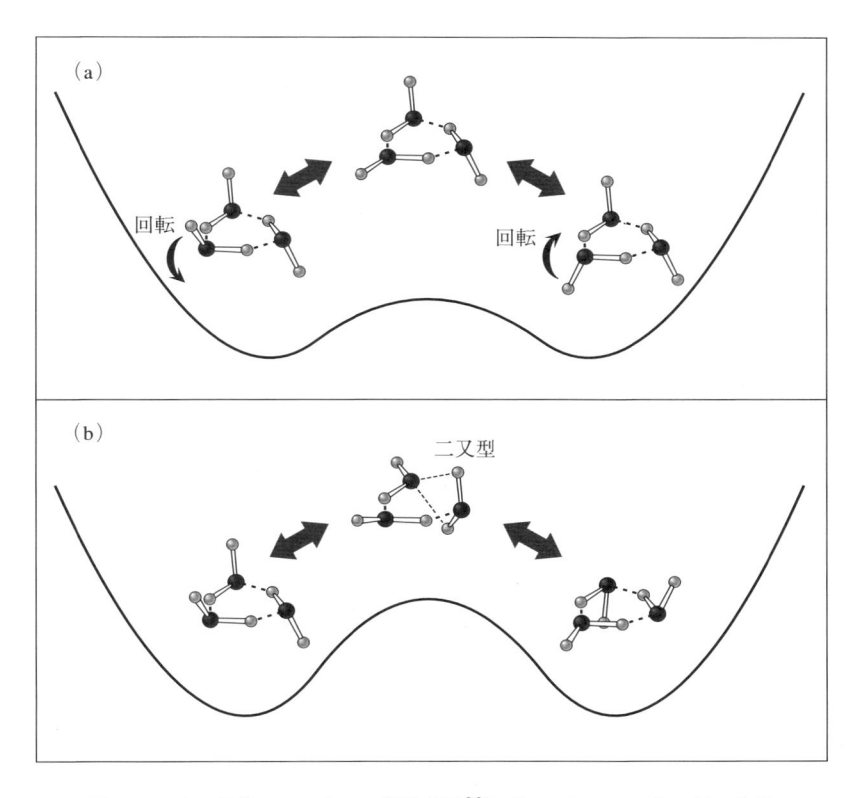

図 2.8 水3量体クラスターの構造変形[2]とポテンシャルエネルギー曲線

照).この図の (a) はねじれ運動であり,真ん中の**遷移状態***を介して,水素結合に関与しない水素原子が3量体の成す平面の上から下へ移動していることがわかる.この過程は比較的障壁の低い過程である.(b) では,二又型の遷移状態を経て,3つの分子のうち1つで水素結合に関与する水素原子が交代する.これと同時に,他の2つの水分子ではねじれ運動が起こり,水素結合に関与していない水素原子の突き出している方向が,平面に対して上から下に変化する.遷移状態からわかるように,この過程は水素結合がいったん開裂して再び生成することになる.そのため,(a) に比べてエネルギー障壁が高くなっている.

また,この3量体の構造は,我々が通常目にする液体の水の基本構造として存在することが示唆されている.例えば,液体の水の分子間振動である束縛回転や束縛並進**は $1000\ cm^{-1}$ 以下の波数領域に現れるが,これらの振動運動の特徴は3量体の分子間振動によってほぼ再現される.

4量体も3量体と同様に環状構造をとっており,3量体の水素結合に似た特徴を備えている.各々の分子が供与体かつ受容体としてはたらいており,水素結合に関与する水素原子と関与しない水素原子を1つずつ持っている.4量体の酸素原子間距離 (2.74 Å) は3量体の場合よりもさらに短くなっている.またこの構造は S_4 回映軸を持っている.なお,回映という操作は回転-鏡映とも呼ばれ,図2.9にあるように,ある軸の周りに回転させた後,その軸に垂直な面

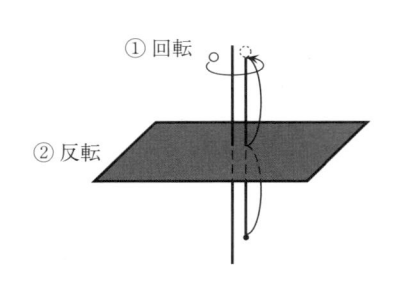

図 2.9 回映操作

---

* ある安定状態から別の安定状態へ移っていく経路において,ポテンシャルエネルギーが極大になる状態.

** 他の原子・分子との相互作用によって自由な回転や並進が行われず,限られた範囲に制限された回転あるいは並進運動.

に対して対称に移動させる操作である．この高い対称性のために，4量体では協同的な変形運動が起こりやすくなっている．これによって，水素結合に関与しない水素原子の向きがねじれ運動によって変化し，**異性体**へ移り変わる**異性化**が進行することになる．この異性化の様子が図 2.10 に示されている．水素結合に関与しない水素原子がそれぞれ上に突き出しているか（up：u），下に突き出しているか（down：d）で udud などと表記できる．例えば，udud から dudu へ至る過程は，逐次的なねじれ運動によって uddd，uudd，dudd などを経由する過程が考えられている．

5量体も環状構造をしており，水素結合に関与しない水素原子が，やはり5量体の成す平面の上下に突き出している．計算によると酸素原子間距離は 2～4量体よりさらに短くなり，2.72 Å である．また環は平面ではなく，その一部は面外へ 15.5° 折れ曲がっている．隣り合う3つの水分子における酸素原子の成す角は 108° であり，これは4面体角（109.47°）に非常に近く，液体の水の水素結合の角度に近い値である．この5量体の5員環構造も液体の水の主要な構成構造であり，疎水性の溶質を溶かした溶液やメタンハイド

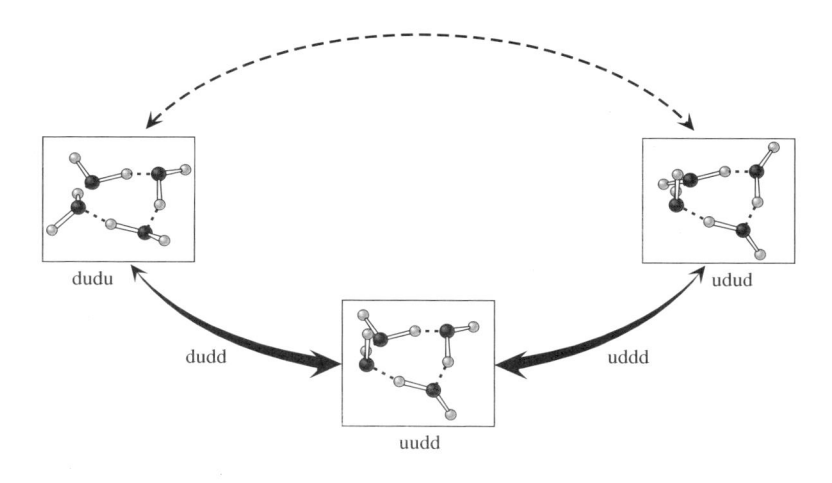

図 2.10 水4量体クラスターの構造変形[2]

レート（6.1節参照）など，**水和**によって形成される**クラスレート（包接化合物）**の構造においても重要である．

また3量体，4量体と同じように，水素結合軸の周りでねじれ運動を行い，容易に他の異性体に転移することができる．さらに，このねじれ運動と環の折れ曲がり運動とが相互に協調して起こることになる．5量体では，3量体で見られたような二又型の遷移状態は取りにくくなっており，そのため，異性化に要する時間も3，4量体に比べて長いものになっている．

6量体の構造は5量体以下とは様相が異なってくる．6量体では最も安定な配置を考えた場合に，2次元から3次元へと水素結合ネットワークが遷移するサイズに対応している．6量体は8面体**籠状構造**をとっており，中央の4つの水分子はそれぞれ3つの水素結合に関与し，左右の2つの水分子はそれぞれ2つの水素結合に関与している（図2.7参照）．この2つの水分子は，3量体で見られたような二又型の遷移状態を経由する構造変化に関わっている．6量体の構造は水素結合ネットワークの対称性によって安定化されており，この構造は氷VIの結晶構造によく似ている．氷VIというのは氷の結晶構造の1つであり，10^4気圧程度の高圧下で安定であることが知られている．

一方，ヘリウム液滴内のような極低温では，水6量体が環状構造を取ることが見出されている．環状構造を持つ5量体以下のクラスターに，順次水分子が挿入することによって環状構造が成長し，低温であるために，異性化のエネルギー障壁を越えられずにそのまま環状構造にとどまると考えられる．この環状構造は，通常の大気圧下で安定な氷の結晶構造に見られる6員環に非常に近い構造である．

2.2.2　水クラスター ─3次元構造

さらに大きいクラスターでの3次元構造の発展を見ていこう（図2.7参照）．ここでは8量体の構造を元にして，その近隣のサイズのクラスターの

構造を考えることができる．まず，8量体ではD_{2d}の対称性[*]を持つ構造とS_4の対称性（図2.9参照）を持つ2つの構造があることが示唆されている．これらのいずれの構造でも，4量体から成る環が2つ重なった構造になっている．

7量体の構造はS_4対称性を持つ8量体の構造に似ており，8量体から水分子を1つ取り除くことによって得られる構造である．一方，9量体の構造は8量体のD_{2d}の立方体構造を元にした構造である．立方体を構成する辺の1つに水分子が挿入し，5量体と4量体から成る構造を形成している．さらに，この9量体構造を構成する辺の1つに水分子が挿入すると，安定な10量体構造が得られる．これらの挿入された2つの分子は，互いに反対側の辺に挿入されている．

2.2.3 水クラスターイオン ― 安定な籠状構造

水クラスターを**電子衝撃**などで**イオン化**することによって**質量スペクトル**を測定し，存在比を観測することができる．水クラスターをイオン化した場合には，以下のような解離が進行し，$(H_2O)_n H_3O^+$ が観測される．

$$(H_2O)_m \rightarrow (H_2O)_n H_3O^+ + OH^- + (m-n-2)H_2O \quad (2.4)$$

得られる質量スペクトルは図2.11のようになる．図からわかるように，$n = 20$ と 21 の間で急激な強度の低下が観測される．このことから，$(H_2O)_{20}H_3O^+$ がなんらかの安定な構造を持っていることが推測される．このような安定構造として，水分子間に水素結合によるネットワークが生じた**籠状構造**が考えられている．最近の計算によると $(H_2O)_{20}H_3O^+$ には，いくつか構造的に安定な**異性体**があることがわかってきた．図2.12にあるように5量体から成る5角形の面を持つ，$(H_2O)_{20}$ の **12面体構造**に H_3O^+ あるいは

---

[*] このD_{2d}構造では，向かい合う面の中心を軸として180°回転させると，元の構造に重なる．また，垂直な対称面を2枚持っている．

H₂O が取り込まれた籠状構造が比較的安定であることが示唆されている．H₂O が (H₂O)₂₀ の内部に取り込まれた場合，残りの H⁺ は (H₂O)₂₀ の外表面に結合することになる．また，中に取り込んだ H₃O⁺ あるいは H₂O との相互作用によって，(H₂O)₂₀ の籠状構造は正12面体から大きく歪むことになる．

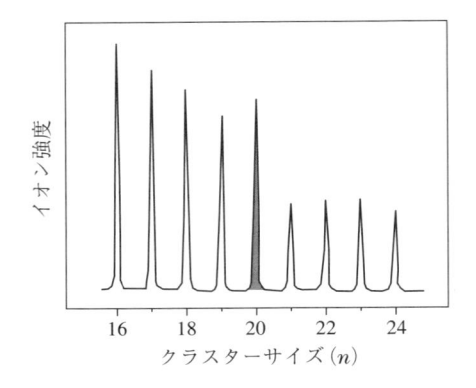

図 2.11 水クラスター正イオン (H₂O)ₙH₃O⁺ の質量スペクトル．[4] 影をつけた部分は (H₂O)₂₀H₃O⁺

このようにして，水クラスターはサイズの増加とともに平面的な環状構造から立体的な籠状構造へと発展していく．次の節では，このようなクラスターに溶質が溶け込んだ状態である溶媒和クラスターを見ていくことにする．

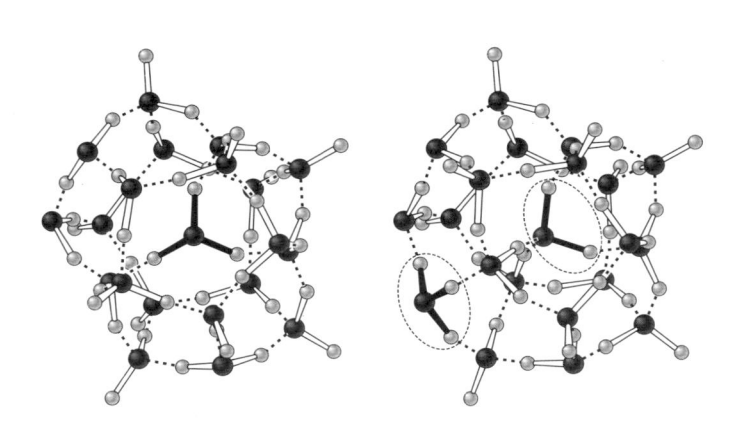

図 2.12 水クラスター正イオン (H₂O)₂₀H₃O⁺ の構造．[5] 左は内側に H₃O⁺ が取り込まれた構造．右は内側に H₂O が取り込まれ，H₃O⁺ が表面に存在する構造．

2.3 溶媒和クラスター

金属イオンやハロゲン化物イオンを核として，周囲を溶媒分子が取り囲んだクラスターを生成することも可能である．溶液中での現象を調べるためのモデルとして，このようなクラスターを研究することも行われている．

2.3.1 セシウムイオン – メタノール溶媒和クラスター

それではまず，メタノールで溶媒和されたセシウムイオンのクラスター $Cs^+(CH_3OH)_n$ を例として見ていこう．**熱イオン放出**によって，真空中にセシウムイオン Cs^+ を生成する．具体的には，臭化セシウムの飽和水溶液に浸したゼオライトをタングステン線フィラメントに塗布し，このフィラメントに電流を流すことによって真空中で加熱する．このようにすると Cs^+ が真空中に放出される（図 2.13 参照）．これをノズルから生成するメタノールクラスターに取り込ませ，$Cs^+(CH_3OH)_n$ を生成する．

このクラスターは概念的には図 2.14 のような構造をしており，Cs^+ のすぐ近くの第 1 **溶媒和殻**，その外側の第 2 溶媒和殻という**殻構造**をとっている．

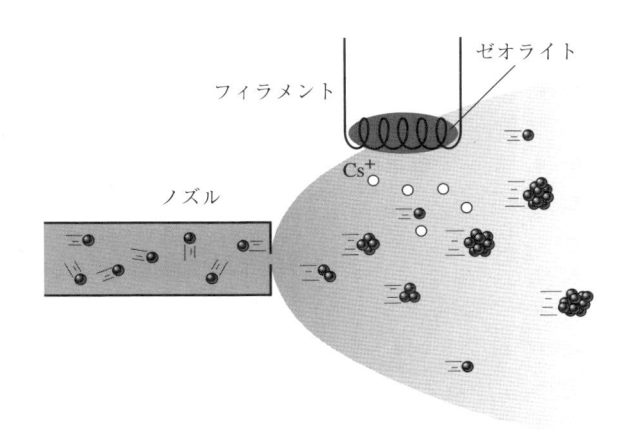

図 2.13　$Cs^+(CH_3OH)_n$ 生成の概念図

メタノール分子間には主に**水素結合**がはたらき，互いの相対的な配置が決定される．また，セシウムイオンとメタノール分子との間には，セシウムイオンを点電荷，メタノールを**電気双極子**と見なした**静電相互作用（クーロン相互作用）** がはたらくことになる．

このようなクラスターでは，個々のメタノール分子が周囲から受ける影響は，その

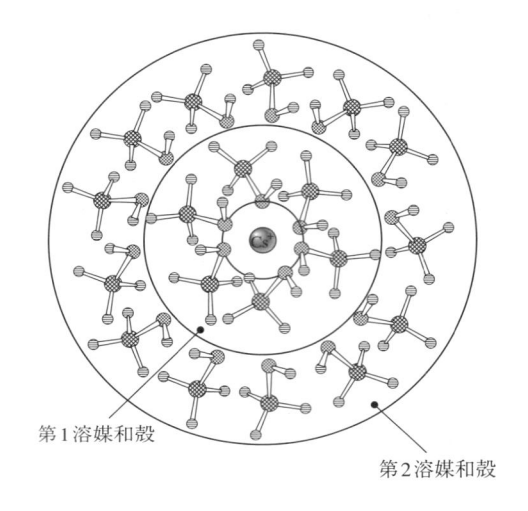

第1溶媒和殻

第2溶媒和殻

図 2.14 $Cs^+(CH_3OH)_n$ の構造[6]

分子の中心イオン（この場合では Cs^+）からの距離と，周りにある他のメタノール分子の配置によって決定されることになる．個々のメタノール分子の性質は，その分子がおかれた環境の違いによって変化し，この変化はそれぞれの分子内振動数の違いとして敏感に検出することができる．

クラスターに赤外光を照射すると，クラスターは構成分子の振動数に相当する赤外光を吸収する．メタノール分子の**分子振動**である C−O 伸縮振動に着目して，サイズ（メタノール分子数）による**赤外振動スペクトル**の変化を見てみると図 2.15 のようになる．ここで縦軸には**光解離断面積**をとっている．$Cs^+(CH_3OH)_n$ は赤外光を吸収すると，そのエネルギーを CH_3OH の脱離という形で放出する．これは，赤外光を吸収して温度が高くなったクラスターからメタノール分子が**蒸発**したと考えることができる．**光吸収確率**が高ければ，クラスターから CH_3OH が脱離する確率も高くなる．CH_3OH が脱離して生成した $Cs^+(CH_3OH)_m$ ($m < n$) の量を，元々の $Cs^+(CH_3OH)_n$ の量と光子数で規格化したものが光解離断面積である．図 2.15 を見ると，小さい

サイズの領域（$n \leq 10$）ではスペクトルは1つのピークからできており，メタノール分子のおかれた環境が均一であることがうかがえる．また，光解離断面積がサイズとともに大きくなっているのは，メタノールの分子数が増加するとともに光吸収確率が加算的に増加するためである．

さらに，図からわかるように，メタノール分子数が10を超えると様子がだいぶ変わってくる．1025〜1031 cm^{-1} の辺りのスペクトルはそれほど変化しなくなり，新たに1035〜1040 cm^{-1} に光解離断面積の上昇が見られるようになる．これは最初の10個のメタノール分子がセシウムイオンの周りに第1溶媒和殻を形成し，11個目のメタノール分子からは第2溶媒和殻を形成するからである．さらに19量体以上になると，1025〜1041 cm^{-1} の光解離断面積はそのままに，1041〜1050 cm^{-1} の領域に新たなピークが現れ，サイズとともに大きくなっていく．これは，19量体以上で第3溶媒和殻が徐々に形成されるためである．

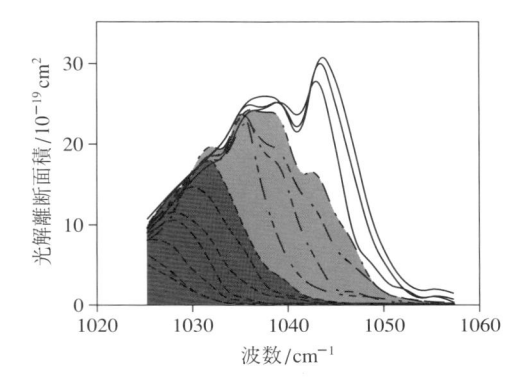

図 2.15 Cs$^+$(CH$_3$OH)$_n$ の赤外振動スペクトル．濃い影をつけた部分は $n = 4$〜10，薄い影をつけた部分は $n = 10$〜18，影のない部分は $n = 18$〜25 (J. A. Draves, Z. Luthey-Schulten, W.-L. Liu and J. M. Lisy：J. Chem. Phys. **93** (1990) 4589 より).

2.3.2 塩化物イオン - 水溶媒和クラスター

一方，負イオンの周りに分子が溶媒和していく場合には，少し様子が異なっている．例えば，ハロゲン化物イオン X$^-$ の周りに水やメタノールなどの溶媒分子が溶媒和していく場合には，X$^-$ と溶媒分子との相互作用に比べて，溶媒分子同士の相互作用が強いので，溶媒分子数がある程度大きくなるまで

44   2. 幾何構造と電子構造

は，X$^-$ は溶媒分子に溶媒和されず，溶媒分子のクラスターの表面に X$^-$ が付着したような構造を取ることになる．

　塩化物イオンに，水分子が順次付着してクラスターが成長していく様子を図2.16 に示している．水分子の数が増えるに従って，水分子の塊がどんどん成長していくのがわかる．この際，塩化物イオンは水クラスターの内部で

Cl$^-$(H$_2$O)　Cl$^-$(H$_2$O)$_2$　Cl$^-$(H$_2$O)$_3$　Cl$^-$(H$_2$O)$_4$　Cl$^-$(H$_2$O)$_5$

Cl$^-$(H$_2$O)$_6$　Cl$^-$(H$_2$O)$_7$　Cl$^-$(H$_2$O)$_8$　Cl$^-$(H$_2$O)$_9$

Cl$^-$(H$_2$O)$_{10}$　Cl$^-$(H$_2$O)$_{12}$　Cl$^-$(H$_2$O)$_{14}$

Cl$^-$(H$_2$O)$_{16}$　Cl$^-$(H$_2$O)$_{18}$

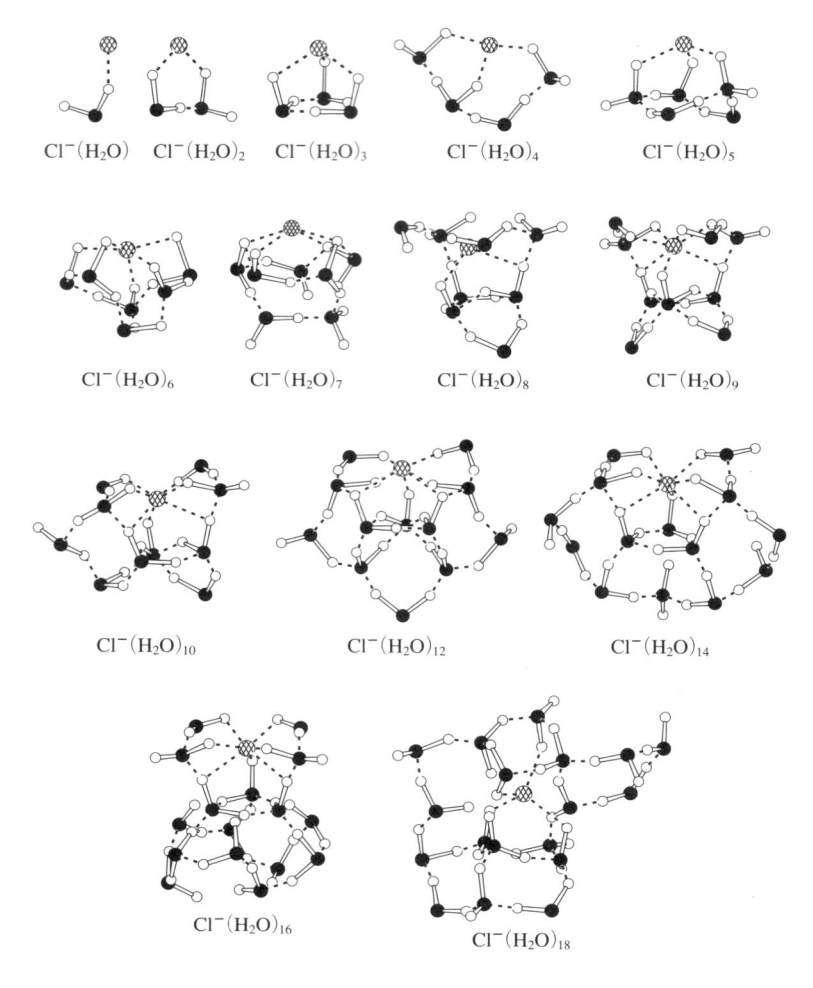

図 2.16　Cl$^-$(H$_2$O)$_n$ の構造．格子模様の丸が Cl$^-$ を表す．[7]

はなくて，表面に放置されたままである．$Cl^-(H_2O)_{18}$ になって初めて，水分子が塩化物イオンを取り囲むようになる．またこのような傾向は，Cl^- をメタノール分子で溶媒和していく場合にも観測され，負イオンを溶媒和していく場合の特徴となっている．これは，負イオンでは余剰電子が空間的に広がった軌道を占め，溶媒分子との静電相互作用が正イオンに比べて弱くなるためである．

2.4 イオン結合クラスター

イオン結合クラスターでは，正負のイオン同士が隣り合い，**クーロン力**を及ぼし，例えば Cl^- などのハロゲン化物イオンと Na^+ などのアルカリ金属イオンから成る．ハロゲン化アルカリクラスターがその典型であり，これらのクラスターは基本的には図 2.17 のような，塩化ナトリウム型の**面心立方構造**や塩化セシウム型の**体心立方構造**をしている．それでは，例としてヨウ化セシウムクラスターイオン $(CsI)_nCs^+$ の構造を見ていこう．

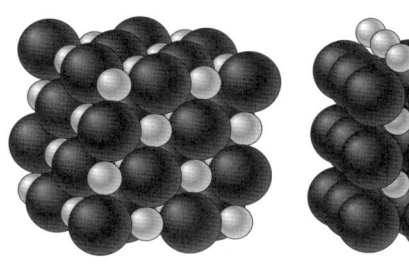

図 2.17 （左）塩化ナトリウム型構造，（右）塩化セシウム型構造．

2.4.1 ヨウ化セシウムクラスターイオンの構造

図 2.18 は，計算によって求めた $(CsI)_nCs^+$ の構造を示している．構造は鎖状，環状，格子状と分類することができる．3 次元構造は $n < 10$ でも現れてはいるが，$n \geq 10$ では 3 次元**格子状構造**が概ね最安定構造となり，塩化ナ

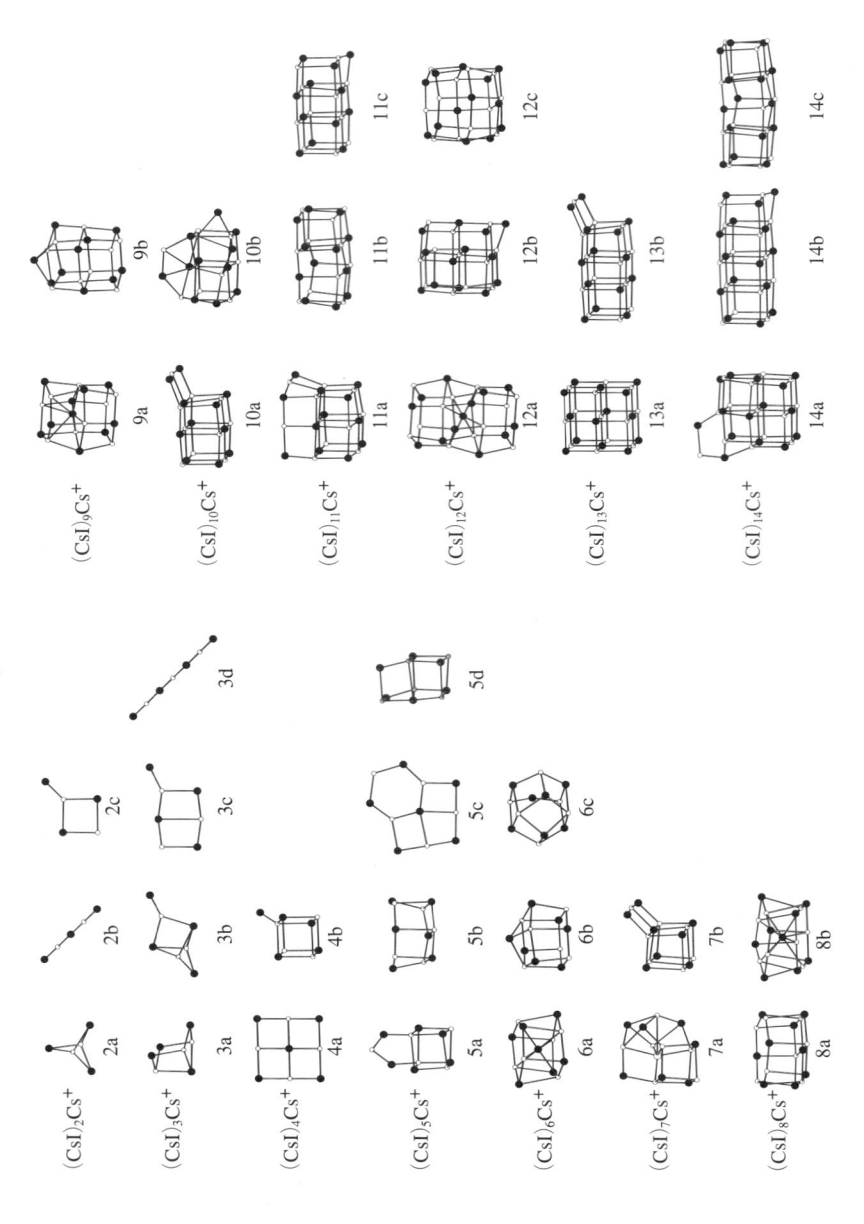

図 2.18 ヨウ化セシウムクラスターイオン $(CsI)_nCs^+$ の構造。[8] 黒い丸が Cs^+、白い丸が I^-。それぞれ構造 a が最安定な構造であり、b, c となるに従ってエネルギー的に不安定になっていく。

トリウム型の**結晶構造**が出現していることがわかる．

まず，小さいサイズから見ていくと，$(CsI)_2Cs^+$では3次元構造と直鎖構造のエネルギーはほぼ等しく，4角形にCs^+が付加した構造も比較的エネルギーが低い．$(CsI)_3Cs^+$の最安定構造も3次元構造をしており，立方体からI^-が取り除かれた構造をとっている．次に安定な構造は，$(CsI)_2Cs^+$の最安定構造にCsIが付加したような構造である．平面格子状構造にCs^+が付加した構造と直鎖構造は，これらより高いエネルギーである．$(CsI)_4Cs^+$の最安定構造は，平面的な格子状構造である．このサイズでは直鎖構造はかなりエネルギーが高く，不安定な構造になってしまっている．立方体にCs^+が付加した構造が2番目に安定な構造として得られている．$(CsI)_5Cs^+$では，立方体の上面にCs−I−Csが付加した構造が最安定となる．

$n = 6, 7$では，あるCs^+が他のイオンより多くの結合を持つような構造が現れてくる．$(CsI)_6Cs^+$では，中心にCs^+を配した6角柱構造であり，この構造では中心のCs^+は6個のI^-と結合している．$(CsI)_7Cs^+$では，一部が立方体構造を持つ複雑な構造である．ここまでで見られた構造は，規則的な結晶構造と比較すると非常に歪んだ構造をしていることがわかる．この歪みは，余分な正電荷Cs^+によって引き起こされており，歪んだ構造をとることによって，Cs^+同士の反発を抑えているのである．

$(CsI)_8Cs^+$では，上面の中心からI^-が取り除かれた$3 \times 3 \times 2$型[*]の構造が最安定構造として得られている．負電荷が少ないために，上面は8角形に変形している．2番目に安定な構造は8配位のCs^+を持つ構造であり，この配位数はヨウ化セシウムの結晶（塩化セシウム型の体心立方構造）の配位数と同じである．$(CsI)_9Cs^+$の最安定構造は6角柱構造に近く，直方体的な塩化ナトリウム型構造はこれに比べると不安定である．しかしながら，6角柱

---

[*] ここでは，幅，奥行き，高さがそれぞれ3原子，3原子，2原子から成る直方体を意味している．

構造の上半分は中心の6配位の Cs^+ のために大きく歪んでいる．

$n \geq 10$ になると，3次元格子状の塩化ナトリウム型構造の特徴が顕著に現れてくる．$n = 12$ を除いて，$n = 10 \sim 14$ では塩化ナトリウム型構造が最安定となる．特に $(CsI)_{13}Cs^+$ は，$3 \times 3 \times 3$ 型の構造が他の異性体に比べて非常に安定である．一方，密でない構造や環状構造が積み重なった構造は，塩化ナトリウム型構造に比べて高いエネルギーを持っている．例外として，$(CsI)_{12}Cs^+$ では $(CsI)_9Cs^+$ に Cs_3I_3 から成る6員環が付加した構造が最安定になっている．

それでは，このようなクラスターが実際にどのように生成し，さらに大きいサイズで構造がどのように発展していくか見てみよう．

2.4.2 安定なクラスターの観測

質量スペクトルから推測されるクラスターの安定構造は，塩化ナトリウム型構造の存在を裏付けている．イオン結合クラスターは，**イオンスパッター法**などを用いて生成することができる．イオンスパッター法というのは，キセノンイオンなどの希ガスイオンを真空中で数 keV の高い運動エネルギーに加速して固体試料に照射し，試料を構成する元素を真空中に放出させる手法である．試料としてヨウ化セシウムを用いると $(CsI)_nCs^+$ が生成し，

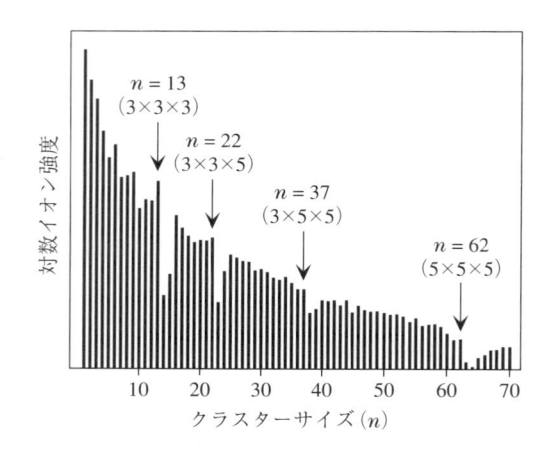

図 2.19 ヨウ化セシウムクラスターイオン $(CsI)_nCs^+$ の質量スペクトル（J. E. Campana, T. M. Barlak, R. J. Colton, J. J. DeCorpo, J. R. Wyatt and B. I. Dunlap : Phys. Rev. Lett. **47** (1981) 1046 より）

図 2.19 のような質量スペクトルが得られる．

この質量スペクトルからわかるように，$n = 13 \to 14$，$n = 22 \to 23$，$n = 37 \to 38$，$n = 62 \to 63$ でイオン強度が大きく落ち込んでおり，$n = 13$，22，37，62 ではイオン強度が比較的大きくなっている．これらは，それぞれ構成原子が立方体あるいは直方体を形成するように並んだ構造をして，安定化していると考えることができる．具体的には，$n = 13$ では $3 \times 3 \times 3$，$n = 22$ では $3 \times 3 \times 5$，$n = 37$ では $3 \times 5 \times 5$，$n = 62$ では $5 \times 5 \times 5$ となっている．特に，$(CsI)_{13}Cs^+$ は計算結果とよく一致して，安定構造が現れている．

2.4.3 電子線回折によるクラスターの構造解明

こうしたクラスターの構造は，**電子線回折**を用いた実験によって実際に解明されている．1.1 節で述べたように，**電子線**は波としての性質を持ち，その波長 λ は次の**ド・ブロイの式**で与えられる．

$$\lambda = \frac{h}{mv} \tag{2.5}$$

ここで h はプランク定数，m は電子の質量，v は電子の速度である．電子を電圧 V で加速したとすると，電荷 e を持つ電子の運動エネルギーは次のようになる．

$$\frac{1}{2}mv^2 = eV \tag{2.6}$$

したがって，両式から次の関係が導かれる．

$$\lambda = \frac{h}{\sqrt{2meV}} \tag{2.7}$$

例えば，電子を $40\,kV$ で加速した場合の波長は $0.06\,Å$ であり，原子間距離よりも十分に小さい．このため，このような電子線がクラスターに当たるとクラスター内の原子によって**散乱**され，散乱波は互いに干渉して，原子の配列に応じた**回折パターン**を与えることになる．

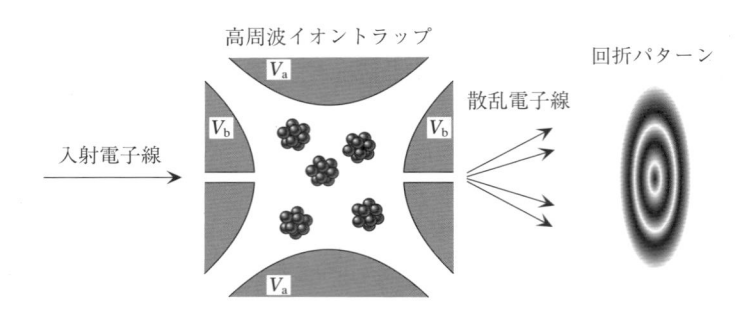

図 2.20 クラスターの電子線回折実験の概略図

　実験では，図 2.20 に示すように**質量選別**されたクラスターを高周波**イオントラップ**に蓄積して行われた．このような高周波イオントラップは双曲線型電極からできており，このそれぞれの電極に以下のように逆位相の電圧を印加する．

$$V_a = V_1 + V_2 \cos(2\pi ft) \tag{2.8}$$

$$V_b = -V_1 - V_2 \cos(2\pi ft) \tag{2.9}$$

ここで V_1 は直流電圧であり，V_2 は交流電圧の振幅である．f は周波数であり，数 MHz である．これら 3 つの変数の組み合わせによって，トラップ内に安定に存在できるイオンの質量電荷比が異なり，質量選別が可能である．

　このトラップに蓄積されたクラスターに電子線を照射すると，電子線はクラスターを構成する原子によって散乱され，原子の配列に応じた回折パターンを生じる．逆に，この回折パターンからクラスターを構成する原子の並び，すなわち幾何構造を知ることができるのである．まず，図 2.21 に示すように，**ブラッグ**（Bragg）**の反射の条件**から散乱された電子線が強め合う条件は次のようになる．

$$2d \sin\left(\frac{\theta}{2}\right) = n\lambda \quad (n = 1, 2, \cdots) \tag{2.10}$$

ここで θ は**散乱角**であり，d は原子配列の周期構造の間隔である．周期構造

2.4 イオン結合クラスター

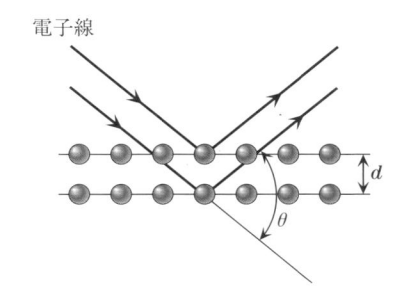

図 2.21 原子の配列による電子線の散乱

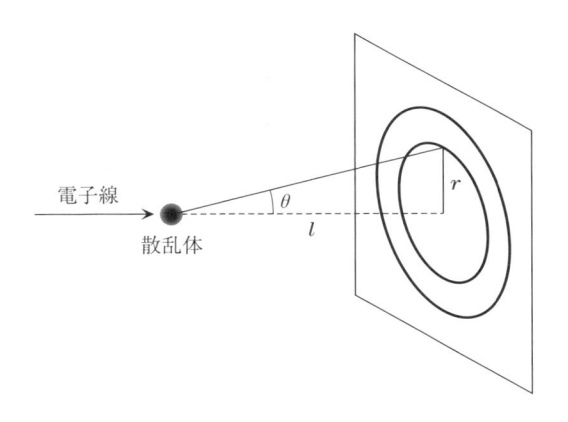

図 2.22 デバイ‑シェラー環

の間隔に応じて，特定の散乱角の方向で電子線が強められることがわかる．

また，ここで得られるクラスターの回折パターンはラウエ（Laue）斑点ではなく，**デバイ‑シェラー**（Debye‑Scherrer）**環**（図 2.22 参照）となる．なぜなら，クラスターはイオントラップ内で無秩序な方向を向いており，粉体試料を用いた回折測定と同様の測定になるからである．クラスターから電子線の検出器までの距離を l とすると，電子線の散乱角 θ と観測される環の半径 r との関係は次のようになる．

$$r = l \tan \theta \tag{2.11}$$

θ が微小である場合には $\tan\theta \approx \sin\theta \approx 2\sin(\theta/2)$ の近似を用いると，

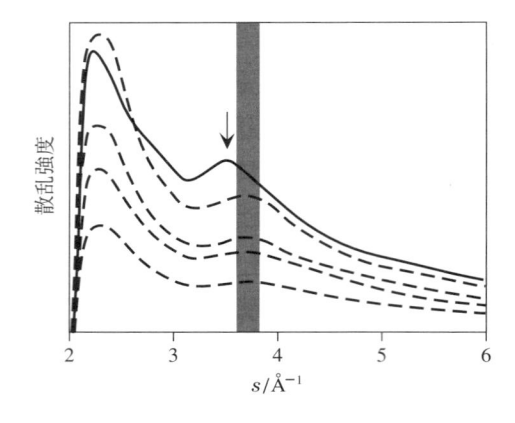

図 2.23 $(CsI)_n Cs^+$ ($n = 30 \sim 39$) の回折パターン. 実線は $n = 32$, 破線はそれ以外のサイズの回折パターン. $n = 32$ でのみ矢印のところにピークが現れている (S. Krückeberg, D. Schooss, M. Maier-Borst and J. H. Parks: Phys. Rev. Lett. **85** (2000) 4494 より).

(2.10) と (2.11) から次の関係を得ることができる.

$$d = \frac{n\lambda l}{r} \tag{2.12}$$

この関係を用いると,散乱された電子線の干渉によって生じる環の半径から,原子の周期構造の間隔を求めることができる.

実際に測定された $(CsI)_n Cs^+$ ($n = 30 \sim 39$) の回折パターンは,図2.23のようになる.ここで横軸は $s(= (4\pi/\lambda)\sin(\theta/2))$ の値をとっており,これは散乱による電子線の波数変化を表している.クラスターサイズによる回折パターンの変化を見てみると,$(CsI)_{32} Cs^+$ だけが他のサイズとは異なっていることがわかる. 32量体以外では $s = 3.7\,\text{Å}^{-1}$ 付近に散乱強度のピークが見られるが (影部分), 32量体ではこれより内側の $s = 3.5\,\text{Å}^{-1}$ 付近にピークが現れるのである.これは32量体のみが他とは異なる原子間距離を持ち,異なった結晶形に基づく構造を取っていることを示している.ちなみに $(CsI)_{37} Cs^+$ は, $(3 \times 5 \times 5)$ の塩化ナトリウム型の**面心立方構造**をしており,他の32量体以外のクラスターも同様の塩化ナトリウム型構造をしていると推測される.

一方, 32量体 $(CsI)_{32} Cs^+$ は,図2.24のような菱形12面体構造を形成し,

2.4 イオン結合クラスター

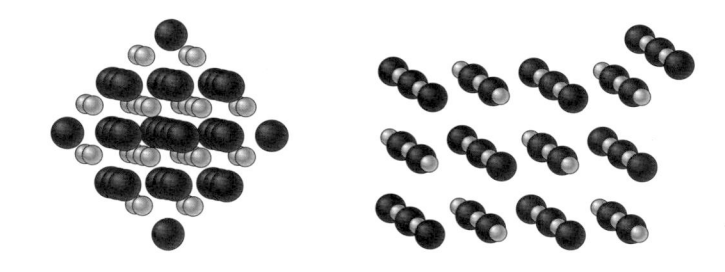

図 2.24 $(CsI)_{32}Cs^+$ の構造.[10] (左) 塩化セシウム型構造 (菱形12面体構造), (右) 塩化ナトリウム型構造.

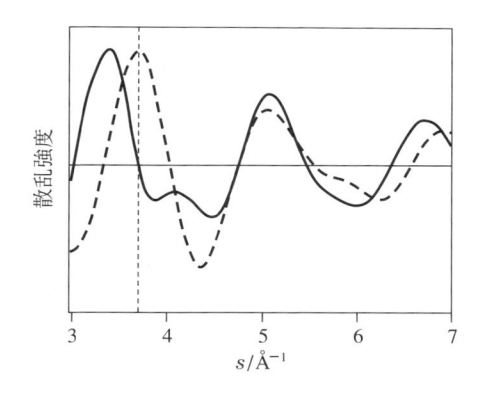

図 2.25 計算によって求めた $(CsI)_{32}Cs^+$ の回折パターン (S. Krückeberg, D. Schooss, M. Maier-Borst and J. H. Parks: Phys. Rev. Lett. **85** (2000) 4494 より). 実線は塩化セシウム型構造, 破線は塩化ナトリウム型構造を仮定.

エネルギー的に安定化することが可能である. この構造は塩化セシウム型の**体心立方構造**に相当する構造である.

逆に, これらの構造を持つクラスターに電子線を照射した場合に, どのような回折パターンが現れるかを計算によって確認することができる. 計算によって求めた, 塩化セシウム型の体心立方構造の電子線回折パターンと, 塩化ナトリウム型の面心立方構造の電子線回折パターンを比較すると図 2.25 のようになり, 確かに, $s = 3.5\,\text{Å}^{-1}$ 付近のピークが大きくずれるのがわかる. ここで見られる傾向を図 2.23 と比較すると, 32 量体は塩化セシウム型の体心立方構造であり, それ以外は塩化ナトリウム型の面心立方構造であることがわかる. ヨウ化セシウムの固体結晶は塩化セシウム型の体心立方構造

であるが，このサイズ領域では32量体のみが固体結晶と同様の体心立方構造を取っていることになる．これは32量体で球形に近い菱形12面体構造を取ることができ，表面原子数を減らす利点が生ずることに由来すると推測される．33量体から39量体では再び塩化ナトリウム型の構造となるが，さらにサイズが大きくなっていくと，塩化ナトリウム型の構造から，塩化セシウム型の構造へと変化し，固体の結晶構造へと発展していくものと考えられる．

2.5 炭素クラスター

　クロトー（Kroto），カール（Curl），スモーリー（Smalley）らはヘリウムを冷却用気体として，真空中でグラファイトに可視光レーザーを集光して照射すること（**レーザー蒸発法**）によって（図2.26参照），炭素クラスターC_nを生成し，その**質量スペクトル**を測定した．このとき，クラスター成長管のヘリウム気体の圧力を高くすると，図2.27に示すようにC_{60}のみが質量スペクトルに残るようになる．

　この理由は次のように考えられる．反応性の高い炭素クラスターは成長領域でどんどん大きなサイズへ成長し，最終的には煤となって成長管の内壁に付着する．一方，C_{60}は表面に未結合手を持たず不活性であり，さらなる成長は起こりにくい．このようにC_{60}は特異的に安定な炭素クラスターであると

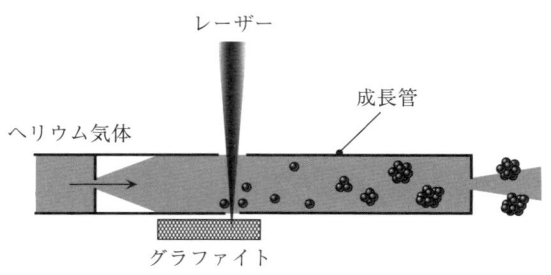

図 2.26 炭素クラスター生成の概念図[11]

2.5 炭素クラスター

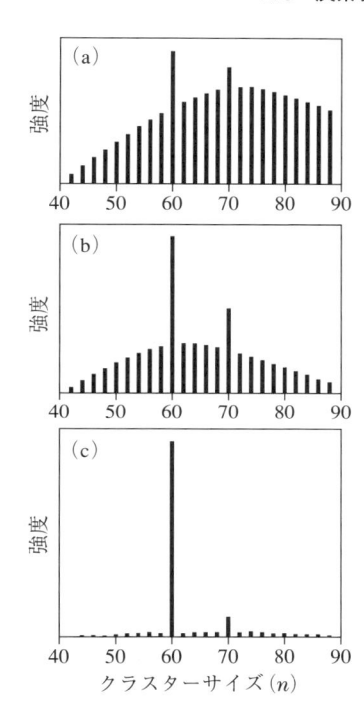

図 2.27 炭素クラスター C_n の相対存在比.[11] クラスター成長管内のヘリウム気体の圧力を (a), (b), (c) の順に上げていくと特に C_{60} が残るようになる.

推測される.

実際の C_{60} は，図 2.28 に示すサッカーボールのような**球殻状構造**をしていることが明らかになっている．この構造は正 20 面体の頂点を切り落として正 5 角形の面を出した多面体であり，**切頭 20 面体**と呼ばれる．この 60 個の頂点を炭素原子が占め，5 員環と 6 員環を形成し，安定な構造を生み出している．このような球殻状の炭素クラスターの総称がフラーレンである．C_{60} 以外にもさまざまなサイズのフラーレンが

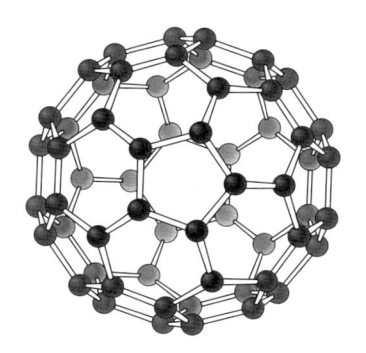

図 2.28 炭素クラスター C_{60} の構造

見つかっている．

さらにその後の研究で，ヘリウム雰囲気でグラファイトを電極とした**アーク放電**により生成した煤の中には，5%程度のフラーレンが含まれていることがわかった．**溶媒抽出法**などを用いて，煤からフラーレンを単離することによって大量に入手できるようになり，広い範囲で物質材料として応用されるようになっている．また，フラーレンの中空部分に，スカンジウムやランタンなどの金属原子を閉じ込めることも可能である．フラーレンが1次元方向に成長したようなカーボンナノチューブや，グラファイトシートの一部を抜き出したようなナノグラフェンも，ナノカーボン物質として近年盛んに研究されている．

2.6 金属クラスター

次に，金属クラスターについて見ていこう．金属クラスターの存在比はサイズによってどのように変化するだろうか．一口に金属といってもさまざまな金属元素が存在する．ここではアルカリ金属，貨幣金属，遷移金属などに分けて，その代表例としてナトリウムクラスター，金クラスター，バナジウムクラスターなどを見ていくことにする．

2.6.1 ナトリウムクラスター

ナトリウムは比較的融点や沸点が低いので，加熱によりその蒸気を得ることが容易である．水や酸素との反応を避けるために，真空中でナトリウム蒸気を生成し，ヘリウムやアルゴンなどの希ガス中で冷却することによってクラスターを形成させて，**質量分析**によりサイズ分布を測定できる．ナトリウムクラスター Na_n の**質量スペクトル**は，図2.29に示すようにやはりサイズに対して単調な変化ではなく，ある特定のサイズ8，20，40，58などのクラスターが多く存在する分布である．

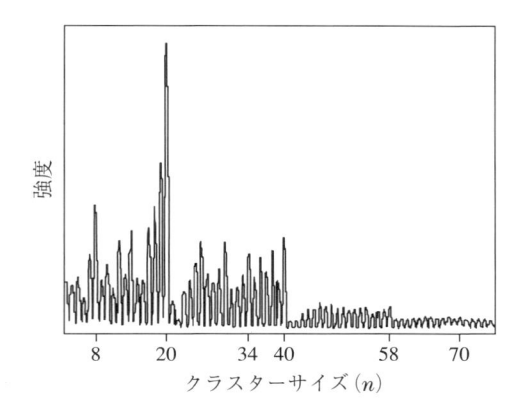

図 2.29 ナトリウムクラスター Na$_n$ の質量スペクトル（W. D. Knight, K. Clemenger, W. A. de Heer, W. A. Saunders, M. Y. Chou and M. L. Cohen：Phys. Rev. Lett. **52**（1984）2141 より）

　このように，特定の構成原子数のときにナトリウムクラスターは安定となるが，この数のことを 2.1 節で見たように**魔法数**と呼ぶ．また，ナトリウムクラスターのサイズ分布は，これまでに見た希ガスクラスターなどのサイズ分布とも非常に異なっている．ここで見られる魔法数は，他のアルカリ金属クラスターや金などの貨幣金属クラスターでも共通して観測される．このような魔法数は，原子の場合と同様の電子殻模型によって次項のように説明される．

2.6.2 電子殻模型

　原子では，中心にある原子核が作る**静電ポテンシャル**に電子が束縛されている．電子の**エネルギー準位**は離散的でかつ縮退しており，エネルギーの低い準位から順に電子を詰めていくと，まず 2 個の電子を詰めたところで最も低い準位（1s 準位）が満杯（**閉殻**）となる．これがヘリウム原子である．さ

らに電子を詰めようとすると上の準位（2s, 2p準位）が詰まり始め，ここに電子が8個詰まったところで閉殻となる．総電子数で見ていくと，2, 10, 18, 36などのところで閉殻となり，これらはヘリウム，ネオン，アルゴン，クリプトンなど希ガス原子に対応している．これらの原子は反応性に乏しく，単原子分子として安定に存在するという共通の特徴を持っている．

では，クラスターの場合はどうであろうか．アルカリ金属や貨幣金属の原子はs電子を最外殻電子（**価電子**）として1つ持ち，この電子を容易に放出して希ガス原子のような閉殻構造を取りたがる傾向にある．そのような原子から成るクラスターの価電子は，クラスター内を自由に運動する"**自由電子**"として振舞うと考えることができる．このような描像を自由電子模型という．その電子構造は離散的な電子準位から構成されるが，この電子準位に下から自由電子を詰めていったときに，一番上の準位での電子の詰まり方によって，クラスターの性質が決定される．電子殻が充満されるごとに閉殻の電子構造が現れ，このときクラスターは安定となる．

このような性質は，原子に電子を詰めていったときに，電子数に応じた原子の並び（H, He, Li, Be, B, C, N, O, F, Ne, …）が周期表を構成し，希ガス原子が閉殻で安定となることに非常によく似ている．このような閉殻のクラスターにさらに電子が加わる場合には，さらに上の準位に入らなければならず，クラスターの安定性が低下する．このため，図2.29の質量スペクトルに見られるように，それぞれ閉殻構造の1つ上のサイズでは存在比が大きく減少して観測される．クラスターの場合も原子の場合と同様に，各々の殻を**主量子数**と**方位量子数**とで表すことができる．

もう少し詳しく見てみよう．ナトリウム原子は$[Ne](3s)^1$の**電子配置**を持っており，価電子である3s電子を放出することによって，ネオン原子のように安定な閉殻電子配置を取ることができる．そのため，Na^+とe^-とに容易に分離することになる．すなわちNa_nでは，n個のNa^+の作るポテンシャルの中をn個の電子が運動すると考えられる．

2.6 金属クラスター

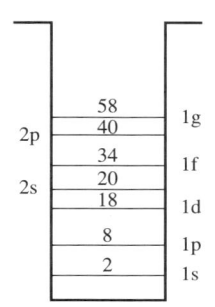

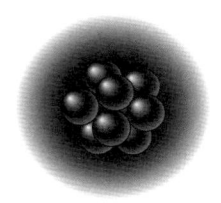

図 2.30 ナトリウムクラスターの井戸型ポテンシャルとエネルギー準位

　ある1つの電子に着目し，残りの $n-1$ 個の電子と n 個の Na^+ とが生み出すポテンシャルを考えると，Na_n の内側では正電荷の空間分布が一様にならされ（**ジェリウム模型**），図 2.30 のような**井戸型ポテンシャル**を作っていると近似することができる．実際には3次元の井戸型ポテンシャルを考えなければならないが，まずは，簡単のために，2次元の井戸型ポテンシャルを考えてみよう．ここでは，第1章で学んだ1次元の井戸型ポテンシャルが大いに参考となる．

　2次元の井戸の中での**シュレーディンガー方程式**は，

$$-\frac{\hbar^2}{2m}\left(\frac{\partial^2}{\partial x^2}+\frac{\partial^2}{\partial y^2}\right)\psi(x,y)=E\,\psi(x,y) \tag{2.13}$$

である．これを解くために x,y - 直交座標系を r,θ - 極座標系に変換しよう．このとき，(x,y) と (r,θ) との関係は次式で与えられる．

$$x = r\cos\theta \tag{2.14}$$
$$y = r\sin\theta \tag{2.15}$$

ここで，

$$\frac{\partial}{\partial x} = \cos\theta \frac{\partial}{\partial r} - \frac{\sin\theta}{r}\frac{\partial}{\partial \theta} \tag{2.16}$$

$$\frac{\partial}{\partial y} = \sin\theta \frac{\partial}{\partial r} + \frac{\cos\theta}{r}\frac{\partial}{\partial \theta} \tag{2.17}$$

$$\frac{\partial^2}{\partial x^2} = \cos^2\theta \frac{\partial^2}{\partial r^2} - \frac{\sin 2\theta}{r^2}\left(r\frac{\partial^2}{\partial r\,\partial\theta} - \frac{\partial}{\partial\theta}\right) + \frac{\sin^2\theta}{r^2}\left(\frac{\partial^2}{\partial\theta^2} + r\frac{\partial}{\partial r}\right) \tag{2.18}$$

$$\frac{\partial^2}{\partial y^2} = \sin^2\theta \frac{\partial^2}{\partial r^2} + \frac{\sin 2\theta}{r^2}\left(r\frac{\partial^2}{\partial r\,\partial\theta} - \frac{\partial}{\partial\theta}\right) + \frac{\cos^2\theta}{r^2}\left(\frac{\partial^2}{\partial\theta^2} + r\frac{\partial}{\partial r}\right) \tag{2.19}$$

この関係を用いると，(2.13) は次のようになる．

$$-\frac{\hbar^2}{2m}\left(\frac{\partial^2}{\partial r^2} + \frac{1}{r}\frac{\partial}{\partial r} + \frac{1}{r^2}\frac{\partial^2}{\partial \theta^2}\right)\phi(r,\theta) = E\,\phi(r,\theta) \tag{2.20}$$

この微分方程式を解くために**変数分離**の手法を用いる．すなわち，$\phi(r,\theta)$ が関数 $R(r)$ と $\Theta(\theta)$ との積で表せるとする．$\phi(r,\theta) = R(r)\,\Theta(\theta)$ を (2.20) に代入して整理すると，

$$\frac{r^2}{R}\frac{\partial^2 R}{\partial r^2} + \frac{r}{R}\frac{\partial R}{\partial r} + \frac{2mr^2 E}{\hbar^2} = -\frac{1}{\Theta}\frac{\partial^2\Theta}{\partial\theta^2} \tag{2.21}$$

が得られる．ここで左辺は r だけの関数であり，右辺は θ だけの関数である．左右両辺が r, θ の任意の値に対して等しいためには，各々が等しい定数でなければならない．また，井戸の半径を r_s として，$R(r_s) = 0$ の**境界条件**を課し，さらに $\Theta(\theta) = \Theta(\theta + 2\pi)$ の周期的境界条件を課すと，**波動関数**は

$$\phi(r,\theta) = A_{nl}\,R(r)\,\Theta(\theta) \tag{2.22}$$

$$R(r) = J_l\!\left(\frac{r_{nl}\,r}{r_s}\right) \tag{2.23}$$

$$\Theta(\theta) = \exp(il\theta) \tag{2.24}$$

となる．ここで A_{nl} は規格化定数であり，J_l は**ベッセル** (Bessel) **関数**である．

ベッセル関数は，以下のように定義される特殊関数である．

2.6 金属クラスター

$$J_l(x) = \sum_{m=0}^{\infty} \frac{(-1)^m}{m!\,(m+l)!} \left(\frac{x}{2}\right)^{2m+l} \tag{2.25}$$

r_{nl} は，$J_l(r_{nl})$ の値が 0 となる n 番目の位置であり，l は整数である．また，エネルギーは次の式で表される．

$$E_{nl} = \frac{\hbar^2}{2m}\left(\frac{r_{nl}}{r_s}\right)^2 \tag{2.26}$$

3次元の井戸型ポテンシャルの場合も同様に解くことができる．この場合，波動関数とエネルギーは次のようになる．

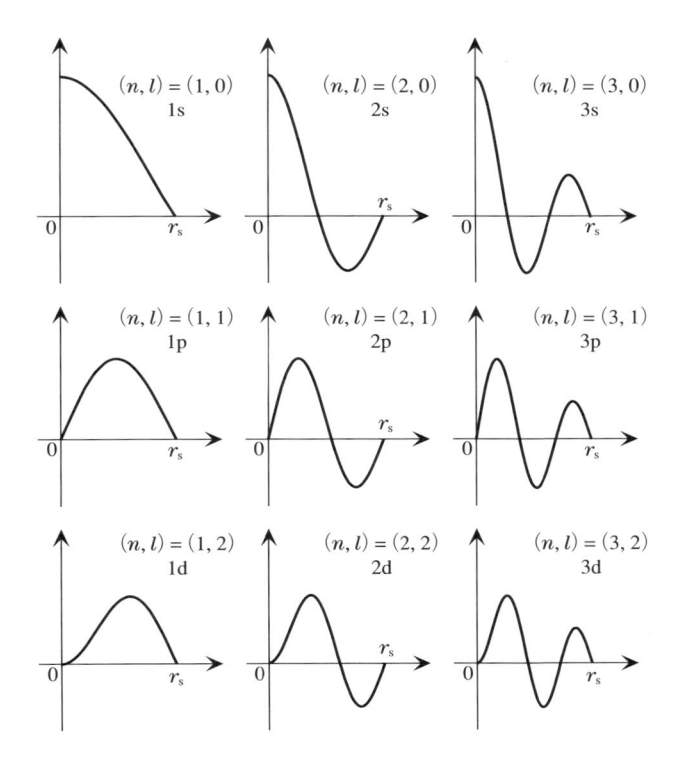

図 2.31 ナトリウムクラスター Na$_n$ の動径波動関数

$$\phi(r, \theta, \phi) = A_{nl} J_l\left(\frac{r_{nl}r}{r_s}\right) Y_{lm}(\theta, \phi) \tag{2.27}$$

$$E_{nl} = \frac{\hbar^2}{2m}\left(\frac{r_{nl}}{r_s}\right)^2 \tag{2.28}$$

ここで $Y_{lm}(\theta, \phi)$ は**球面調和関数**である．

動径波動関数 $R(r) = J_l(r_{nl}r/r_s)$ は図2.31のようになる．原子の場合と同様に，l の値に対応してそれぞれ名前が付けられる．$l = 0, 1, 2, 3, \cdots$ をそれぞれs状態，p状態，d状態，f状態，$\cdots$ と呼ぶ．それぞれの l に対して何番目の零点 r_{nl} を採用するかで $n = 0, 1, 2, 3, \cdots$ の値を取ることができる．ここでは原子の波動関数とは異なって，n と l の間に大小関係の制約はない．n と l を組み合わせて，

この電子準位はエネルギーの低いほうから1s，1p，1d，2s，$\cdots$ となる．求められたエネルギー準位は図2.30のようになる．2量体では1sが閉殻となり，8量体では1sと1pが閉殻となり，ナトリウムクラスターの質量スペクトルに現れた安定なクラスターをうまく説明できる．18量体では1dと2sとの準位間隔が小さいため，1dが閉殻となってもクラスターの安定性ははっきりとは現れない．

ここまでは電子構造からのクラスターの安定性の解釈であったが，それでは，ナトリウムクラスターの幾何構造はどうなっているのだろう．ナトリウムクラスターの幾何構造を求めると，図2.32のようになる．Na_3 から Na_5 までは平面構造であり，鈍角2等辺3角形，菱形，等脚台形へと構造が変化していく．Na_6 では5角錐となり，3次元構造を取るようになる．これより大きいサイズでは3次元構造として成長していく．Na_7 では Na_6 の5角形の面に原子が付加して双5角錐構造となる．これは5角両錐とも称される構造である．Na_8 では双4角錐に2原子が付加した構造となる．Na_9 は Na_7 の双5角錐に2原子が付加した構造となる．サイズや温度によっては，幾何構造がナトリウムクラスターの安定性に決定的な役割を果たす場合もある．この

図 2.32 ナトリウムクラスター Na_n の構造[13]

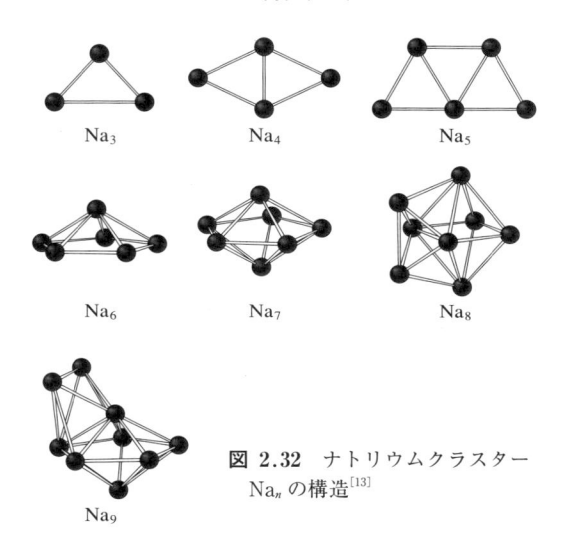

ような例を 2.6.3 項および 3.1 節で見ていくことにする．

2.6.3 電子構造と幾何構造の相克

　電子殻模型が，ナトリウムクラスターの性質や安定性を良く説明できることはわかった．すなわち，電子殻が閉殻となるサイズで，クラスターが安定となる．しかしながら，サイズが大きくなるに従って，電子殻による安定化への寄与は薄れてくると考えられる．なぜならば，クラスターが幾何学的に大きくなるに従って，電子準位の間隔はどんどん小さくなっていくからである．したがって大きいサイズでは，電子殻模型で現れていた**魔法数**がはっきりとは現れないようになると予測される．この電子殻模型の魔法数が現れなくなるサイズというのは，どのくらいのサイズなのだろうか．

　ここで図 2.33 は Na_{100} から Na_{800} までの**質量スペクトル**である．この質量スペクトルではサイズ 138, 196, 260, 340, 440, 554 がナトリウムの安定なクラスターとして生成していることがわかる．このサイズ領域（$n \leq 800$）では，安定なサイズがすべて電子殻構造に基づく魔法数として観測される．

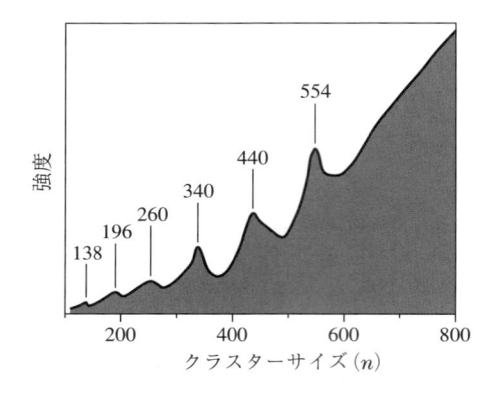

figure 2.33 ナトリウムクラスター Na$_n$ (n = 100〜800)の質量スペクトル[14]

さらに，サイズが大きいクラスターの質量スペクトルは図2.34のようになる．この測定では，安定なクラスターは質量スペクトルの極小として観測される．この理由は次のように説明される．

質量分析ではクラスターをイオン化する必要があり，ここでは**レーザーイオン化**を用いている．すなわち，中性のクラスターに光子エネルギーが一定のレーザー光を照射し，クラスターから電子を1つ脱離させて，クラスター正イオンを生成するのである．この電子を取り去るのに必要なエネルギーを**イオン化エネルギー**と呼ぶ．安定構造を持つクラスターは比較的イオン化エネルギーが大きいため，イオン化されにくく，このような質量スペクトルでは極小として現れることになる．

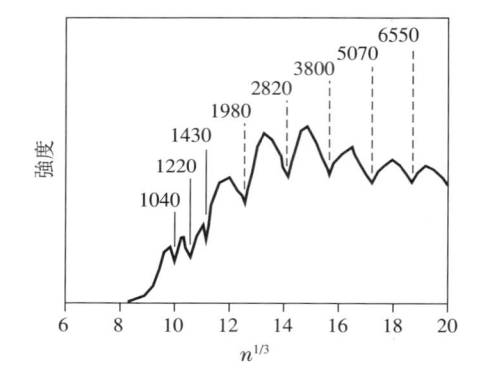

図 2.34 ナトリウムクラスター Na$_n$ ($n \geq 600$) の質量スペクトル[14]

このスペクトルでは，1040，1220，1430 の系列に見られる狭い間隔の極小と，1430，1980，2820，3800，5070，6550 の系列に見られる広い間隔の極小

が見られる．前者の狭い間隔の系列は，電子殻の閉殻により生じる安定なクラスターであり，後者の広い間隔の系列は電子殻によっては説明のつかない安定なクラスターである．この1430以上の魔法数は，幾何構造によってうまく説明される．2.1節の (2.1) を用いると，このサイズ領域の**正20面体構造**は 1415, 2057, 2869, 3871, 5083, 6525 であることがわかる．ナトリウムクラスターでは，1500量体付近で電子的な安定から幾何学的な安定へと転移していることがわかる．

2.6.4 金クラスター

　アルカリ金属原子と同様に，金，銀，銅の原子も最外殻にs電子を1つ価電子として持っている．これらの金属は古来より貨幣としてよく用いられていることから，貨幣金属とも呼ばれる．このような貨幣金属クラスターの例として，金クラスターの構造を見てみよう．

　金は融点が高いので，試料の加熱により蒸気を得るのは難しい．そのため，炭素クラスターの生成に用いたような，レーザーを集光して金属試料に照射する**レーザー蒸発法**などを用いて，金の蒸気を得ることになる．発生した金の蒸気をヘリウム気体中で冷却すると，金クラスターが生成する．金クラスターイオン $Au_n^\pm$ では，**移動度**の測定によって幾何構造に関する情報が得られる．ここではヘリウム気体で満たされた領域に電場勾配を掛け，そこをイオンが通過するのに要する時間を測定している（図2.35参照）．同じ質量のイオンでも幾何構造が異なる場合に

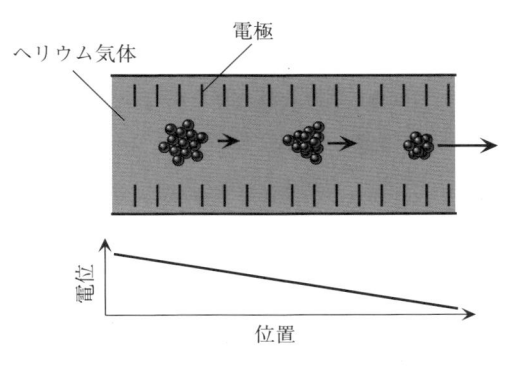

図 2.35 イオン移動度測定の原理

は，ヘリウム原子との衝突頻度が異なるため，ヘリウム気体の充満した領域を通過するのに要する時間が異なってくる．単純には，平面のように広がったイオンほど通過時間が掛かり，球形に近いコンパクトなイオンほど通過時間が掛からないことになる．

　まずは，単純な1次元でのイオンとヘリウムの衝突を考えてみよう．ヘリウム原子は，衝突前は実験室系で静止しているものとする．衝突前後での運動量とエネルギーの保存を考えると，以下の式が成り立つ．

$$mv_d = mv + MV \tag{2.29}$$

$$\frac{1}{2}mv_d^2 = \frac{1}{2}mv^2 + \frac{1}{2}MV^2 \tag{2.30}$$

ここで m と M はそれぞれイオンとヘリウム原子の質量であり，v_d は衝突前のイオンの速度，v と V はそれぞれ衝突後のイオンとヘリウム原子の速度である．これを解くと，衝突後のイオンの速度 v は次のようになる．

$$v = \frac{m-M}{m+M}v_d \tag{2.31}$$

　電場中でのイオンの運動方程式は次のようになる．

$$m\frac{d^2x}{dt^2} = eE \tag{2.32}$$

ここで e はイオンの電荷，E は電場の大きさである．イオンは平均として時間 τ ごとにヘリウム原子と衝突するものと考えると，一度衝突したイオンは次の衝突の直前には電場による加速により $v + (eE/m)\tau$ の速度を持つことになる．定常状態に達している場合には，この速度が v_d に等しいことになるから，以下の式が成り立つ．

$$v_d = v + \frac{eE}{m}\tau$$

$$= \frac{m-M}{m+M}v_d + \frac{eE}{m}\tau \tag{2.33}$$

2.6 金属クラスター

これを解くと，v_d は以下のようになる．

$$v_\mathrm{d} = \frac{1}{2}\left(1 + \frac{m}{M}\right)\frac{eE}{m}\tau \tag{2.34}$$

実際には，ヘリウム原子は3次元的にある速度分布を持って運動しているので，係数 ξ を用いて，v_d を次のように表すことにする．

$$v_\mathrm{d} = \xi\left(1 + \frac{m}{M}\right)\frac{eE}{m}\tau \tag{2.35}$$

また，衝突から次の衝突までの時間間隔 τ は次のようになる．

$$\tau = \frac{1}{N_0 \overline{v_\mathrm{r}} \sigma} \tag{2.36}$$

ここで N_0 はヘリウム原子の数密度，$\overline{v_\mathrm{r}}$ はヘリウム原子に対するイオンの平均相対速度，σ はイオンの**衝突断面積**である．なお，衝突断面積はイオンの**幾何学断面積**を反映したものになる．*

イオンの相対速度は次のように表すことができる．

$$\boldsymbol{v}_\mathrm{r} = \boldsymbol{v} - \boldsymbol{V} \tag{2.37}$$

したがって，

$$|\boldsymbol{v}_\mathrm{r}|^2 = |\boldsymbol{v} - \boldsymbol{V}|^2$$
$$= |\boldsymbol{v}|^2 + |\boldsymbol{V}|^2 - 2\boldsymbol{v}\cdot\boldsymbol{V} \tag{2.38}$$

ここで v_r の平均値を考えるわけであるが，$\boldsymbol{V}$ は空間的にさまざまな方向を向いているので，$\boldsymbol{v}\cdot\boldsymbol{V}$ の平均値は0になる．したがって，

$$\overline{v_\mathrm{r}^2} = \overline{v^2} + \overline{V^2} \tag{2.39}$$

と考えることができる．

さらに，イオンの運動とヘリウム原子の運動を温度 T での熱運動として大雑把に見積もると，

---

* 実際には原子，分子，イオンの間には遠距離引力がはたらくため，衝突断面積は幾何学断面積よりも大きくなる．これに関しては5.5.6項を参照．

$$\frac{1}{2}m\overline{v^2} = \frac{3}{2}k_\mathrm{B}T \tag{2.40}$$

$$\frac{1}{2}M\overline{V^2} = \frac{3}{2}k_\mathrm{B}T \tag{2.41}$$

となる．ここで k_B はボルツマン（Boltzmann）定数である．したがって，

$$\overline{v_\mathrm{r}^2} = \frac{3k_\mathrm{B}T}{m} + \frac{3k_\mathrm{B}T}{M}$$

$$= 3k_\mathrm{B}T\left(\frac{1}{m} + \frac{1}{M}\right) \tag{2.42}$$

となり，(2.35), (2.36), (2.42) から以下の式を導くことができる．

$$v_\mathrm{d} = \xi\sqrt{\frac{1}{3\mu k_\mathrm{B}T}}\frac{eE}{\sigma N_0} \tag{2.43}$$

v_d は**ドリフト速度**と呼ばれる定常状態でのイオンの速度である．ここで μ は**換算質量**であり，$\mu = Mm/(M+m)$ である．厳密には ξ はイオンとヘリウム原子との相互作用ポテンシャルや質量などに依存するが，**剛体球**近似での $\xi = 3\sqrt{6\pi}/16$ がよく使われている．これを用いて移動度 K_0 を表すと以下のようになる．

$$K_0 = \frac{v_\mathrm{d}}{E}$$

$$= \frac{3e}{16N_0}\sqrt{\frac{2\pi}{\mu k_\mathrm{B}T}}\frac{1}{\sigma} \tag{2.44}$$

この式を用いることによって，測定された移動度 K_0 から衝突断面積 σ を求めることができる．実験によって求められた Au_n^+ の衝突断面積は，図 2.36 のようになる．$n = 2 \sim 5$ では衝突断面積は急激に増加するが，$n = 5 \sim 10$ では緩やかに増加するようになる．また 10 量体と 11 量体の間には著しい増加が見られるが，$n = 11 \sim 13$ では衝突断面積はほぼ一定である．

量子力学計算を用いると，Au_n^+ の安定構造を求めることができる．しかし

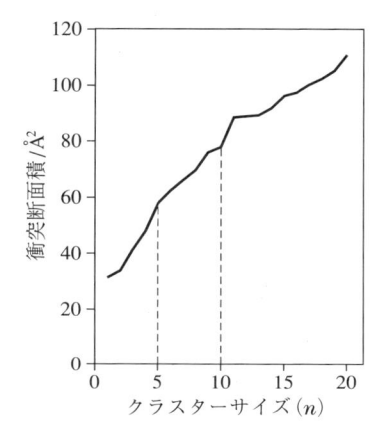

図 2.36 金クラスター正イオン Au_n^+ とヘリウム原子の衝突断面積[15]

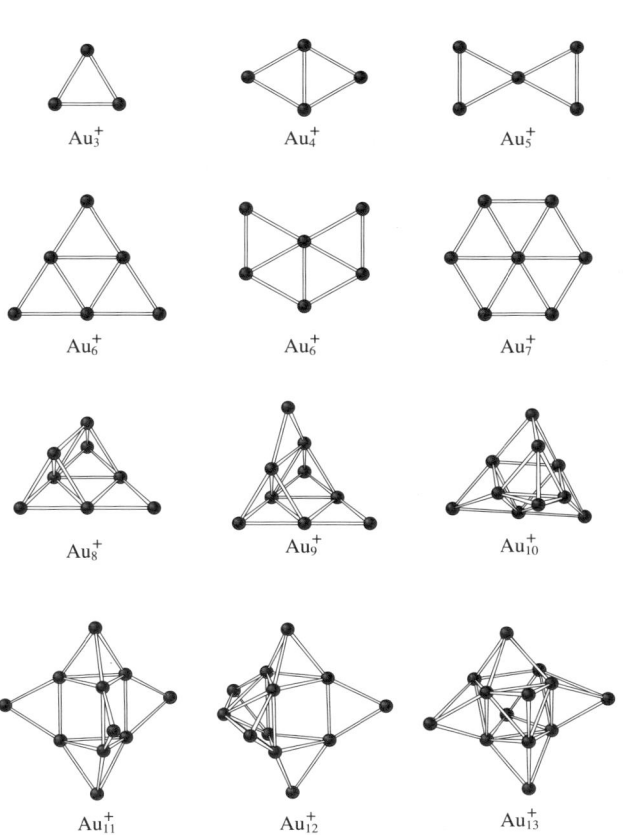

図 2.37 金クラスター正イオン Au_n^+ の構造[15]

ながら，そこでは同じクラスターサイズでもいくつかの**異性体**があることが確認される．この異性体のうち，実験によって測定された衝突断面積に当てはまるものを選び出すことができる．そのようにして決定された構造が図2.37に示してある．これからわかるように，7量体までは金クラスター正イオンは平面構造をとっており，8量体以上で3次元構造となるのである．

一方，同様の測定により，金クラスター負イオン Au_n^- は，11量体以下で平面構造となっていることが判明している．負イオンでは電子同士のクーロン反発を軽減するために，原子同士がなるべく離れてクラスターを形成しようという傾向があるためである．

2.6.5 遷移金属クラスター

遷移金属ではs, p電子に加えて，d電子が原子間の結合に関与するため，ナトリウムクラスターや金クラスターとは異なった様相を呈することになる．例として，バナジウムクラスターイオン V_n^+ の構造を見てみよう．バナジウムクラスターの幾何構造は**赤外分光法**を用いて調べられている．まず，3量体 V_3^+ の**赤外振動スペクトル**は図2.38のようになり，231 cm^{-1} にピークが現れる．これは**金属結合**の振動による吸収であり，この振動波数はおなじみの有機化合物の特性振動波数に比べてかなり低い振動波数である．つまり，金属結合の特性や原子の質量を反映していることになる．

また，遷移金属クラスターで特徴的なことは，同じサイズでも異なった**スピン多重度**を取りうることである．まず**スピン**というのは，電子自身の持つ角運動量であり，その任意の方向の成分は $\hbar/2$ または $-\hbar/2$ のどちらかの値を持つ．スピン量子数でいえば，1/2 または $-1/2$ である．クラスターの持つ電子のうち，スピン 1/2 の電子とスピン $-1/2$ の電子の数に偏りがあると，クラスター全体として電子のスピンに由来する角運動量を持つことになる．

クラスターの**不対電子**数（スピン 1/2 の電子とスピン $-1/2$ の電子の数の

2.6 金属クラスター

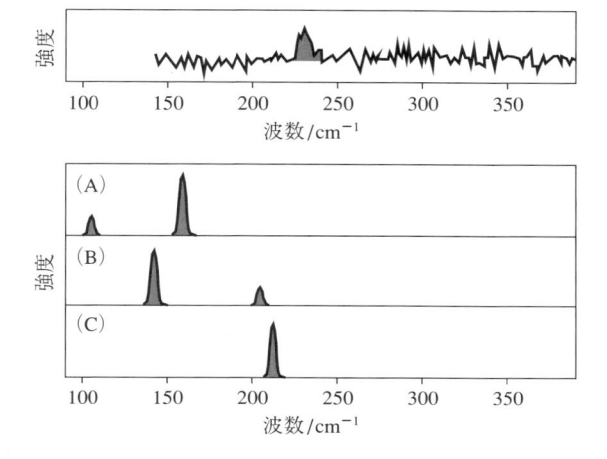

図 2.38 バナジウムクラスターイオン V_n^+ の赤外振動スペクトル（C. Ratsch, A. Fielicke, A. Kirilyuk, J. Behler, G. von Helden, G. Meijer and M. Scheffler : J. Chem. Phys. **122** (2005) 124302 より）．上は実験によって測定されたスペクトル．(A), (B), (C) は計算によって求めた異性体の振動スペクトル．

差）を n_u とすると電子のスピンは 1/2 であるから，クラスター全体のスピン S の最大値は次のようになる．

$$S = \frac{1}{2} n_u \quad (2.45)$$

このとき，スピン多重度は $2S+1$ である．バナジウム原子は 23 個の電子を持っているので，V_n^+ は $(23n-1)$ 個の電子を持つことになる．

クラスターサイズが偶数の場合，クラスターは奇数個の電子を持つので，不対電子数は 1, 3, … となることが可能であり，$S = 1/2, 3/2, …$ となりうる．一方，奇数サイズではクラスターは偶数個の電子を持つため，不対電子数は 0, 2, … となることが可能であり，$S = 0, 1, …$ となりうる．

量子力学計算によって V_3^+ の安定構造を求めると，図 2.39 のような 3 角

72　　　2. 幾何構造と電子構造

形構造が得られる．この構造にはいくつかの**異性体**が存在し，それぞれ，原子間距離とスピンとが異なる．エネルギー的に低い構造の原子間距離とスピンは表2.1のようになる．

さらに，それぞれの構造に対する振動スペクトルは図2.38の (A)，(B)，(C) のようになる．構造に応じて振動スペクトルが敏感に変化することがわかる．比較すると，構造 (C) のスペクトルは $212\,\mathrm{cm}^{-1}$ にピークを持ち，実

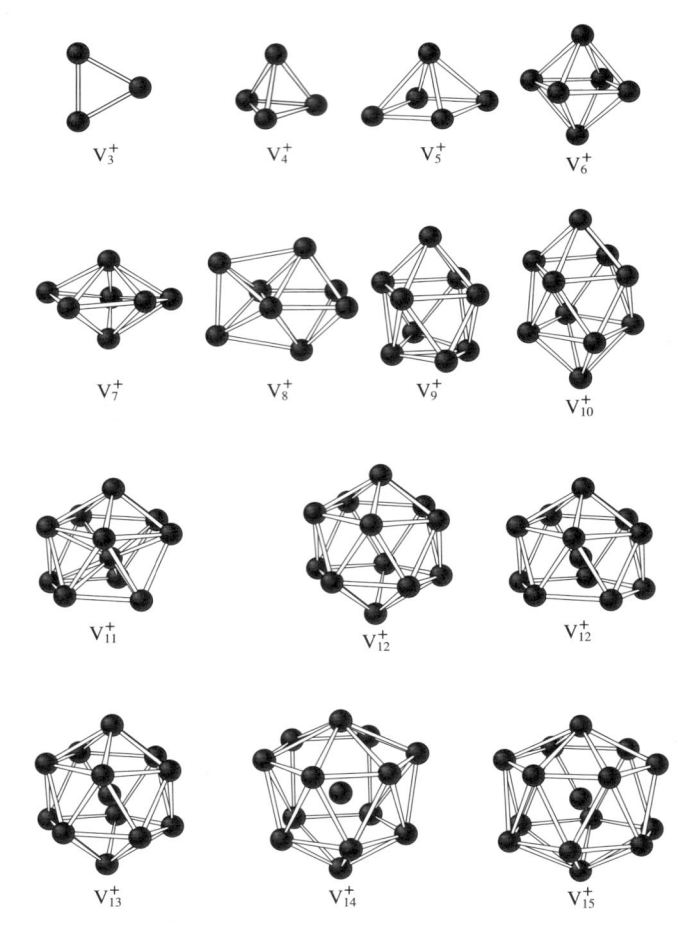

図 2.39 バナジウムクラスターイオン V_n^+ の構造[16]

験で得られたスペクトル（図
2.38 の一番上のグラフ，231
cm^{-1} にピークをもつ）に最も
近いことがわかる．このことか
ら V$_3^+$ は（C）のような構造を

表 2.1

構造	原子間距離			スピン
(A)	2.14 Å	2.14 Å	2.28 Å	$S=0$
(B)	2.15 Å	2.15 Å	2.24 Å	$S=1$
(C)	2.24 Å	2.24 Å	2.04 Å	$S=1$

とっていると考えられる．同様の解析を他のサイズでも行っていくと，バナジウムクラスターイオンの構造を決定することができる．

　このようにして得られた構造を図 2.39 に示している．4 量体では 3 角錐構造であり，ナトリウムクラスターや金クラスターが平面構造を取るのとは対照的である．5 量体は 4 角錐構造，6 量体は双 4 角錐構造となる．7 量体は双 5 角錐構造から少し歪んだ構造をしている．8 量体では双 4 角錐の面上に原子が 2 つ付加した構造を取っている．9 量体は 5 角錐の底面に 3 つの原子が付加したような構造となっている．10 量体は双 4 角錐反柱構造であり，11 量体は歪んだ双 5 角錐に 4 つ原子が付加した構造である．13 量体は正 20 面体構造であり，12 量体は 2 つの構造のものが共存していると考えられている．1 つは 13 量体から中心原子を除いた籠状構造であり，もう 1 つは 13 量体から頂点の原子を 1 つ除いた構造である．14 量体は，13 量体を構成する正 20 面体の辺に原子 1 個が挿入したような構造をしている．15 量体は双 6 角錐反柱構造を取る．他の遷移金属クラスターも，同様の構造をとる傾向にある．しかし，スピン多重度が異なり，同じサイズでもエネルギー的に近い安定構造がいくつか存在するので，細かな構造の相違が現れてくる．

2.6.6　水銀クラスターの電子構造 ― サイズによる金属‐非金属転移

　水銀原子は [Xe] (4f)^{14}(5d)^{10}(6s)^2 の**閉殻**の電子配置を持つため，そのクラスターは希ガスクラスターのように**ファン・デル・ワールス力**で弱く結合していると単純には考えられる．しかしながら，私たちが目にする水銀はその名の通り金属光沢を持つ液体であり，金属としての性質を持っている．希ガ

スは液体であろうと固体であろうと絶縁体であり，一方，液体の水銀が電気伝導体であることはよく知られている．このことから，水銀クラスターはサイズが大きくなるに従って，絶縁体であったものが，あるサイズ以上では導体へと性質が変化するのではないかと予測される．このような金属-非金属転移を，サイズによるクラスターの電子構造の変化から観測することができる．

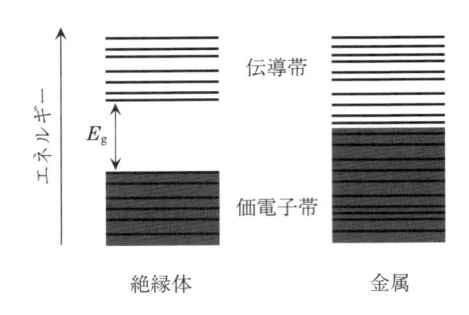

図 2.40 絶縁体および金属の電子構造の模式図

　図2.40に示すように，絶縁体では価電子の占める準位から構成される**価電子帯**と空準位から構成される**伝導帯**の間に大きなエネルギー差（**エネルギーギャップ**：E_g）があり，かなりのエネルギーを与えて価電子を価電子帯から伝導帯に励起しないと電子は伝導していかない．小さなサイズの水銀クラスターは，まさにこのような状態にあると考えられる．サイズが大きくなるにつれて価電子帯と伝導帯とがエネルギー的に広がっていき，エネルギーギャップが小さくなっていく．大きな水銀クラスターでは，ついにはエネルギーギャップが0になって価電子が容易に伝導帯へと到達でき，伝導するようになる．サイズによって，このエネルギーギャップがどのように変化するかを調べることで，絶縁体から導体への転移を観測することが可能である．

　水銀クラスターHg_nでは電子は価電子帯のみを占有しているが，ここに1電子付着させたHg_n^-では，余剰電子は伝導帯に入る．このため，Hg_n^-の電子構造を調べることによって価電子帯と伝導帯の両方の構造がわかり，これらのエネルギー差を求めることができる．

　Hg_n^-の電子構造は**光電子分光法**を用いて調べることができる．これは，レーザー光を照射することによってクラスターから電子を脱離させ，その電

2.6 金属クラスター

子の運動エネルギー分布を測定する手法である．これによって**電子束縛エネルギー**を求め，クラスターの電子構造を明らかにすることができる．次式のように，レーザーの光子エネルギー $h\nu$ と脱離電子の運動エネルギー $mv^2/2$ の差から電子束縛エネルギー E_B を求めるのである．

$$E_B = h\nu - \frac{1}{2}mv^2 \quad (2.46)$$

上式によると，浅い準位を占有していた電子は速い速度で，深い準位にいた電子は遅い速度で飛び出してくることになる．測定された Hg_n^- の**光電子スペクトル**は図 2.41 のようになる．各エネルギー準位がピークとして現れ，ピークの面積はその準位を占める電子数に対応する．

中性の水銀クラスター Hg_n では，$2n$ 個の 6s 電子が 6s 軌道由来の準位で形成されるバンド（価電子帯）を占有して満たしている．Hg_n に 1 つ電子が

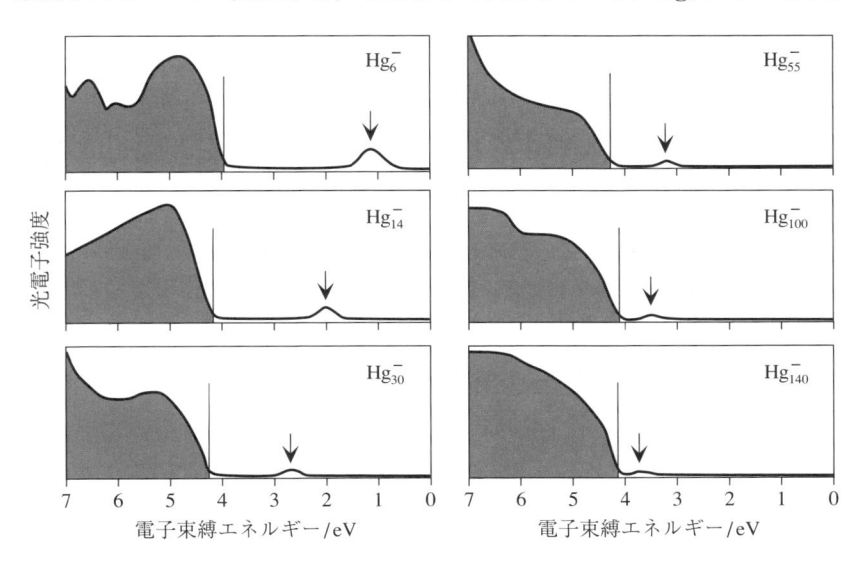

図 2.41 水銀クラスター負イオン Hg_n^- の光電子スペクトル（R. Busani, M. Folkers and O. Cheshnovsky：Phys. Rev. Lett. **81** (1998) 3836 より）．灰色のピークが価電子帯に，矢印で示した白いピークが伝導帯に由来している．

加わった Hg_n^- では，この余剰電子が 6p 軌道由来の準位で形成される空のバンド（伝導帯）に入ることになる．スペクトル中の右側の矢印で示した小さいピークは 6p 軌道由来の伝導帯であり，左側の影をつけた（灰色の）大きなピークは 6s 軌道由来の価電子帯である．2 つのピークの間隔がエネルギーギャップである．サイズの増加とともに，このエネルギーギャップは単調に減少していくが，140 量体においてもまだ 0.4 eV 程度のギャップが存在する．すなわち 140 量体では，まだ導体になっていないのである．

測定は 250 量体まで行われており，サイズによるエネルギーギャップの変化は図 2.42 のようになる．クラスターの直径の逆数に比例する $n^{-1/3}$ に対するエネルギーギャップの変化を見てみると，20 量体以上で直線的に減少していることがわかる．またこの傾向を外挿して，エネルギーギャップが 0 になるサイズは 400 量体と予測することができる．このサイズ付近で非金属から金属への転移が起こり，液体の水銀と同じように導体となり，金属的になると考えられる．

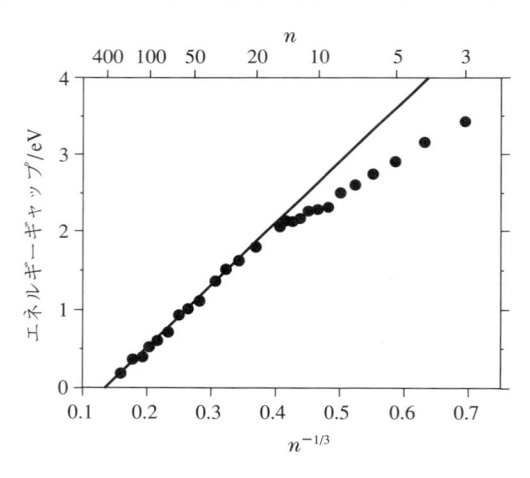

図 2.42 水銀クラスター負イオン Hg_n^- のエネルギーギャップ[17]

参 考 文 献

[1] O. Echt, K. Sattler and E. Recknagel : Phys. Rev. Lett. **47** (1981) 1121

参考文献

[2] F. N. Keutsch and R. J. Saykally : Proc. Natl. Acad. Sci. USA **98** (2001) 10533

[3] J. Sadlej, V. Buch, J. K. Kazimirski and U. Buck : J. Phys. Chem. A **103** (1999) 4933

[4] U. Nagashima, H. Shinohara, N. Nishi and H. Tanaka : J. Chem. Phys. **84** (1986) 209

[5] C. - C. Wu, C. - K. Lin, H. - C. Chang, J. - C. Jiang, J. - L. Kuo and M. L. Klein : J. Chem. Phys. **122** (2005) 074315

[6] J. A. Draves, Z. Luthey - Schulten, W. - L. Liu and J. M. Lisy : J. Chem. Phys. **93** (1990) 4589

[7] D. D. Kemp and M. S. Gordon : J. Phys. Chem. A **109** (2005) 7688

[8] A. Aguado, A. Ayuela, J. M. López and J. A. Alonso : Phys. Rev. B **58** (1998) 9972

[9] J. E. Campana, T. M. Barlak, R. J. Colton, J. J. DeCorpo, J. R. Wyatt and B. I. Dunlap : Phys. Rev. Lett. **47** (1981) 1046

[10] S. Krückeberg, D. Schooss, M. Maier - Borst and J. H. Parks : Phys. Rev. Lett. **85** (2000) 4494

[11] H. W. Kroto, J. R. Heath, S. C. O'Brien, R. F. Curl and R. E. Smalley : Nature **318** (1985) 162

[12] W. D. Knight, K. Clemenger, W. A. de Heer, W. A. Saunders, M. Y. Chou and M. L. Cohen : Phys. Rev. Lett. **52** (1984) 2141

[13] P. Calaminici, K. Jug and A. M. Köster : J. Chem. Phys. **111** (1999) 4613

[14] T. P. Martin, T. Bergmann, H. Göhlich and T. Lange : J. Phys. Chem. **95** (1991) 6421

[15] S. Gilb, P. Weis, F. Furche, R. Ahlrichs and M. M. Kappes : J. Chem. Phys. **116** (2002) 4094

[16] C. Ratsch, A. Fielicke, A. Kirilyuk, J. Behler, G. von Helden, G. Meijer and M. Scheffler : J. Chem. Phys. **122** (2005) 124302

[17] R. Busani, M. Folkers and O. Cheshnovsky : Phys. Rev. Lett. **81** (1998) 3836

3 光学的性質と磁気的性質

ここでは，金属クラスターに特徴的な電子構造から発現する性質を取り上げる．例えば，アルカリ金属や金などのクラスターでは，光照射などによって自由電子を集団的に振動させることができる．また，遷移金属クラスターではd電子同士の相互作用はバルクとは大きく異なるため，大きな磁性を持つことがわかってきた．それでは光学的性質，磁気的性質の基礎を見ていくことにしよう．

3.1 Na_n^+ の光吸収スペクトル

第2章で見たように，アルカリ金属や貨幣金属の原子から成るクラスターでは，価電子は，クラスター内を自由に運動する**自由電子**と捉えることができる．ここではまず，自由電子の集団的な振動（**プラズマ振動**）について考えてみよう．電荷 e，数密度 ρ の自由電子が背景の正電荷に対して同じ方向に距離 x だけ動いたとすると，次のような分極 P が誘起される．

$$P = -\rho e x \tag{3.1}$$

この分極が生成する電場 E は次のようになる．

$$E = -\frac{P}{\varepsilon_0} = \frac{\rho e x}{\varepsilon_0} \tag{3.2}$$

ここで ε_0 は真空の誘電率であり，電子の運動方程式は次のようになる．

3.1 Na$_n^+$ の光吸収スペクトル

$$m\frac{d^2x}{dt^2} = -eE = \frac{eP}{\varepsilon_0} = -\frac{\rho e^2 x}{\varepsilon_0} \tag{3.3}$$

この解として，次のような単振動の解が得られる．

$$x = A\cos(\omega_p t) \tag{3.4}$$

$$\omega_p = \sqrt{\frac{\rho e^2}{m\varepsilon_0}} \tag{3.5}$$

この ω_p がプラズマ振動数と呼ばれるものである．この振動数の光を自由電子に照射することによって，共鳴的にプラズマ振動を励起することができる．これは光が電磁波であり，光の振動する電場によって自由電子が**強制振動**させられるためである．

一方，照射する光の波長と同程度以下の直径を持つクラスターの場合は，少し事情が異なってくる．これは電子の振動が粒子の大きさによって制限されるためである．

分極率 α を持つ球形のクラスターの共鳴振動数は次のようになる．

$$\omega_{\text{Mie}} = \sqrt{\frac{Ne^2}{m\alpha}} \tag{3.6}$$

ここで N は自由電子の数であり，この振動数は**ミー（Mie）振動数**とよばれる．プラズマ振動数 ω_p とミー振動数 ω_{Mie} との関係は以下の式で与えられる．

$$\omega_{\text{Mie}} = \frac{\omega_p}{\sqrt{3}} \tag{3.7}$$

実際に，Na$_9^+$ のミー振動数を求めると $\omega_{\text{Mie}} = 3.4\,\text{eV}/\hbar$ である．測定で得られた $\omega = 2.6\,\text{eV}/\hbar$ に比べると，大きい値になっている．これは，構成原子の位置から見積もられるクラスターの直径に比べて，実際の電子の分布は広がっており，そのため，分極率が大きくなることに由来すると考えられる．

2.6.2項で見たナトリウムクラスターなどの**電子殻模型**は，比較的温度の高いクラスターにおいて成り立つことがわかってきている．温度が高くなる

と，クラスターは液体的な状態になり，クラスターを構成するナトリウム原子はその中を自由に動き回れるようになる．このため，ナトリウムイオンの集合体が生み出す平均的なポテンシャルの中で価電子が自由に運動する，という描像（**ジェリウム模型**）が成り立つ．サイズによるポテンシャル形状の変化はあまりなく，統一的な**井戸型ポテンシャル**に生じる準位に，下から電子を詰めていくという電子殻模型で，**魔法数**サイズでのクラスターの安定性

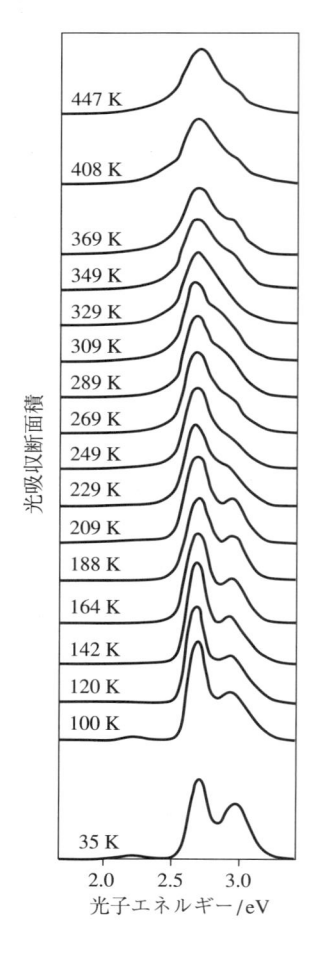

図 3.1 ナトリウム 9 量体イオン Na_9^+ の光吸収スペクトル（M. Schmidt, Ch. Ellert, W. Kronmüller and H. Haberland：Phys. Rev. B **59**（1999）10970 より）．温度はそれぞれ 35〜447 K.

3.1 Na_n^+ の光吸収スペクトル

を説明できる．

一方，クラスターの温度が低い場合には，ナトリウム原子はその平衡位置の周りで微小振動するだけであり，幾何構造はサイズによって大きく異なる．ナトリウムイオンの集合体も一様な電荷分布とは見なされず，それらの作るポテンシャルの形状もサイズに依存する．そのため，電子構造もサイズによって異なることになる．逆にいうと，電子構造を調べることによって，クラスター内での原子の運動を推測することができる．

例えば，ナトリウムクラスターイオン Na_n^+ では電子構造を調べるために，温度による**光吸収スペクトル**の変化が測定されている（図 3.1 参照）．Na_9^+ では温度が高いときには，光子エネルギー 2.6 eV の位置に大きなピークが観測される．これはジェリウム模型で考えた $\hbar\omega_{Mie}$ ($=3.4$ eV) に相当するピークである．温度を下げるに従ってこのピークの高エネルギー側に肩のようにピークが現れ，35 K では2本のピークとしてはっきりと分離している．

また，2.2 eV 付近にも小さなピークが現れる．この温度では Na_9^+ の幾何構造は双5角錐に2つの原子が付加した構造をしている（図3.2参照）．正電荷がクラスター内で一様に分布しているというジェリウム模型の描像ではなく，各原子位置に局在した状態になっている．実際に量子力学計算によって，この Na_9^+ の電子のエネルギー準位を求め，Na_9^+ は基底状態にあると考え

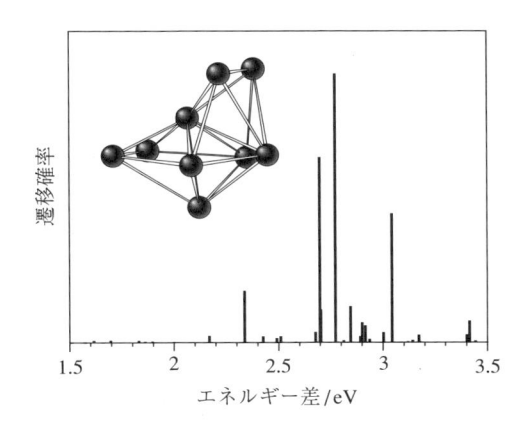

図 3.2 ナトリウム9量体イオン Na_9^+ の構造と遷移確率

て，基底状態と励起状態とのエネルギー差と，この遷移の起こりやすさ（**遷移確率**）との関係を図示すると図 3.2 のようになる．これは実験によって得られた 35 K での光吸収スペクトルをよく再現している．

3.2 遷移金属クラスターのスピン状態および磁性

原子の磁気モーメント

クラスターの磁性を調べる前にまず原子の磁性について考えてみよう．シュテルン（Stern）とゲルラッハ（Gerlach）は，銀を炉で熱してその原子を飛び出させることで銀の原子線を生成し，**不均一磁場**に通す実験を行った（図 3.3 参照）．ここでは不均一磁場を作るために，磁石の N 極を突起状に鋭くし，S 極を平らにしている．その結果，銀の原子線では磁場の方向（$+z$ 方向）に逸れる原子と，磁場とは逆方向（$-z$ 方向）に逸れる原子に分かれることを見出した．

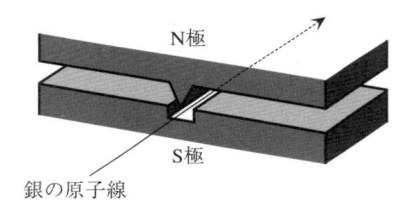

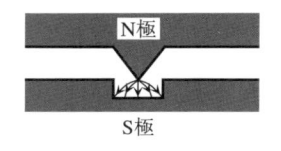

図 3.3 シュテルンとゲルラッハの実験の概念図

銀原子は電気的に中性であり，電荷による力は生じない．他に磁場中で力を受けるものには**磁気モーメント**がある．銀原子の磁気モーメントはどうであろうか．電子の軌道磁気モーメントとスピン磁気モーメントを見ていくことにしよう．まず，電子が原子核の周りを円運動し，軌道角運動量を持っている場合にはそれに比例した磁気モーメントを持ち，磁場から力を受けることになる．銀の電子配置は $[Kr](4d)^{10}(5s)^1$ である．これを見ると $[Kr](4d)^{10}$ の部分は**閉殻**であるから，これらの電子の**軌道角運動量**の和は 0 であ

3.2 遷移金属クラスターのスピン状態および磁性

り，また 5s 電子の軌道角運動量も 0 である．したがって，電子の軌道運動による磁気モーメントは 0 であるため，磁場から力を受けず，銀原子も力を受けない．

次に，電子の**スピン磁気モーメント**を考えてみよう．2.6.5 項で見たように，電子にはスピン 1/2 の状態とスピン $-1/2$ の状態があり，これらは大きさが同じで互いに逆向きの磁気モーメントを持つ．銀の電子配置を改めて見てみると，5s 電子が対になっていない．原子のスピン 1/2 の電子とスピン $-1/2$ の電子がすべて対になっていれば，スピン角運動量の和は 0 になり，原子はスピン磁気モーメントは持たない．しかし，銀原子では 5s 電子は対になっておらず，この電子のスピン 1/2 またはスピン $-1/2$ が残ってしまうことになる．この 5s 電子のスピン磁気モーメントの向きに応じて，銀原子は磁場の方向または磁場とは逆方向へ力を受け，逸れていってしまうのである．

なお，電子のスピン 1/2 の状態とスピン $-1/2$ の状態は上向きスピン，下向きスピンとも呼ばれ，同じ向きのスピンを持つ電子は同じ軌道には入れない．場合によってこれらのスピンは，「α スピン」と「β スピン」という区別や，「アップスピン」と「ダウンスピン」，「多数スピン」と「少数スピン」，と呼んで区別されたりする．

それでは，他の遷移金属原子ではどうであろう．例えば，鉄は電子配置が $[Ar](3d)^6(4s)^2$ であり，3d 電子の軌道角運動量およびスピン角運動量により磁気モーメントが生じ，磁場中で力を受けることになる．そして，銀原子の場合のように磁場の方向に逸れる原子もあれば，磁場とは逆方向に逸れる原子もあることになる．一方，砂鉄などの粒子が磁石に引き寄せられるのはご存知の通りである．これを小さくしていって，クラスターにまでしたら，磁石に引き寄せられるのだろうか．

遷移金属クラスターでは，**磁性**がサイズに依存して発現することになる．これは，電子同士が相互作用によって敏感に影響を及ぼし合い（**電子相関**），

3d 軌道および 4s 軌道への電子の詰まり方が変化するためである．原子の場合と同様に，クラスターの磁性の測定では不均一磁場を用いるシュテルン‐ゲルラッハ型の測定が行われている．このような装置を用いて，コバルトクラスターの磁化および磁気モーメントを測定した例を以下に紹介する．

3.2.1 クラスターの磁性の測定

この測定では，**レーザー蒸発法**によってコバルトクラスターを生成し，冷えたヘリウム気体中でクラスターを十分に冷却し，ビームとして噴出する．2.5 節の図 2.27 では，グラファイトにレーザーを照射して炭素クラスターを生成しているが，ここでは金属コバルト板にレーザーを照射する．ヘリウム気体とコバルトクラスターとが相互作用する時間が十分に長いので，コバルトクラスターの温度は生成領域の温度と同じになる．このコバルトクラスターをシュテルン‐ゲルラッハ型の不均一磁場に通すと，磁力によってビームは進行方向に対して垂直に偏位する．クラスターサイズに対するこの偏位 d を測定することによって，クラスターの磁気モーメントを求めることができるのである．

実験してみると，不均一磁場による Co_{20} の偏位は図 3.4 のようになる．数 mm 程度のわずかな偏位であるが，コバルトクラスターは磁場の強い方向（磁力線の密な方向）に引き寄せられているのである．また，磁場によってビームの広がりも大きくなっていることがわかる．同様の測定を鉄クラスターやニッケルクラスターに対しても行ったところ，やはり

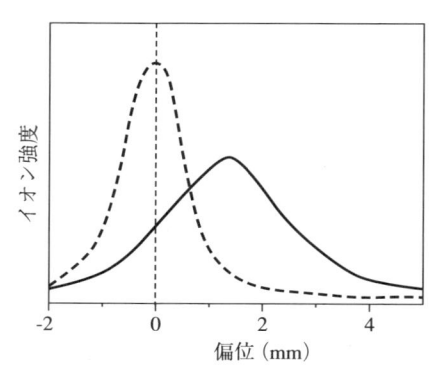

図 3.4 磁場によるコバルトクラスター 20 量体 Co_{20} のビームの偏位．[2] 破線は磁場がない場合，実線は 2 T の磁場を印加した場合．

3.2 遷移金属クラスターのスピン状態および磁性

磁場の強い方向に引き寄せられることが判明した．原子では，このようにはならないことはこれまでに見たとおりである．なぜならば，磁場 B の方向を軸としてスピン S を量子化すると，離散的な磁化状態 $2\mu_B S_z (S_z = -S, -S+1, \cdots, S-1, S)$ が現れ，原子の準位が対称的に分裂するからである．ここで μ_B は**ボーア**（Bohr）**磁子**であり，次のように定義される．

$$\mu_B = \frac{e\hbar}{2m_e} \tag{3.8}$$

なお e は電気素量，$\hbar$ は $h/2\pi$，m_e は電子の質量である．原子にはたらく力は $F = 2\mu_B S_z (dB/dz)$ であり，偏位は $+z$ 方向と $-z$ 方向に対称的になる．すなわち，半数の原子は磁場の強い方へ引き寄せられ，半数は磁場の弱い方へ退けられる．ここで B は磁場（磁束密度）であり，dB/dz は不均一磁場の z 方向の勾配である．前にも述べたように，クラスターの場合は非対称的に偏向され，原子の場合とは根本的に異なっている．

また，反対にクラスタービームの偏位から**磁化** $M_n(B)$ を求めることができる．図 3.5 に示すような装置の構成を念頭に考えよう．まず，磁化 $M_n(B)$ を持つクラスターが磁場中で受ける力は $F = M_n(B)(dB/dz)$ であるから，運動方程式は次のようになる．

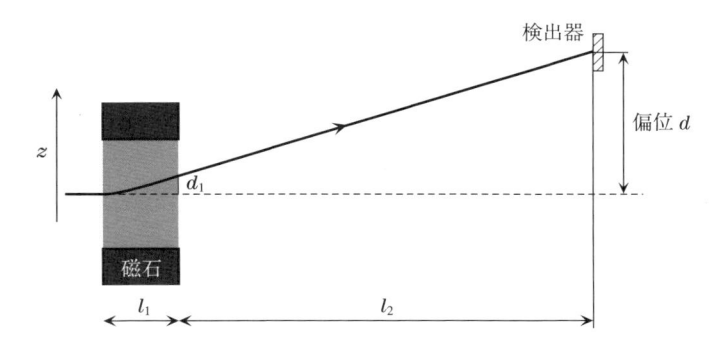

図 3.5 磁場によるコバルトクラスター 20 量体 Co_{20} のビームの偏位

3. 光学的性質と磁気的性質

$$m\left(\frac{d^2z}{dt^2}\right) = M_n(B)\left(\frac{dB}{dz}\right) \tag{3.9}$$

ここで m はクラスターの質量である．

クラスターの速さを v とすると，クラスターが磁場を通過するのに要する時間は $t_1 = l_1/v$ であるから，磁場を出たところでのクラスタービームの偏位 d_1 は，次のようになることがわかる．

$$\begin{aligned}d_1 &= \frac{1}{2}\left(\frac{d^2z}{dt^2}\right)t_1^2 \\ &= \frac{1}{2}\frac{M_n(B)}{m}\left(\frac{dB}{dz}\right)t_1^2\end{aligned} \tag{3.10}$$

また，磁場を出たところでのクラスターの z 方向の速さは，$v_z = (M_n(B)/m) \times (dB/dz)t_1$ である．磁場を出てから検出器に到達するのに要する時間は $t_2 = l_2/v$ であるから，クラスタービームの偏位 d は以下のように表すことができる．

$$\begin{aligned}d &= d_1 + v_z t_2 \\ &= \frac{1}{2}\frac{M_n(B)}{m}\left(\frac{dB}{dz}\right)t_1^2 + \frac{M_n(B)}{m}\left(\frac{dB}{dz}\right)t_1 t_2 \\ &= \frac{M_n(B)}{m}\left(\frac{dB}{dz}\right)\left(\frac{t_1^2}{2} + t_1 t_2\right)\end{aligned} \tag{3.11}$$

したがって，磁化 $M_n(B)$ は次のようになる．

$$M_n(B) = \frac{2md}{\left(\dfrac{dB}{dz}\right)(t_1^2 + 2t_1 t_2)} \tag{3.12}$$

この関係を用いることによって，図3.4で得られた磁場によるクラスタービームの偏位から，クラスターの磁化を求めることができる．クラスターを構成する1原子当りの磁化は図3.6のようになる．図からわかるように，1原子当りの磁化 M_n/n は広く0から $2\mu_B$ まで分布している．磁化の測定を

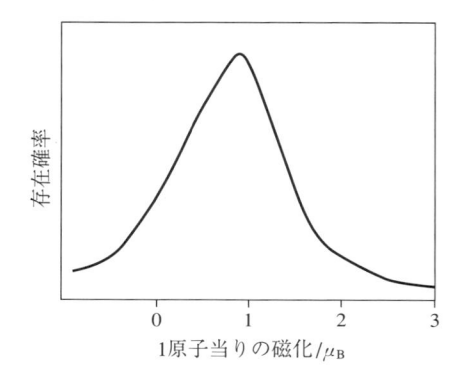

図 3.6 コバルトクラスター20量体 Co_{20} の磁化分布[2]

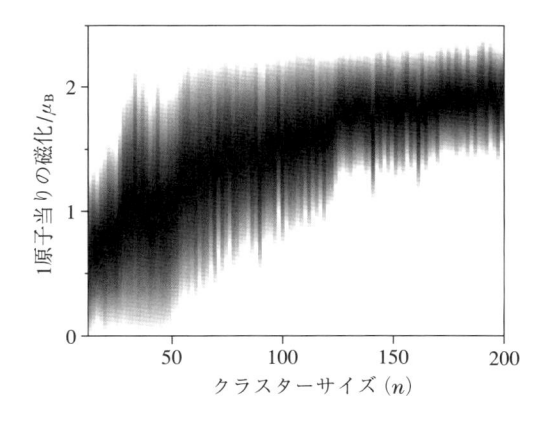

図 3.7 コバルトクラスター Co_n の磁化分布のサイズ依存性.[2] 色の濃いところほど分布が大きい.

$n=12\sim200$ のサイズ領域で各サイズごとに測定すると, 図 3.7 のようになることがわかった. 色の濃いところが分布の多いところである. クラスターサイズが大きくなるに従って, 1原子当りの磁化 M_n/n が $2\mu_B$ に漸近していることが見て取れる. また, 磁化がある幅に分布していることにも気が付くだろう. では, クラスターでも, 砂鉄と同様の現象によって磁石に引き寄せられているのだろうか.

3.2.2 ランジュヴァン（Langevin）の常磁性理論

磁場 B の中に置かれた磁気モーメント μ を持つ粒子は，以下のエネルギー E を持つ．

$$E = -\boldsymbol{B} \cdot \boldsymbol{\mu} = -\mu B \cos\theta \tag{3.13}$$

ここで θ は $\boldsymbol{B}$ と $\boldsymbol{\mu}$ との成す角である．この粒子が熱平衡状態にあり，**ボルツマン（Boltzmann）分布**に従うとすると，エネルギー分布は以下の式で表される．

$$f(E) = \exp\left(\frac{E}{k_B T}\right) = \exp\left(\frac{\mu B \cos\theta}{k_B T}\right) \tag{3.14}$$

このとき，角度 θ から角度 $\theta + d\theta$ の間の角度を取る磁気モーメントの存在確率 $P(\theta)$ は次のようになる（図 3.8 参照）．

$$P(\theta) = \frac{2\pi \exp\left(\dfrac{\mu B \cos\theta}{k_B T}\right) \sin\theta}{P_0} \tag{3.15}$$

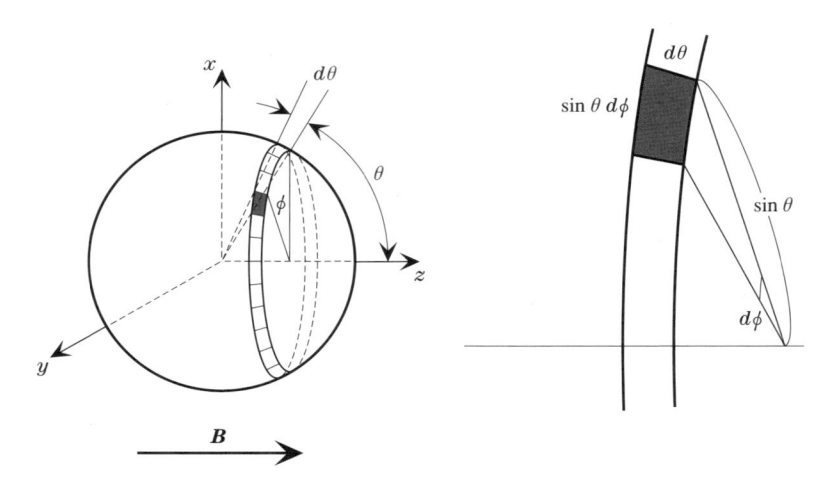

図 3.8 磁場方向に対する磁気モーメントの向きの分布

3.2 遷移金属クラスターのスピン状態および磁性

ただし,

$$P_0 = 2\pi \int_0^\pi \exp\left(\frac{\mu B \cos\theta}{k_\mathrm{B} T}\right) \sin\theta \, d\theta \tag{3.16}$$

したがって，磁場の方向に発生する磁化 M は次の式で表される．

$$M = \int_0^\pi \mu \cos\theta \, P(\theta) \, d\theta$$

$$= \frac{2\pi\mu \int_0^\pi \exp\left(\frac{\mu B \cos\theta}{k_\mathrm{B} T}\right) \sin\theta \cos\theta \, d\theta}{P_0} \tag{3.17}$$

ここで，$\mu B/k_\mathrm{B} T = x$, $\cos\theta = \eta$ とおくと，これは次のように書くことができる．

$$M = \frac{\mu \int_{-1}^1 \exp(x\eta)\eta \, d\eta}{\int_{-1}^1 \exp(x\eta) \, d\eta} \tag{3.18}$$

この積分を行うと,

$$\int_{-1}^1 \exp(x\eta) \, d\eta = \left[\frac{1}{x}\exp(x\eta)\right]_{-1}^1 = \frac{e^x - e^{-x}}{x} \tag{3.19}$$

$$\int_{-1}^1 \exp(x\eta)\eta \, d\eta = \left[\frac{\eta}{x}\exp(x\eta) - \frac{1}{x^2}\exp(x\eta)\right]_{-1}^1$$

$$= \frac{e^x + e^{-x}}{x} - \frac{e^x - e^{-x}}{x^2} \tag{3.20}$$

これを (3.18) に代入して，磁化 M をさらに計算する．

$$M = \mu\left(\frac{e^x + e^{-x}}{e^x - e^{-x}} - \frac{1}{x}\right)$$

$$= \mu\left(\coth x - \frac{1}{x}\right) \tag{3.21}$$

ここで $L(x) = \coth x - \dfrac{1}{x}$ を**ランジュヴァン関数**と呼ぶ．

コバルトクラスター Co_n の全スピン S_n を，磁場 $\boldsymbol{B}$ の方向を軸として量子

化する．このとき，コバルトクラスターにはたらく力 F は，次のように表される．

$$F = 2\mu_B S_z \left(\frac{dB}{dz}\right) \tag{3.22}$$

ここで $S_z = -S_n, -S_n+1, \cdots, S_n-1, S_n$ であれば，原子の場合と同様に磁化状態 0 を中心として正負に対称的に分布してもよさそうである．しかし，実際には図 3.4 からわかるように個々のクラスターは，高磁場方向（磁力線の密な方向）に偏向されており，すなわち各々のクラスターに対して $S_z > 0$ である．これは，磁場中でクラスター内のスピンがある程度整列することを意味している．

Co_n のビームの磁化 M_n は，次のようにランジュヴァン関数を用いて表すことができる．

$$\frac{M_n}{\mu_n} = L(x) = \coth x - \frac{1}{x} \tag{3.23}$$

$$x = \frac{\mu_n B}{k_B T} \tag{3.24}$$

ここで，T はクラスターの温度，B は磁場，k_B はボルツマン定数である．この関数の特徴は，x が小さいところでは $L(x) = x/3$ であり，x が大きいところでは $L(x) = 1$ となることである．ランジュヴァン関数は，スピンを持つ物質の磁場中での熱力学的平衡状態から得られたものであり，スピンは磁場中にいる間に熱平衡状態に達していることを前提としている．これは，分裂した準位間での熱的な遷移を前提としている．

最初の状態からスピンの向きを変えて熱力学的平衡状態に達するには，そのためのエネルギーを回転，振動，電子状態から調達する必要がある．しかしながら，このような熱緩和過程が孤立クラスターで起こるには，クラスター自体が熱浴として機能し，スピンと回転，振動，電子状態との間でエネルギーのやり取りが円滑に進行することが必要である．さらに熱浴が機能するに

は，緩和時間 τ は磁場を通過するのに要する時間 $t_{\mathrm{mag}} \approx 100\,\mu\mathrm{s}$ より短くなければならない．サイズの大きい暖かいクラスターでは，振動励起あるいは電子励起されていれば，スピンに関して熱浴として はたらくことは考えられる．けれども，冷えたクラスター，すなわち，振動および電子基底状態にあるクラスターでは，これらはスピンに対する熱浴としては はたらかなくなる．

それでは，クラスターのスピンの熱緩和過程が温度によってどのように変化するかを見ていくことにする．

3.2.3 実験と常磁性理論との比較

まずは，クラスターの磁化 M_n と (3.23) との関係を見てみよう．M_n/μ_n ($n = 20 \sim 300$) の値をさまざまな磁場，温度に対して測定すると図 3.9 のようになる．この図を見てみると，$x(= \mu_n B/k_B T)$ が小さいところでは M_n/μ_n が直線的に増加し，大きな x では ある値に漸近しているように見える．

それでは，クラスターにおける関係式 $M_n/\mu_n = f(x)$ $(x = \mu_n B/k_\mathrm{B} T)$ をランジュヴァン関数との比較から考えてみよう．いずれにおいても，$\mu_n B/k_\mathrm{B} T \gg 1$ では磁化は磁気モーメントに飽和し，$M_n = \mu_n$ となる．この条件では，磁気モーメントを直接決定することができる．

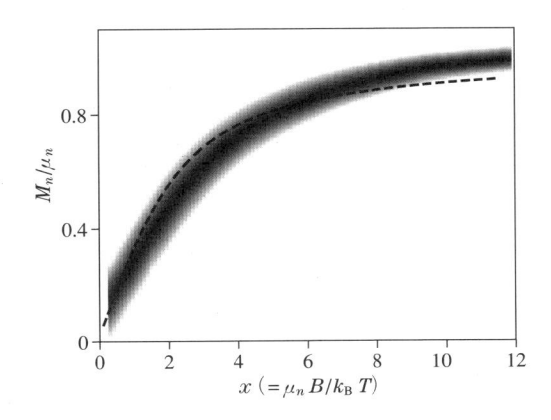

図 3.9 M_n/μ_n の測定値（黒色）とランジュヴァン関数（破線）との比較[2]

大きなサイズのクラスターでは，磁場，温度，クラスターサイズから見出される関係式 $f(x)$ は，図3.9で示されるように，ある曲線を表しているように見える．それは，(3.23)で表される理論曲線であるランジュヴァン関数 $L(x)$ に形状がよく似ている．x が小さい領域では，$f(x)$ は $L(x)$ と比較的よく一致している．けれども，x が大きくなると $f(x)$ は $L(x)$ から予測されるよりも速く飽和し，$M_n/\mu_n = 1$ に近づくように見える．

一方，サイズの小さいクラスターは磁気モーメントが小さいので，実験で用いている2Tの磁場では小さすぎて，磁化を飽和させることができない．そのため，小さなクラスターでは測定値に (3.23) の曲線を当てはめて，外挿することによって磁気モーメントを求めている．温度 T と磁場 B はわかっているので，これによって，磁気モーメント μ_n が得られる．

それぞれのサイズでこのような作業を行うことによって，各サイズでの磁気モーメントを求めることができる．このようにして得られたサイズと磁気モーメントとの関係が，図3.10である．1原子当りの磁気モーメント μ_n/n は，金属コバルトの値（$1.7\,\mu_\mathrm{B}$/atom）と比較して全体的に大きいことがわか

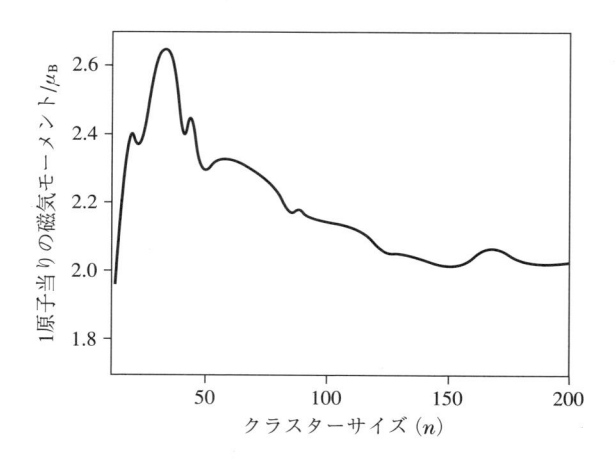

図 3.10 コバルトクラスター Co_n の磁気モーメント[2]

3.2 遷移金属クラスターのスピン状態および磁性

る．この結果はクラスターを構成する際の，結合の少ない表面原子の寄与によると考えられる．すなわち表面では，**不対電子**が多くなり，それが磁気モーメントを大きくする要因になる．また，図 3.10 を詳しく見ると，磁気モーメントはサイズの変化に対して複雑な変化を示している．すなわち，$n = 37$ で磁気モーメントは最大となり，$n = 23, 41, 51, 83, 121$ で極小となっている．$n > 150$ で磁気モーメントは約 $2\mu_B$ に収束するように見える．

このような磁気モーメントの変化を，クラスターの幾何構造および電子構造から考えてみよう．幾何構造が関与する要因としては，特にクラスター表面での原子の配列が考えられる．すなわち，閉殻な幾何構造を持つクラスターでは表面が平滑なため，表面原子の数が比較的少なく，さらに表面の原子は互いに多くの結合を形成しているので，結合に関与しない不対電子は少なくなる．そのため，磁気モーメントは小さくなる．反対に，起伏の多い表面形状のクラスターでは，飛び出た位置にある原子は他の原子との結合が少ないために局所的に不対電子が多く，磁気モーメントが大きくなる．

一方，コバルトクラスターの電子構造はどうなっているのであろうか．コバルト原子の電子配置は $[Ar](3d)^7(4s)^2$ であるが，クラスターを構成する場合には，各原子は 4s 電子を 1 つ 3d 軌道に移して $[Ar](3d)^8(4s)^1$ としてクラスターを形成していると考えられる．これを銅原子の電子配置と比較すると，銅原子の電子配置は $[Ar](3d)^{10}(4s)^1$ である．3d が閉殻であるために，銅クラスターの電子構造は 4s 電子を自由電子とした電子殻模型でうまく説明できる．コバルト原子では 3d が開殻であるために，クラスターの形成に際しては，3d 電子も結合に寄与し，クラスターの電子構造は 4s 電子による離散的な準位と 3d 電子の形成する価電子帯との重ね合わせになると考えられる．

磁気モーメントのサイズ依存性は，これらの準位間の相互作用の規則的な変化を表しているのかもしれない．これは今後の研究課題である．

参 考 文 献

[1] M. Schmidt, Ch. Ellert, W. Kronmüller and H. Haberland：Phys. Rev. B **59** (1999) 10970
[2] X. Xu, S. Yin, R. Moro and W. A. de Heer：Phys. Rev. Lett. **95** (2005) 237209
[3] X. Xu, S. Yin, R. Moro and W. A. de Heer：Phys. Rev. B **78** (2008) 054430

4
熱・統計力学

　純物質は固有の融点，沸点を持つ．また，液体が凝固して固体になる温度（凝固点）は融点と等しく，気体が液体になる温度は沸点に等しい．固体の温度を高くしていくと融解が起こり，融解している間，温度は一定である．また，固体と液体とでは比熱が異なるため，同様に加熱しても温度上昇の速さが異なる．クラスターでは，これらの固体‐液体間などの相転移温度はどのようになっているのだろうか．まずは，計算によってクラスターの融点，凝固点を求める手法を見ていこう．

4.1　計算機シミュレーション ― 分子動力学法

　クラスターを構成する各原子の運動を追跡することによって，相転移を観測することが可能である．各原子の運動を追跡する手法として，以下に述べる**分子動力学法**がよく用いられている．例えば，アルゴンクラスター Ar_n を考える．アルゴン原子間には**ファン・デル・ワールス力** F がはたらいており，これは**レナード・ジョーンズ**（Lennard‐Jones）**ポテンシャル** V によって次のように表現される（**ポテンシャルエネルギー曲線**，図4.1参照）．

$$F = -\nabla V \tag{4.1}$$

$$V = 4\varepsilon\left\{\left(\frac{\sigma}{r}\right)^{12} - \left(\frac{\sigma}{r}\right)^{6}\right\} \tag{4.2}$$

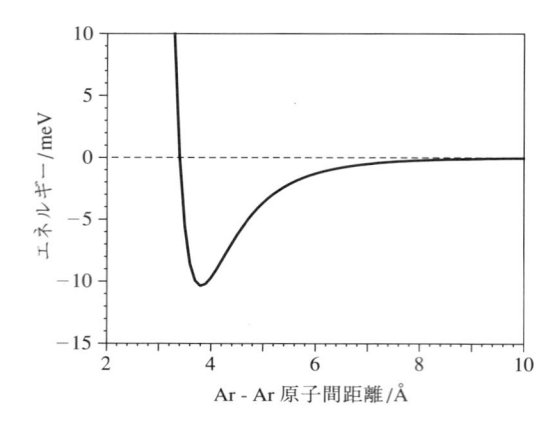

図 4.1 アルゴン原子間のポテンシャルエネルギー曲線

ここで r は原子間距離を表し，アルゴン原子同士では $\varepsilon = 10.4\,\mathrm{meV}$, $\sigma = 3.40\,\text{Å}$ である．また，$(\sigma/r)^{12}$ は原子同士の反発ポテンシャルを，$(\sigma/r)^6$ は引力ポテンシャルを表している．反発ポテンシャルは電子雲の重なりによって生じ，原子同士が近くなると強い斥力を生じるようになる．

一方，引力ポテンシャルは，**誘起双極子 – 誘起双極子相互作用**から生じる．このレナード・ジョーンズポテンシャルは以下のように変形できる．

$$V = 4\varepsilon\left\{\left(\frac{\sigma}{r}\right)^6 - \frac{1}{2}\right\}^2 - \varepsilon \tag{4.3}$$

これからわかるように，V は $r = 2^{1/6}\sigma$ において最小値 $-\varepsilon$ を持つ．

真空中に孤立したアルゴンクラスターは，おしくらまんじゅうをするように，構成原子間にファン・デル・ワールス力を及ぼし合いながら運動している．このうちの1つのアルゴン原子（位置 $\boldsymbol{r}_i$）に着目すると，この原子は以下に示す運動方程式に従って運動している．

$$m_i \frac{d^2 \boldsymbol{r}_i}{dt^2} = \boldsymbol{F}_i \tag{4.4}$$

$$\boldsymbol{F}_i = -\boldsymbol{\nabla}_i \sum_j V_{i,j} \tag{4.5}$$

これは着目している原子を i 番目の原子として,それ以外の原子が i 番目の原子に力を及ぼすことによって生ずる運動である.この運動方程式を解くことによって,この原子の位置の時間発展が得られる.通常は解析的には解けないので,数値的に解くことになる.

i 番目の原子の位置 $\boldsymbol{r}_i$ を時間の関数と考えてテイラー(Taylor)展開すると,$(\Delta t)^4$ 以上の高次項を無視して,以下の式が得られる.

$$\boldsymbol{r}_i(t+\Delta t) = \boldsymbol{r}_i(t) + \left(\frac{d\boldsymbol{r}_i}{dt}\right)(\Delta t) + \frac{1}{2}\left(\frac{d^2\boldsymbol{r}_i}{dt^2}\right)(\Delta t)^2 + \frac{1}{6}\left(\frac{d^3\boldsymbol{r}_i}{dt^3}\right)(\Delta t)^3 \tag{4.6}$$

$$\boldsymbol{r}_i(t-\Delta t) = \boldsymbol{r}_i(t) - \left(\frac{d\boldsymbol{r}_i}{dt}\right)(\Delta t) + \frac{1}{2}\left(\frac{d^2\boldsymbol{r}_i}{dt^2}\right)(\Delta t)^2 - \frac{1}{6}\left(\frac{d^3\boldsymbol{r}_i}{dt^3}\right)(\Delta t)^3 \tag{4.7}$$

これらの2式を足し合わせると

$$\boldsymbol{r}_i(t+\Delta t) + \boldsymbol{r}_i(t-\Delta t) = 2\boldsymbol{r}_i(t) + \left(\frac{d^2\boldsymbol{r}_i}{dt^2}\right)(\Delta t)^2 \tag{4.8}$$

この式に(4.4)を用いると,

$$\boldsymbol{r}_i(t+\Delta t) = \boldsymbol{r}_i(t) + \boldsymbol{v}_i(t)(\Delta t) + \left(\frac{\boldsymbol{F}_i}{m_i}\right)(\Delta t)^2 \tag{4.9}$$

となる.なお,

$$\boldsymbol{v}_i(t) = \frac{\boldsymbol{r}_i(t) - \boldsymbol{r}_i(t-\Delta t)}{\Delta t} \tag{4.10}$$

である.すなわち,初期条件が決まれば,各時刻の各構成原子の位置や速度が逐次計算によって求められる.これを分子動力学法という.

このように,各構成原子の位置や速度を時間の関数として求めることができるので,クラスターの相転移過程,振動運動,衝突過程などをシミュレートすることができるのである.

4.2 アルゴンクラスターの融解と凝固

分子動力学法を用いて,アルゴンクラスター Ar_n の**融解**および**凝固**の過程を見てみよう.ここではクラスターから外界へのエネルギーの散逸はなく,クラスターに与えた全エネルギーが保存される状態を取り扱う.

まず,クラスターにエネルギーを与えた場合に,全エネルギーに対して温度がどう変化するかを見てみよう.そのために,**カロリー曲線**,すなわちクラスターの全エネルギー E_{tot} に対する平均運動エネルギー E_{kin} の変化を見てみることにする.ここでは,クラスター全体としての並進運動や回転運動ではなく,構成原子の相対的な運動(振動運動)のみを考えており,それに基づく運動エネルギーである.

各原子は運動に関して x 方向,y 方向,z 方向の3個の**自由度**を持っており,いま n 個の原子から構成されるクラスターを考えているので,クラスターの全自由度は $3n$ となる.ここからクラスター全体の並進の3自由度および回転の3自由度を差し引いて,$3n-6$ が振動の自由度になる.したがって,1つの振動の自由度当りの運動エネルギーは,$E_{kin}/(3n-6)$ となる.これを**内部温度** T に換算するために,1振動自由度当り $k_B T/2$ に等しいエネルギーが分配されていると考えて,以下の式をおく.ここで,k_B はボルツマン(Boltzmann)定数を表している.

$$\frac{1}{2}k_B T = \frac{E_{kin}}{3n-6} \tag{4.11}$$

これを解くことにより,

$$T = \frac{2}{3n-6}\frac{E_{kin}}{k_B} \tag{4.12}$$

となる.この式を用いると,運動エネルギーをクラスターの内部温度に換算することができる.

それでは,**正20面体構造**を持つ Ar_{13} について考えてみよう.孤立したク

4.2 アルゴンクラスターの融解と凝固

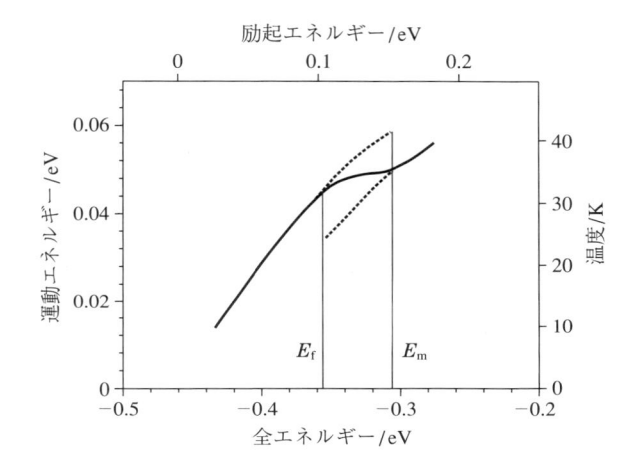

図 4.2 アルゴンクラスター Ar_{13} のカロリー曲線[1]

ラスターを取り扱うので，全エネルギー E_{tot} が保存される．初期状態では運動していなかった Ar_{13} にエネルギーを与え，ある時間，構成原子の運動を追跡し，時間的に平均された運動エネルギー E_{kin} を求める．このようにして，全エネルギー E_{tot} に対する平均運動エネルギー E_{kin} の関係を求めると図 4.2 のようなカロリー曲線を得ることができる．図中の実線は長時間（10 ns）で平均された E_{kin} である．一方，破線は短時間（5 ps）で平均された E_{kin} である．あるエネルギー領域では，E_{kin} の長時間平均と短時間平均が異なっていることがわかる．この結果は，E_{tot} を徐々に増加する方向で E_{kin} を求めても，減少させる方向で求めても同じであり，過熱や過冷却といった現象とは本質的に異なっている現象である．

図 4.2 の曲線は 3 つの異なったエネルギー領域に分けられる．第 1 の部分は E_{tot} が図の E_f より小さい領域であり，この領域では短時間平均のゆらぎは小さく，短時間平均と長時間平均はほぼ一致する．第 2 の部分は E_f と E_m の間のエネルギー領域であり，E_{kin} の短時間平均（破線）と長時間平均（実線）とが異なることで特徴付けられる．この場合，E_{kin} の短時間平均はある

エネルギー範囲に広がって分布する．この分布は極大の2つある二峰性分布となり，それぞれの極大値がカロリー曲線において異なる枝線を形成する．第3の部分であるE_{tot}がE_mより大きい領域は，長時間平均を中心としてその周りに短時間平均が分布する．この場合，分布が単峰的（極大が1つしかない分布）であり，枝線としては現れてこない．

このカロリー曲線の1番目と3番目の部分はそれぞれ単一の相からなる領域を表しており，Ar_{13}は異なる2つの相のいずれかの状態にある．低いエネルギーでは，**固体**的な剛性のある相が現れ，高いエネルギーでは，**液体**的な剛性のない相が現れる．二値的振舞をする中間部分は，2つの相が共存する**固液共存**領域と考えられる．それでは，これらの振舞を詳細に見ていこう．

4.2.1 固体状態での振舞

まず，$E_{tot} < E_f$のエネルギー領域を見てみよう．この領域は固体的な相に当てはまる．図4.3にはE_{kin}の時間変化が示してある．いずれの場合も，

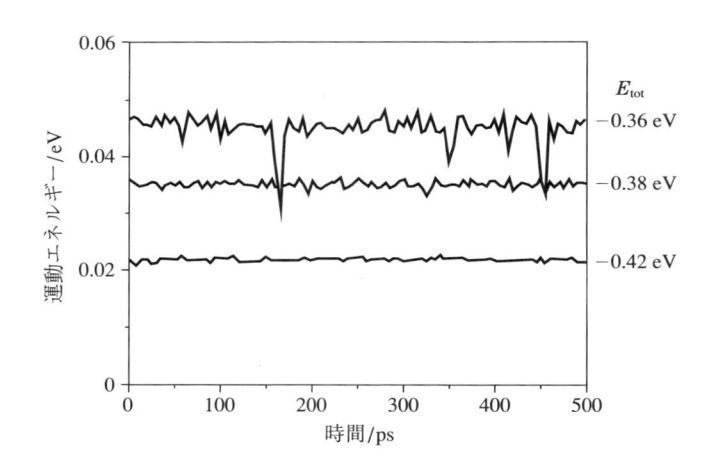

図 4.3 アルゴンクラスターAr_{13}の運動エネルギーの時間変化[1]

E_{tot} は E_f より小さい．$E_{tot} = -0.42\,\mathrm{eV}$ では E_{kin} のゆらぎは非常に小さいが，$E_{tot} = -0.38\,\mathrm{eV}$ になると E_{kin} のゆらぎが少し目立つようになる．すなわち，E_{tot} が増加するにつれて，ゆらぎが大きくなる傾向にあることがわかる．

$E_{tot} = -0.36\,\mathrm{eV}$ では，ある時間（約 160 ps および約 450 ps）に突発的な E_{kin} の減少が現れている．これは，原子同士の入れ替えによる再配置，すなわち，ある正 20 面体構造から置換操作による別の同等な正 20 面体構造への構造変化が起こっていることに対応している．正 20 面体構造から別の同等な正 20 面体構造へ変化している間は，ポテンシャルエネルギー曲面上の**エネルギー障壁**を乗り越えるときなので，E_{kin} が低下することになる．

4.2.2 液体状態での振舞

次に，E_{tot} が E_m よりも大きいエネルギー領域を見てみよう．この領域でもクラスターは単一の相にあるが，このクラスターはもはや剛性のない原子集合体であり，液体的な相に当てはまる．図 4.4 を見るとわかるように，

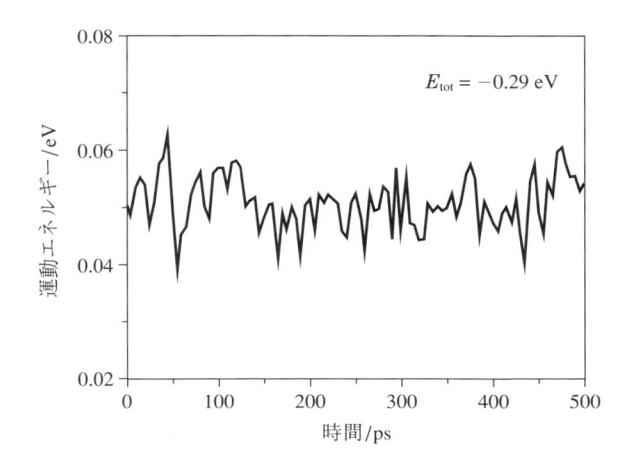

図 4.4 アルゴンクラスター Ar_{13} の運動エネルギーの時間変化[1]

E_kin の時間変化は，$E_\text{tot} < E_\text{f}$ のエネルギー領域の場合に比べて大きくゆらいでいる．原子の動きの自由が大きくなり，クラスターが緩んだ構造を取るようになっているのである．この場合，構成原子の持つ易動性のためにクラスターは頻繁に構造を変え，もはや正20面体構造はとっていない．

4.2.3 固液共存状態での振舞

さらに，$E_\text{f} < E_\text{tot} < E_\text{m}$ のエネルギー領域を見てみよう．この領域では，それぞれのエネルギーに対して，固体的な相と液体的な相が観測される．図4.2の破線で表される E_kin の2つの枝線は，$E_\text{tot} < E_\text{f}$ の領域から伸びる"剛性のある"相の曲線の延長と，$E_\text{tot} > E_\text{m}$ の領域から降りてくる"剛性のない"相の曲線の延長になっている．

図4.5は，このエネルギー領域での E_kin の時間変化を示している．ここで E_kin は（4.12）を用いて温度に換算することができる．これらに共通する特徴は，E_kin すなわち温度の双峰的な分布である．つまり，E_kin の値は2つの異なった値（2つの破線）の間を行き交っているように見える．ここで低い

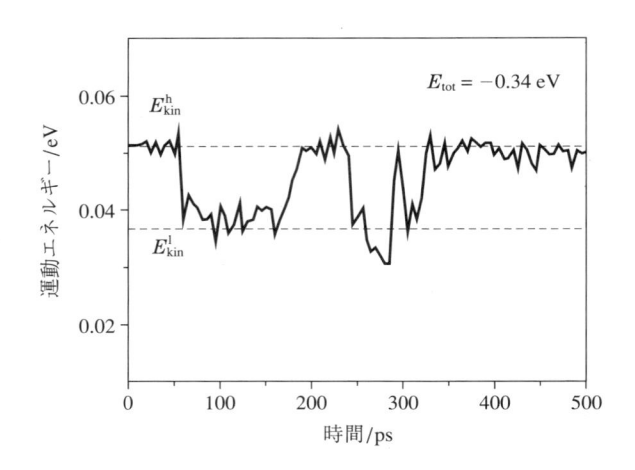

図 4.5 アルゴンクラスター Ar_{13} の運動エネルギーの時間変化[1]

4.2 アルゴンクラスターの融解と凝固

ほうを E_{kin}^l，高いほうを E_{kin}^h と呼ぶことにする．$E_f < E_{tot} < E_m$ のエネルギー領域では E_{kin}^l と E_{kin}^h とが観測され，この二値性が図4.2に見られる2つの枝線を生み出しているのである．

E_{kin} が E_{kin}^l となっている時間的長さ，あるいは E_{kin}^h となっている時間的長さは，クラスターの振動の周期（約1 ps）よりも十分に長い．それぞれの値を取る割合，すなわちそれぞれの状態を取る割合は E_{tot} に依存している．クラスターは自発的に2つの相の間を転移しており，転移に要する時間それ自体は非常に短く10 ps程度である．それぞれの相にあるときのクラスターの構造は，明らかに異なった特徴を示している．

E_{kin}^h の状態にあるクラスターは，正20面体構造を安定点として振動運動を行っている．この構造は中心のアルゴン原子の周りを12個のアルゴン原子が取り囲んだ構造である．このとき E_{kin} が大きくなり，その結果，振動の振幅が大きくなっても，構造それ自体は安定な正20面体構造を保っている．これは固体的な振舞と見なすことができる．

一方，E_{kin}^l の状態にあるクラスターは，剛性のない緩んだ状態にある．この状態では，Ar$_{13}$ は正20面体構造から1つの原子が外に押し出された構造を取るようになっている．このような構造では，中心のアルゴン原子の周りを11個のアルゴン原子が取り囲み，さらにその外側に1個のアルゴン原子が付着している．こうした構造では原子間の結合が緩んで，原子の動ける隙間が大きくなり，動きやすくなっている．これは液体的な振舞である．

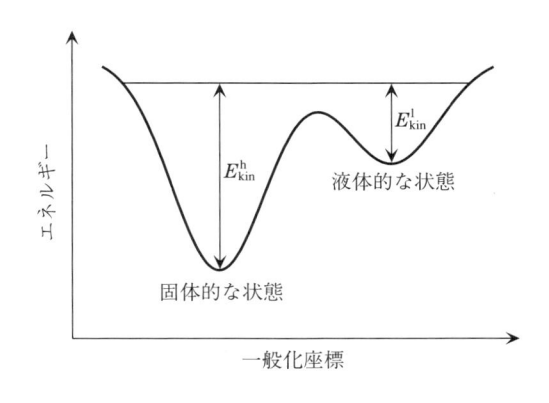

図 4.6 アルゴンクラスター Ar$_{13}$ のポテンシャルエネルギー曲線の概念図

全エネルギー E_{tot} は同じではあるが，液体的な状態のほうが，固体的な状態に比べてポテンシャルエネルギーが高いので，運動エネルギー E_{kin} が小さく，温度 T が低いことになる（図 4.6 参照）．

4.3 相転移のクラスターサイズ依存性

これまでは，正20面体構造という対称性の高い幾何構造を持つ Ar_{13} を見てきたが，他のサイズではどうなのだろうか．もちろん，他のサイズでも剛性のある固体的な状態から剛性のない液体的な状態への転移は起こる．その**カロリー曲線**は図 4.7 のようになり，どのカロリー曲線も単調に増加する傾向を示していることがわかる．

先ほど見たように，13量体のカロリー曲線は**相転移**領域で顕著に傾きが小さくなっている．19量体でも相対移領域において，比較的はっきりとした温度上昇の鈍化が見られるようになる．他のサイズのクラスターでは，クラスターが融解を始めても，傾きの変化が明瞭には現れてこない．この傾きはクラスターの**熱容量**に関連しており，相転移領域でのクラスターの熱容量がサイズによって大きく異なることを示している．

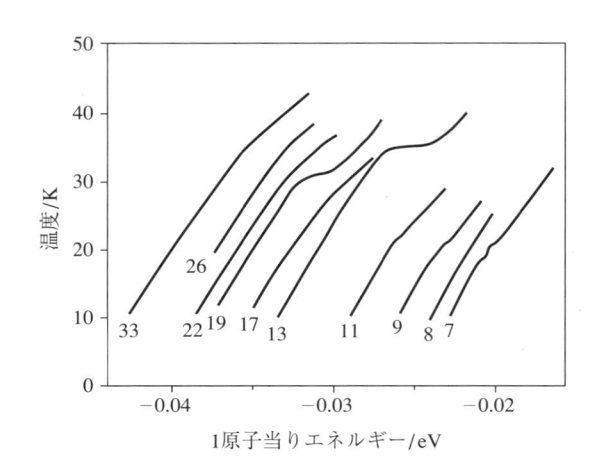

図 4.7 アルゴンクラスター Ar_n ($n = 7 \sim 33$) のカロリー曲線[2]

4.3 相転移のクラスターサイズ依存性

固液共存状態での振舞

いくつかのクラスターは，13量体のように**相転移**領域（$E_\mathrm{f} < E_\mathrm{tot} < E_\mathrm{m}$）において温度 $T(= 2E_\mathrm{kin}/(3n-6)k_\mathrm{B})$ の短時間平均値が双峰的に分布する．そのようなサイズは，$n = 7, 9, 11, 13, 15, 19$ である．代表的な分布は図4.8のようになる．$n = 7, 9, 11$ とサイズが大きくなるに従って，2つのピークの間隔は小さくなっている．$n = 13$ で間隔はいったん大きくなるが，15でまた減少する．図には載せていないが，$n = 17$ では単峰的な分布であり，$n = 19$ では再び双峰的な分布となる．

これらの双峰的な分布は，$n = 13$ で見たのと同じ理由に基づいている．すなわち，全エネルギーが等しいクラスターでも固体的な状態にあるクラスターと液体的な状態にあるクラスターとが共存し，これらは長い時間の中で2つの状態を行き来しているのである．全エネルギー E_tot が徐々に増加する場合を考えると，ある E_tot において低温側に小さなピークが現れ，この低温側のピークが高温側のピークに比べて徐々に高くなっていく．さらに，ピーク幅は徐々に広がっていき，最終的には幅の広い低温側のピークのみが残ることになる．一方，19量体より大きいクラスターでは，そのような双峰的な分布は観測されない．また，8量体，14量体でも双峰的な分布は観測されない．

E_kin の短時間平均の時間変化を見てみると，双峰的な分布を持つクラスターの振舞は13量体の振舞と同様である．すなわち，構成原子の振動周期よりも十分長い滞在時間で固体的状態あるいは液体的状態にあり，それらを行き来する．また，相転移に要する時間は，それぞれの相に滞在する時間に比べて非常に短い．

さらに，固液共存領域にあるクラスターの幾何構造には特徴的な2種類の構造がある．固体的な状態は比較的高温であり，構造自体が大きな振幅の振動を行っている．一方，液体的な状態は比較的低温であり，より不規則な構造をしている．構成原子の運動も振動的というよりも流体的な運動になる．例えば，7量体は固体的な状態では双5角錐構造であるが，液体的な状態で

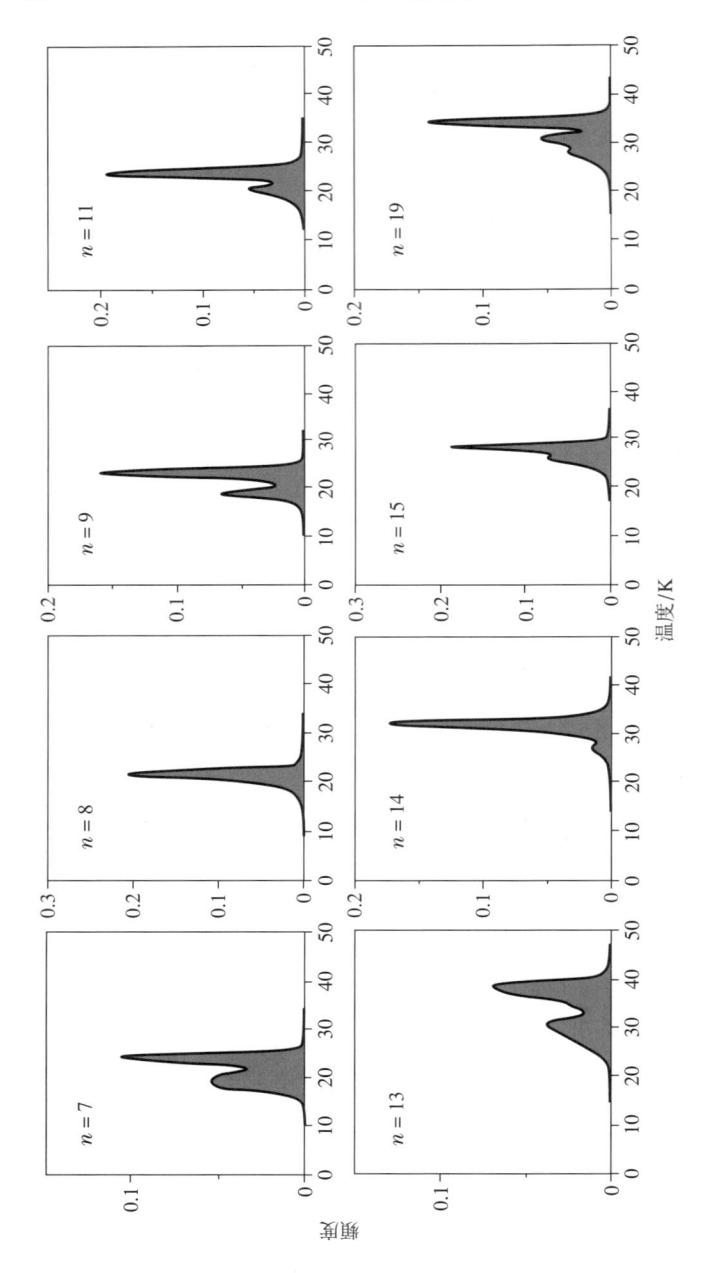

図 4.8 アルゴンクラスター Ar_n ($n = 7〜19$) の温度分布 (T. L. Beck, J. Jellinek and R. S. Berry : J. Chem. Phys. **87** (1987) 545 より)

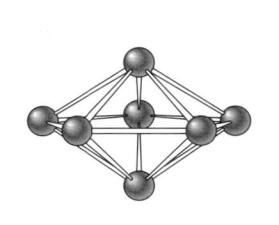

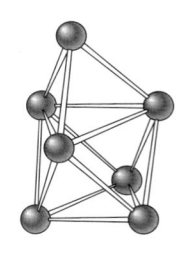

双5角錐構造　　　　3角錐反柱構造

図 4.9 アルゴンクラスター Ar_7 の構造

は双4角錐にもう1原子付着した構造（3角錐反柱構造）になる（図4.9参照）．双3角錐表面に付着した Ar が動き回ることになる．

4.4 クラスターの融点・凝固点

固体的な状態が観測される最も高い温度（T_m）と液体的な状態が観測される最も低い温度（T_f）を，クラスターサイズに対してプロットすると図4.10のようになる．すなわち，温度が T_m より高い場合には液体的な状態のみが観測され，温度が T_f より低い場合には固体的な状態のみが観測される．クラスターの**融点・凝固点**は T_f から T_m の温度範囲に存在することになる．

さらに，T_m と T_f の差を液体的な状態と固体的な状態の共存領域の温度幅を ΔT_c として定義する．ΔT_c

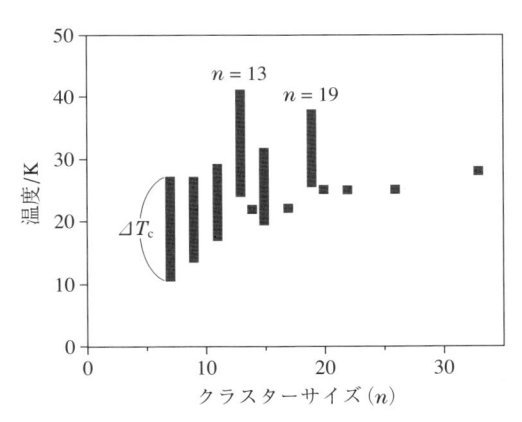

図 4.10 アルゴンクラスター Ar_n の固相-液相転移温度．[2] 灰色の棒グラフの下端が T_f，上端が T_m．

はサイズに対して不規則に変化しているように見える．これは ΔT_c が，それぞれのサイズのクラスターの構造やポテンシャルエネルギー面の特徴に依存しているからである．$n = 13, 19$ ではその前後のサイズに比較して，共存領域の温度幅が大きいことが見て取れる．また，これらのサイズでは T_f が少なくとも 5 K は高くなっている．これは，これらの構造がその前後のサイズのクラスターに比べて，比較的安定性の高い構造を持つことに由来すると考えることができる．

クラスターの安定性と熱的性質

ここで見たような比較的小さなクラスターにおいては，アルゴンの 13 量体，19 量体の構造は高い融点を持ち，そのため，固体状態において著しい安定性を示す．この特異的安定性は，正 20 面体構造の生成に沿った成長過程において，5 角錐状の局所構造が作る**閉殻**構造に起因すると推測される（図 4.11 参照）．

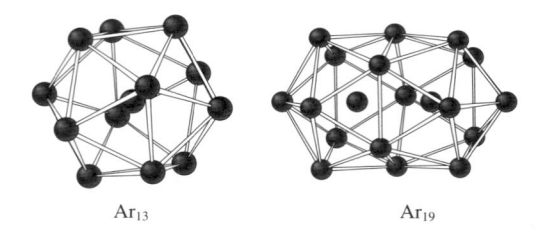

図 4.11 アルゴンクラスター $Ar_n (n = 13, 19)$ の構造

クラスターが順次成長していく過程を考えると，特異的に対称性の高い構造は，完全な正 20 面体の対称性を持つ 13 量体の構造である．この構造はその前後のサイズのクラスターに比較して，明らかに非常に安定である．このため，これらのサイズは質量スペクトルにおいても高い存在比を示し，魔法数となっていると考えられる．これらのサイズでは，非常に安定な構造が 1 つ存在し，それ以外の**異性体**とはエネルギー的に隔たりがある．また，固体的な状態とは非常に安定な構造に捕捉されている状態であり，液体的な状態とはいくつかの異性体の間を遍歴するような状態であると解釈することができる．これら 2 つの状態を行き来するような状態が，これまで見てきた固液

共存状態である．

一方，19量体より大きいクラスターは固液共存状態の振舞を示さない．なぜなら，これらのクラスターでは，同じ程度にエネルギー的に安定な異性体が非常に多いせいであろう．いいかえると，ある飛び抜けて安定な構造異性体が存在しないということである．したがって，これらのクラスターのいずれも，ある程度長い時間のうちにいくつかの安定な異性体を取ることになり，温度 T はある単峰的な分布を与えることになる．このように，クラスターではサイズによって融点・凝固点が変化し，また，その温度付近での振舞自体も変化する．これはクラスターが多くの異性体を持ち，クラスターの取りうる異性体の数が，クラスターサイズとエネルギーによって変化するためである．

4.5 光解離による比熱測定 ―ナトリウムクラスターイオン

それでは，このような**融点・凝固点**を実際に測定するにはどうすればよいだろうか．そのためには，あるエネルギーをクラスターに与えたときの温度変化，つまり**比熱**を測定すればよい．一定のエネルギーを与えても温度上昇が小さいところ，すなわち，比熱が大きいところで融解などの**相転移**が起こっていることになる．

定まったエネルギーを与える方法としては，レーザーを照射して，光エネルギーを吸収させる方法がある．3.1節で見たように，電子基底状態から励起状態へナトリウムクラスターイオンを遷移させることによってエネルギーを与えるのである．このエネルギーは電子励起状態から振動励起状態へと移動し，クラスターの温度を上昇させ，クラスターからのナトリウム原子の脱離を引き起こす．光の振動数を ν とすると，クラスターの吸収するエネルギーは $h\nu$, $2h\nu$, … といくつかの定まった値になる．ここで h はプランク定数である．図4.12に実験の考え方を示している．ナトリウムクラスターイ

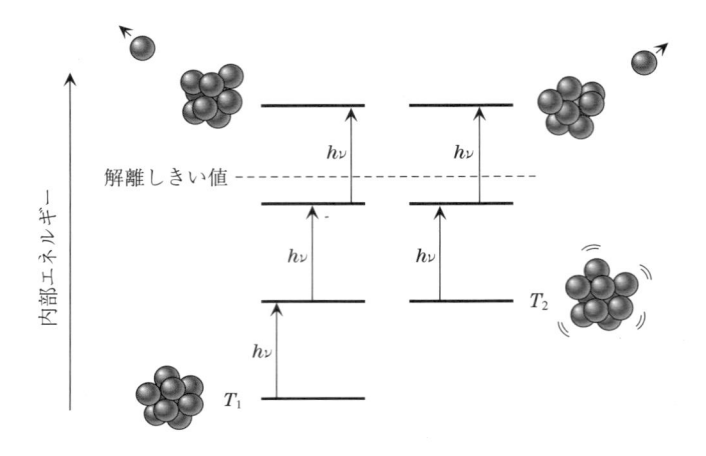

図 4.12 比熱曲線測定の概念図

オン Na_n^+ を例として説明すると，次のようになる．温度 T_1 のヘリウム気体中でクラスターとヘリウム原子を多数回衝突させ，クラスターを熱平衡の状態におく．このようにして温度 T_1 のクラスターを準備する．このクラスターのエネルギー E_n を，次のように**光解離**を起こさせることによって決定する．まず，Na_n^+ を**質量選別**し，波長 λ のレーザー光を照射する．この場合に Na_n^+ はいくつか（例えば j 個）の光子を吸収し，その結果，x 個の原子が Na_n^+ から1原子ずつ脱離すると仮定する．反応式は次のようになる．

$$Na_n^+(T_1) + jh\nu \rightarrow Na_{n-x}^+(T_d) + xNa \qquad (4.13)$$

ただし，光速を c として，$\nu = c/\lambda$ であり，T_d は Na_{n-x}^+ の温度である．

エネルギー保存則から次の関係が成り立つ．

$$E_n(T_1) + jh\nu = E_{n-x}(T_d) + \sum_{i=1}^{x} D_i + \sum_{i=1}^{x} \varepsilon_i \qquad (4.14)$$

ここで，D_i と ε_i は結合解離エネルギーと脱離原子の運動エネルギーを表している．右辺のエネルギーがそれぞれ正確にわかれば，$E_n(T_1)$ を決定することができる．しかし，そう簡単ではないので，次のような方法を用いる．

4.5 光解離による比熱測定 — ナトリウムクラスターイオン

まず, より高い温度 T_2 を持つ Na_n^+ を用意し, $(j-1)$ 個の光子で (4.13) と同様の反応が進行するようにする. すなわち,

$$Na_n^+(T_2) + (j-1)h\nu \rightarrow Na_{n-x}^+(T_d) + xNa \tag{4.15}$$

この場合, エネルギー保存の式は次のようになる.

$$E_n(T_2) + (j-1)h\nu = E_{n-x}(T_d) + \sum_{i=1}^{x} D_i + \sum_{i=1}^{x} \varepsilon_i \tag{4.16}$$

(4.14) と (4.16) を比較して,

$$E_n(T_1) + h\nu = E_n(T_2) \tag{4.17}$$

である. これから, 熱容量 $c(T)$ は次のように求められる.

$$c(T) = \frac{\partial E}{\partial T} \approx \frac{h\nu}{T_2 - T_1} \tag{4.18}$$

この実験で用いる光子エネルギー $h\nu$ は $3 \sim 4\,\mathrm{eV}$ であり, ナトリウム原子の結合解離エネルギーは約 $1\,\mathrm{eV}$ である. そのため, 1光子吸収するごとにクラスターから 3, 4 個のナトリウム原子が脱離することになる. ここで述べた方法で測定すると, 図 4.13 のようにナトリウムクラスターイオンの**熱容量**を温度の関数として得ることができる. このような曲線を**比熱曲線**と呼ぶ. また比較のために, ナトリウム金属（バルク）の比熱曲線も図 4.13 に示してある. ナトリウム金属の融点は 371 K であり, 比熱曲線は この温度で

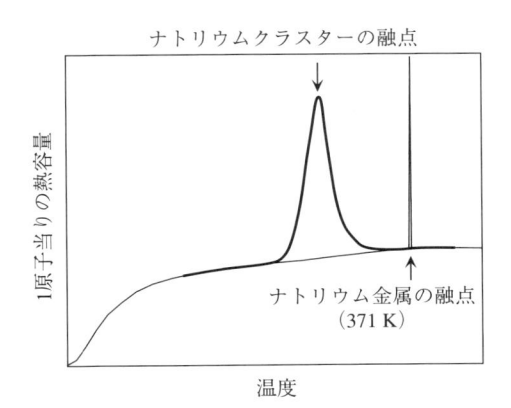

図 4.13 ナトリウムクラスターの比熱曲線（太線）とナトリウム金属の比熱曲線（細線）[3]

デルタ関数的な振舞を見せる．

　一方，クラスターの比熱曲線では，ある有限の幅を持つピークが得られることがわかる．ピーク部分を除くと，比熱曲線はバルクのものとよく一致している．ここでは，この比熱が最大となる温度を融点と呼ぶことにしよう．これは図 4.2 などのカロリー曲線で，接線の傾きが最も小さくなる温度に相当することになる．この曲線から，**融点**（ピークの最大値を与える温度），融解の**潜熱**（ピークの面積），**相転移**の温度幅（ピーク幅）を読み取ることができる．クラスターはバルクに比べて融点が低く，Na_{139}^+ ではバルクに比べて 104 K も低い融点を持っている．

　全体的な傾向として，ナトリウムクラスターイオンでは，バルクに比べて 30%程度融点が低下するが，クラスターサイズに対しての融点の変化は一様ではない．図 4.14 からわかるように，測定したサイズ領域においては，サイズによって 100 K にも及ぶ融点の違いが観測されている．また，驚くべきことに，この高融点，低融点は質量スペクトルに現れるクラスターの安定性とは一致していないのである．

　例えば，Na_{57}^+ および Na_{142}^+ は高い融点を持っているが，クラスターの幾何学的な**閉殻**（**正 20 面体構造**）はクラスターサイズ 13，55，147，309，…に現れる．一方，電子的な閉殻は正イオンでは 3，9，21，41，59，93，139，199，255，339，…に現れる．[*] どのサイズも高融点とはなっていない．しかし，高融点をもつ 57 量体および 142 量体は，両方とも正 20 面体構造に近いサイズであり，また，電子的閉殻にも近いサイズである．すなわち，57 量体は，2 層から成る正 20 面体構造を持つ 55 量体に近く，かつ，電子的閉殻となる 59 量体にも近いサイズである．また，142 量体は，3 層から成る正 20 面体構造を持つ 147 量体に近く，電子的閉殻となる 139 量体にも近いサイズである．こ

---

　[*] 電子的な閉殻については 2.6.2 項で述べたように，クラスターの持つ価電子総数によって安定性が決定される．ここではクラスター正イオンを取り扱っているため，総価電子数はクラスターサイズより 1 だけ少ない．

4.5 光解離による比熱測定 —ナトリウムクラスターイオン

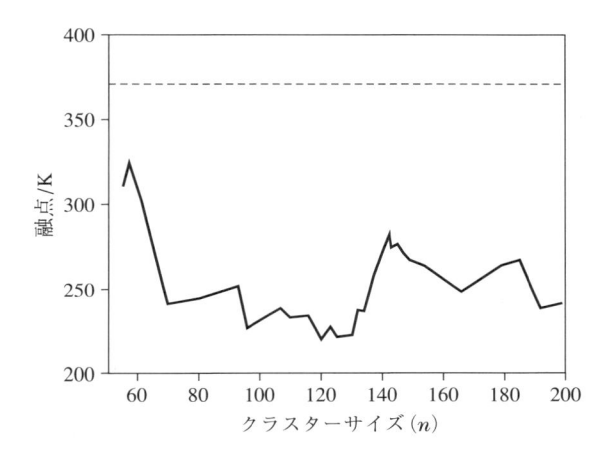

図 4.14 ナトリウムクラスターイオン Na_n^+ の融点.[3] 破線はナトリウム金属の融点.

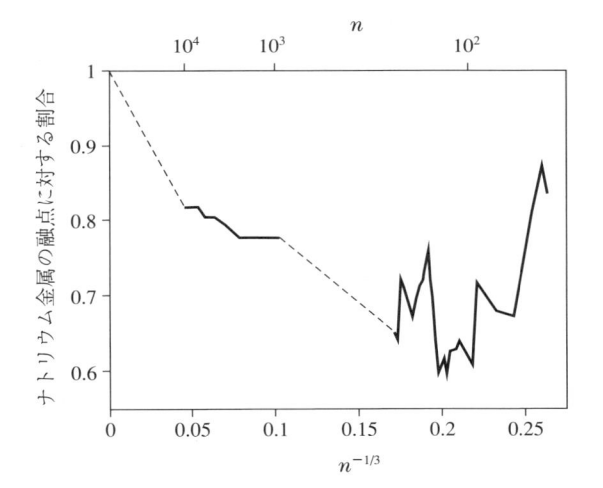

図 4.15 ナトリウムクラスターイオン Na_n^+ の融点.[3] 破線は測定値から内挿した部分.

れは，偶然なのかもしれないが，同様な傾向が大きいサイズでも当てはまるとすると，次の高融点のナトリウムクラスターイオンはサイズ 310 から 338 の間に観測されるかもしれない．このような予想に対する答えは 4.5.1 項で与えられることになる．

また，測定された融点を $n^{-1/3}$ の関数としてプロットすると図 4.15 のようになる．ここで $n^{-1/3}$ はクラスターの半径の逆数に比例した値である．$n =$

$10^3 \sim 10^4$ の領域ではサイズ n の増加とともに徐々に融点が上昇し，バルクでの値に近づいていることがわかる．このサイズ領域でもナトリウムクラスターは正20面体構造あるいは面心立方構造をとっているが，バルクのナトリウムは体心立方構造をしている．すなわち，$n > 10^4$ で正20面体構造（または面心立方構造）から体心立方構造への転移が起こると考えられている．

4.5.1 融点・潜熱・エントロピーのサイズ依存性

このように，クラスターの融点はサイズによって変化することがわかった．では，これはクラスターのどのような性質に基づいているのだろうか．その要因を探ってみよう．

熱浴（ヘリウム気体）中で，クラスターの集団は正準的なエネルギー分布となる．この**正準集団**は，固相での**自由エネルギー** ($H - TS$) と液相でのそれが等しいときに熱浴中で融解する．ここで T, H, S はそれぞれ温度，**エンタルピー**，**エントロピー**を表している．融点 T_m においては，次の式が成り立つ．

$$H_\mathrm{sol} - T_\mathrm{m} S_\mathrm{sol} = H_\mathrm{liq} - T_\mathrm{m} S_\mathrm{liq} \tag{4.19}$$

$$T_\mathrm{m} = \frac{H_\mathrm{liq} - H_\mathrm{sol}}{S_\mathrm{liq} - S_\mathrm{sol}} = \frac{\Delta H}{\Delta S} = \frac{q}{\Delta s} \tag{4.20}$$

ここで $q = \Delta H/n$, $\Delta s = \Delta S/n$ は融点での1原子当りのエンタルピー差（潜熱）およびエントロピー差を表す．

T_m, q および Δs を，サイズの関数としてプロットすると図4.16のようになる．T_m と q は実験から直接的に得られる値である．Δs は (4.20) を使うことによってこれらの値から求められる．$135 \leq n \leq 360$ の範囲において，T_m と Δs はバルクの値よりも35%小さく，q は58%小さい．一方，Na_{100}^+ から Na_{140}^+ へのサイズ増加とともに，q は3倍程度に増加している．

図4.16のどれも，アルカリ金属クラスターのさまざまな性質を支配する電子的な閉殻とは必ずしも一致していない．しかし，よく考えてみれば，

4.5 光解離による比熱測定 —ナトリウムクラスターイオン

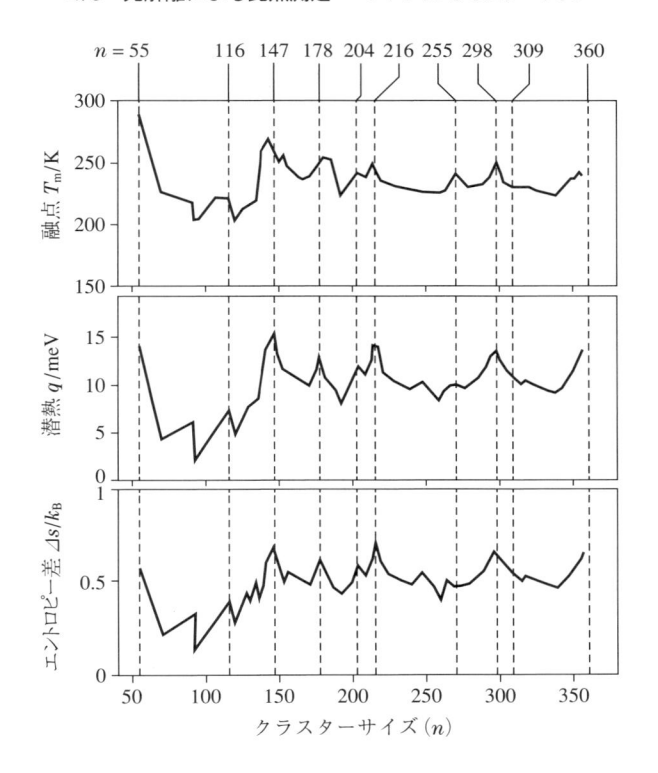

図 4.16 ナトリウムクラスターイオン Na_n^+ の融点, 潜熱, エントロピー差.[4] 参考までにナトリウム金属の融点は 371 K, 潜熱は 27 meV, エントロピー差は 0.84 k_B である.

これは当然のことかもしれない. なぜならば, 孤立したクラスターが融解しても電子数が変化するわけではないからである. 電子数が変化するときには, 電子的な閉殻を崩さなければならないという制約が効いてくる. また, 相転移に際して, 全体の構造が球形から大きく歪むようであれば, 電子殻模型に変更が生じ, 電子的な安定性から大きな制約が生じるであろうが, ナトリウムクラスターイオンの場合にはそのような変形は伴わないと考えられる.

4.5.2 幾何構造・電子構造のサイズ依存性

次に，クラスターの幾何構造・電子構造と融点との関連性を詳しく見てみよう．まず，ナトリウムクラスターイオンの**光電子スペクトル**に現れる特徴を見ていくことにする．

ここでは，ある波長のレーザーを Na_n^- に照射したときに脱離する電子のエネルギーを測定することによって，光電子スペクトルを得ている（2.6.6項参照）．この光電子スペクトルから，Na_n^- の価電子付近の電子構造がわかり，この結果から Na_n^- の幾何的な形状を推測することができる．またここでは，Na_n^- と Na_n^+ とで形状が変わらないと考えて話を進めることにする．サイズが大きいときには，この仮定も正しいであろう．

球形のクラスターや対称性の高い幾何構造を持つクラスターでは，電子準位の**縮退**が生じるためピークの分離がよくなり，観測されるピーク同士の間隔が広がることになる．図 4.17 にあるように，Na_{147}^- と Na_{309}^- では，観測されるピークの間隔が大きく，それゆえに，これらのクラスターは球形に近い対称性の高い幾何構造を持っていると考えられる．実際に，これらのクラスターが**正 20 面体構造**を持っていることが，量子力学計算からも裏付けられている．一方，Na_{298}^- のスペクトルでは，そのようなはっきりとした分離は見られず，このクラスターはより対称性の低い幾何構造を持つと考えられる．さらに，Na_{164}^- のスペクトルでは，ピークの幅は広く，ぼやっとしており，対称性の低い構造であることがうかがえる．あるいは，いくつかの**異性体**が共存している可能性も高い．

光電子スペクトルのピークがはっきり出ているか出ていないかを，**フーリエ解析**によって評価することにする．すなわち，スペクトル形状を表す関数 $I(E)$ を，以下のように三角関数で展開する．

$$I(E) = \frac{a_0}{2} + \sum_{k=1}^{\infty}[a_k \cos(kE) + b_k \sin(kE)] \quad (4.21)$$

4.5 光解離による比熱測定 —ナトリウムクラスターイオン

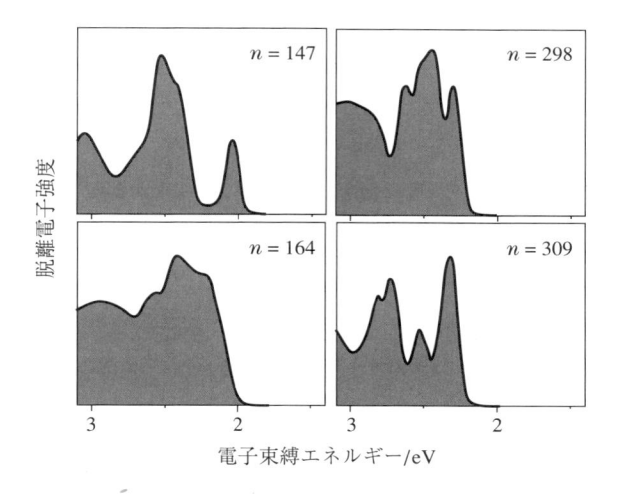

図 4.17 ナトリウムクラスターイオン Na_n^- の光電子スペクトル（H. Haberland, Th. Hippler, J. Donges, O. Kostko, M. Schmidt and B. von Issendorff：Phys. Rev. Lett. **94**（2005）035701 より）

ここで得られる a_k, b_k の 2 乗和 $\sum(a_k^2 + b_k^2)$ をピーク分離度と呼ぶことにする．クラスターサイズに対して，ピーク分離度をプロットすると図 4.18 のようになる．スペクトル中にピークがはっきりと現れているほど この値が大きくなり，この値が大きいほど対称性が高いと考えられる．ピーク分離度のサイズ依存性は，q および Δs のサイズ依存性と強い相関を示している．

ここで注意しなければならないのは，光電子スペクトルは電子的な閉殻と幾何的な閉殻の両方の影響を受けているということである．なぜならば，電子的な殻が満たされて，閉殻となっているクラスターでは，電子の空間分布は等方的になり，たとえ幾何構造の対称性が低いとしても，ピークのはっきりしたスペクトルを与えることになるからである．実際，電子的に閉殻である Na_{138}^- と Na_{268}^- は図 4.18 でピーク分離度が極大値になっている．他の極大はすべて幾何的な閉殻に基づくものである．

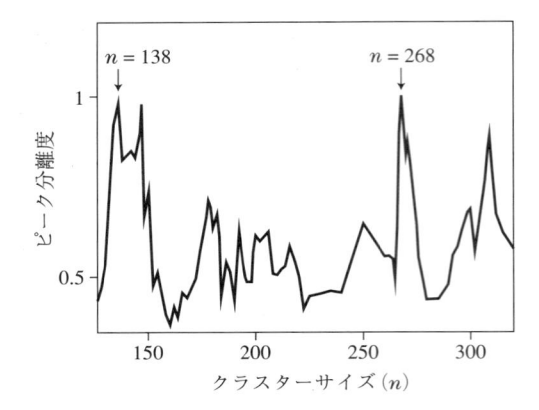

図 4.18 ナトリウムクラスターイオン Na_n^- の光電子スペクトルのピーク分離度[4]

4.5.3 融点のサイズ依存性の解釈

それでは，幾何的な閉殻構造を持つクラスターが，必ずしも高い**融点**を持たないのはなぜだろう．これまで見たように，潜熱 q とエントロピー差 Δs はほとんど同じサイズ依存性を持っている．q に対して Δs をプロットすると，すべてのデータが狭い帯の中に収まり，

$$\Delta s = aq \tag{4.22}$$
$$a = (47 \pm 5)k_B/\mathrm{eV} \tag{4.23}$$

となる．(4.20) からわかるように，$q/\Delta s$ がサイズに対して一定であれば，すべてのサイズのクラスターが同じ融点を持つことになる．実際には，a の小さな違いが，融点の違いとなって現れる．100量体から200量体の間では融点は $\pm 12\%$ 異なり，200量体から360量体では $\pm 6\%$ 異なる．q と Δs は物理的な要因に従って，サイズに対してそれぞれ大きく変化するが，それらから得られる融点 $(q/\Delta s)$ は結果として緩やかに変化していることになる．

これをより詳細に調べるために，次に述べる簡単なモデルを用いて，幾何的な閉殻構造となるサイズ前後のクラスターの**エントロピー**を求めることが

4.5 光解離による比熱測定 — ナトリウムクラスターイオン

できる．これによって求められた値は，実験から得られた値とかなり良く一致している．まず，固体状態にあるクラスターでは，原子配置によるエントロピーの生成を，簡単な**剛体球**モデルを使って見積もることができる．

ここで正20面体構造を持つ147量体を考える．その外側に

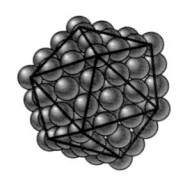

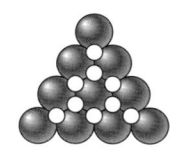

正20面体構造

図 4.19 ナトリウムクラスター Na_{147} の構造（左）とその1つの面を構成する原子配置（右）．白丸は148番目のナトリウム原子が付加することができるサイトを表す．

1つ原子が付加した148量体では，その1原子が付加するのに可能なサイトが180個ある（図4.19参照）．これは次のように計算される．正20面体の各面は1辺が4原子から成る正3角形でできており，1つの面に3原子から成るくぼみ（threefold hollow site）が9個存在する．そのため，クラスター全体では $9 \times 20 = 180$ 個となる．

147量体の外側に2原子が付加した149量体では，2つの可能性がある．第1の可能性は，結合の数を最大にするように，表面の2原子は組を作ってくぼみを占めようとする場合である．この構造では，各面に12通りの可能性があり，20面では240通りとなる．しかしこの場合，エントロピーは非常に小さく，実験結果とは一致しない．第2の可能性は，2原子が147量体表面上の180個のサイトの任意の2個に落ち着く場合である．この場合，2個の原子の取りうるサイトの組み合わせは $_{180}C_2 = 16110$ 通りである．原子の付加できるくぼみは1面に9個あるが，立体障害のため，隣り合ったくぼみには付加できないので，各面9通り，20面で180通りを差し引く必要がある．したがって，$16110 - 180 = 15930$ 通りである．

また，146量体を考えると，これは147量体の正20面体構造から表面原子を1つ取り除いたものである．表面原子は92個あるから，92通りの可能性

がある．さらに，145 量体では $_{92}C_2 = 4186$ 通りである．

これらを状態の数 W とすると，エントロピー S_{sol} とは次の**ボルツマンの関係式**で結び付けられる．

$$S_{sol} = k_B \ln W \tag{4.24}$$

ここで，k_B はボルツマン定数である．一方，液体状態にあるクラスターのエントロピー S_{liq} はあまりサイズに対して変化しないと考えられるため，ある一定値を仮定する．

このようにして求められた $\Delta s (= (S_{liq} - S_{sol})/n)$ が図 4.20 に示したものである．図 4.16 と図 4.20 を見比べると，計算結果と実験結果が良く一致していることがわかる．149 量体では，正 20 面体構造を取る 147 量体表面上における 2 つの原子は，任意の 2 つのサイトを占めることになる．このような表面を動き回る原子というのは融解の前触れとなる確かな兆候であり，この現象は多くのシミュレーションでも見つかっている．この**表面融解**における熱容量の増加は比較的小さいので，ここでの比熱曲線の測定では捉えられてはいない．しかし，実験で得られたナトリウムクラスターイオンのエントロピー変化は，このようなモデルを用いた計算によって，ほぼ再現されることが確かめられる．

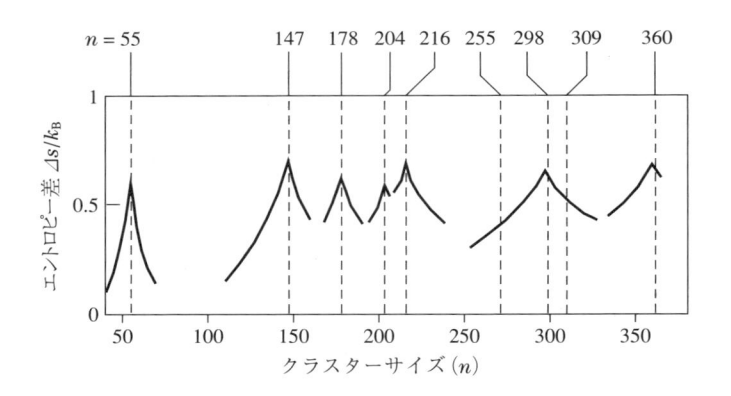

図 4.20 ナトリウムクラスターイオン Na_n^+ のエントロピー差の理論値[4]

309量体も幾何的に閉殻な正20面体構造をしている．そのサイズでは，なぜ q や Δs が極大値を取らないのだろうか．309量体の光電子スペクトルでは，融点以下の温度でも，比較的低い温度と高い温度とでスペクトルの形状が異なる．309量体は，低い温度では正20面体構造を取るが，高い温度ではもはや違う構造になっているためと推測される．これはサイズが大きくなるに従って，クラスターとして安定な正20面体構造と，例えばバルクで安定な体心立方構造との間でのエネルギー障壁が低くなっているために，体心立方構造になりやすくなっていると考えることもできる．サイズの増加とともに，体心立方構造が最安定構造になっていくと推測される．

4.6 温度によるクラスターの構造変化の観察 ― 金クラスター

クラスターは，サイズが小さいときには正20面体構造で代表されるような**5回転対称性**の構造を持っていても，サイズが大きくなり，バルクに近づいていくと，**並進対称性**を持つ幾何構造（例えば，面心立方構造や体心立方構造）へと移り変わるはずである．これを明らかにするために，温度とサイズによって金クラスターのそれぞれの構造の割合がどう変化するかを，高分解能の電子顕微鏡で観察する研究が行われた．

まず，ヘリウム気体中で金蒸気を凝集させて，直径3〜18 nmの金クラスターを生成する．この金クラスターを温度の定まったヘリウム気体中でヘリウム原子と多数回衝突させ，熱平衡に達するようにする．この温度をアニール[*]温度と呼ぶことにする．ここではアニール温度として1173〜1373 Kを用いている．その後，金クラスターを室温に冷却し，最終的には非晶質炭素膜上に付着させる．このようにして得られた金クラスターを，高分解能透過型**電子顕微鏡**で数千個以上観察し，統計分布を得るという実験が行われた．

---

[*] 焼きなましの意味．放冷前に ある程度の高い温度でしばらく加熱すること．

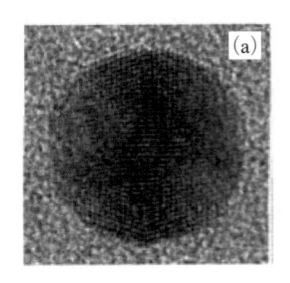

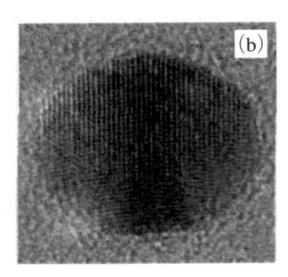

図 4.21 金クラスターの電子顕微鏡像(K. Koga, T. Ikeshoji and K. Sugawara：Phys. Rev. Lett. **92** (2004) 115507 より). (a) 正 20 面体構造, (b) 双 5 角錐柱構造.

電子顕微鏡による観察では，**電子線**を 200 keV の高エネルギーに加速して試料に照射し，透過してきた電子線を結像して観測し，2 Å 程度の原子分解能を得ている.

例えば，異なった構造を持つ金クラスターの像は図 4.21 のように観察され，これらの構造を容易に区別することができる. これを見てすぐに気が付くのは，(a) の**正 20 面体構造**は球形に近いが，(b) の**双 5 角錐柱構造**(図 4.22 参照)はミカンのように少しつぶれていることである.

それでは次に，それぞれの構造の割合が金クラスターの粒径（直径）とアニール温度でどのように変化するかを図 4.23 で見ていこう. なお，金クラスターの粒径と構成原子数との関係は図 4.24 のようになる. 粒径 5 nm では構成原子は約 3000 個，10 nm では約 20000 個，15 nm では約 60000 個である.

生成直後（アニール前）の金クラスターの大部分は正 20 面体構造をとっており，双 5 角錐柱構造は少数である. また，面

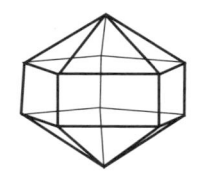

図 4.22 正 20 面体（左）と双 5 角錐柱（右）

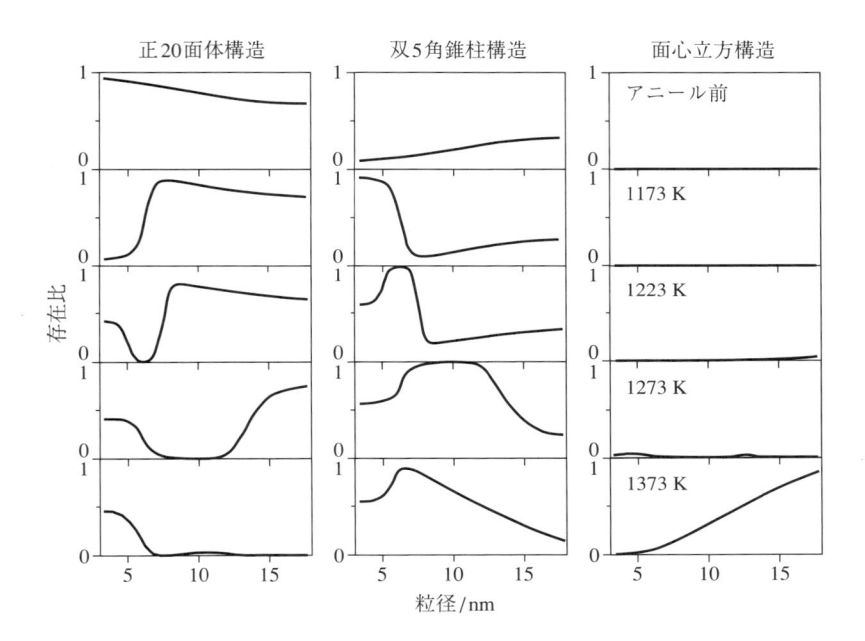

4.6 温度によるクラスターの構造変化の観察 — 金クラスター

図 4.23 金クラスターの各構造の存在比（K. Koga, T. Ikeshoji and K. Sugawara：Phys. Rev. Lett. **92**（2004）115507 より）．温度条件は上から順に，アニール前，アニール温度 1173 K, 1223 K, 1273 K, 1373 K.

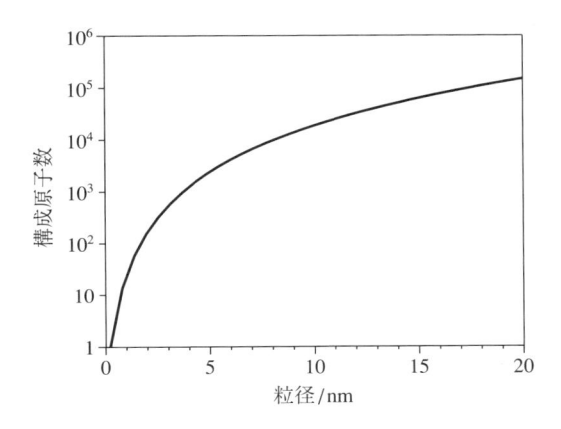

図 4.24 金クラスターの粒径と構成原子数

心立方構造は全く観測されない．双5角錐柱構造に比べてエネルギー的には不安定な正20面体構造がすべての粒径において大多数を占めているのは，まず小さな正20面体構造のクラスターが生成し，それが**成長核**となり表面にどんどん金原子を付着させて粒径が大きくなっていくためと考えられる．

アニール温度1173 Kでは，粒径6 nm以下の領域で双5角錐柱構造の金クラスターが大多数を占めるようになることがわかる．粒径6 nm以下の正20面体構造の金クラスターが，1173 Kで双5角錐柱構造に変化したのである．1223 Kでは，もう少し粒径の大きな金クラスターでも，正20面体構造から双5角錐柱構造への**構造転移**が起こるようになる．しかし，よく見てみると，粒径5 nm以下の領域では，正20面体構造の割合が1173 Kのときに比べて大きくなっているのである．

さらにアニール温度を1273 Kに上げると，粒径14 nm程度のクラスターでも正20面体構造から双5角錐柱構造へと転移することがわかる．一方，今度は粒径6 nm以下で両方の構造が共存するようになる．このアニール温度では，双5角錐柱構造の扁平性も解消されてくることが電子顕微鏡像からも確認されている．しかし，このアニール温度では，まだ面心立方構造への構造転移は起こっていない．

金の融点（1337.33 K）を超える1373 Kでは，金クラスターはいったん液体状態となり，その後，再びゆっくりと冷却されて凝固し，非晶質炭素膜に付着することになる．このアニール温度では，各構造の割合はいままでとは大きく異なっており，大きなクラスターで**面心立方構造**が多数観測されるようになっている．粒径が6 nmから18 nmまで大きくなるにつれて，面心立方構造の金クラスターの割合が徐々に増加し，これに対応して，双5角錐柱構造を持つ金クラスターの割合は徐々に減少するのである．粒径6 nm以下の領域では，やはり正20面体構造と双5角錐柱構造とが共存している．この共存状態が1273 Kから始まっていたことを考えると，この1273 Kで粒径6 nm以下の金クラスターは融解し，液体状態になっていたと推察される．

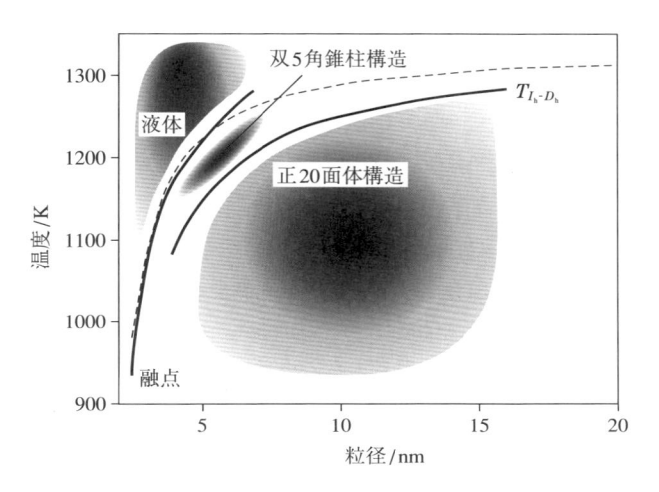

4.6 温度によるクラスターの構造変化の観察 ―金クラスター

図 4.25 金クラスターの粒径と相転移温度[5]

これはバルクの金の融点に比べて，約 60 K も低い温度である．同様に，粒径 5 nm 以下では，1223 K ですでに液体状態であったと考えられる．

正 20 面体構造から双 5 角錐柱構造への**転移温度** $T_{I_h\text{-}D_h}$ と，**融点** T_m を金クラスターの粒径に対してプロットすると，図 4.25 のようになる．ここで破線は，次項で説明する**液体殻模型**に基づく融点の理論曲線である．

4.6.1 液体殻模型

クラスター表面では，原子間の結合数が内部に比べて少ないので，より低い温度でクラスターの表面のみが まず液体化する．そのとき，クラスターの内部は固体のままである．これを図示すると，クラスターの融解は図 4.26 のように進行することになる．

このモデルでは，半径 r のクラスターの融点 T_m は以下の式で与えられる．

$$T_m = T_0 - \frac{2V_s T_0}{q}\left\{\frac{\sigma_{sl}}{r-d} + \frac{\sigma_l}{r}\left(1 - \frac{\rho_s}{\rho_l}\right)\right\} \quad (4.25)$$

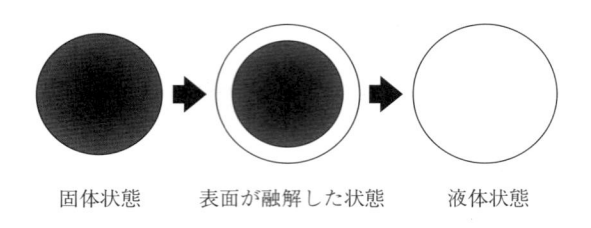

図 4.26　金クラスターの融解過程

ここで T_0 はバルクでの融点，V_s はクラスターの体積，q は融解の潜熱，σ_{sl} は固液界面張力，σ_l は液体の表面張力，d は液体部分の厚み，ρ_s, ρ_l はそれぞれ固体および液体の密度である．図 4.25 に示したように，実験的に求めた双 5 角錐柱構造の融点はこの理論曲線上に乗っていることがわかる．正 20 面体構造から双 5 角錐柱構造への転移温度は，この融点に比べて粒径 6 nm（4000 量体）では約 70 K 低く，粒径 14 nm（50000 量体）では約 30 K 低い温度である．

4.6.2　構造転移のメカニズム

双 5 角錐柱構造から面心立方構造への転移に際して，越えねばならない**エネルギー障壁**は比較的高く，その構造間の転移は液体状態を経由して進行することになる．図 4.23 からわかるように，アニール温度 1373 K では面心立方構造の割合が粒径とともに直線的に増加している．粒径が大きくなるに従って，面心立方構造と双 5 角錐柱構造との**自由エネルギー**差が減少し，粒径 12.5 nm 付近でほぼ等しくなり，これより粒径が大きいところでは面心立方構造のほうが自由エネルギーが小さく，安定になると考えられる．

次に，粒径 5 nm 以下の粒径の小さな金クラスターについて考えてみよう．アニール温度 1223 K 以上ではいったん液体状態となり，その後，凝固することになる．その際，正 20 面体構造と双 5 角錐柱構造との比がおおよそ 4：6 で生成する．対照的に，アニール温度 1173 K では液体状態を経由せず，双

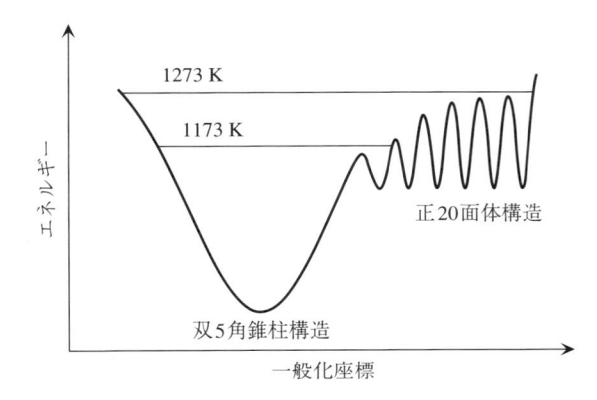

4.6 温度によるクラスターの構造変化の観察 —金クラスター

図 4.27 金クラスターのポテンシャルエネルギー曲線の概念図

5角錐柱構造がほぼ100%生成する．このような金クラスターの**ポテンシャルエネルギー曲線**は図4.27のようになっていると考えられる．液体状態にあるときには，金クラスターはさまざまな幾何構造を取ることが可能である．個々のクラスターは時間とともにさまざまな構造を順次転移していくことになる．実験結果から考えると，あるクラスターが正20面体構造を取っている時間と双5角錐柱構造を取っている時間との比はおおよそ4:6ということになり，この比が保たれて，クラスターが冷却され，非晶質炭素膜上に付着する．また分子動力学法を用いたシミュレーションでは，液体状態のクラスターの表面で5回回転対称性を持つ構造が生成し，それがクラスター全体へと広がっていく現象が報告されている．これは，面心立方構造ではなくて，正20面体構造または双5角錐柱構造が生成することを示しており，実験をよく再現している．

一方，正20面体構造はアニール温度1173Kのときには生成せず，双5角錐柱構造のみが生成する．この温度でも正20面体構造と双5角錐柱構造との間の構造転移は起こると考えられるが，個々のクラスターが双5角錐柱構造を取る時間がずっと長いため，圧倒的に双5角錐柱構造が多く生成することになる．

正20面体構造も双5角錐柱構造もともに5回回転対称性を持っており，この構造間の転移は1つのモデルとして図4.28のような**ねじれ機構**によって考えることができる．まず，正20面体構造は，上下2つの5角錐（灰色の部分）の間に10個の4面体が挟まった構造をしていると考えることができる．2つの5角錐が36°それぞれ逆方向へ回転するとともに4面体が変形することによって，双5角錐柱構造へと変化する．このような協調的な変形過程は，他の過程を経るよりも**エネルギー障壁**がずっと低いと推測される．

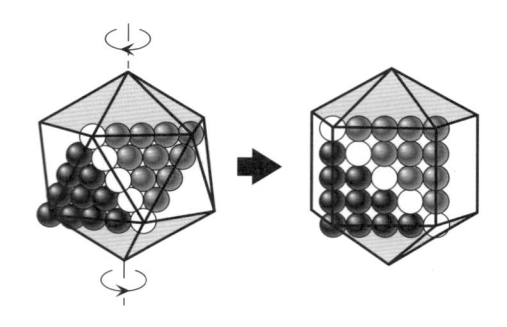

図 4.28 金クラスターのねじれ変形による構造転移[5]

参考文献

[1] J. Jellinek, T. L. Beck and R. S. Berry：J. Chem. Phys. **84**（1986）2783

[2] T. L. Beck, J. Jellinek and R. S. Berry：J. Chem. Phys. **87**（1987）545

[3] R. Kusche, Th. Hippler, M. Schmidt, B. von Issendorff and H. Haberland：Eur. Phys. J. D **9**（1999）1

[4] H. Haberland, Th. Hippler, J. Donges, O. Kostko, M. Schmidt and B. von Issendorff：Phys. Rev. Lett. **94**（2005）035701

[5] K. Koga, T. Ikeshoji and K. Sugawara：Phys. Rev. Lett. **92**（2004）115507

5 ダイナミクス
― 振動運動と衝突反応 ―

　この章では，まずクラスターの変形振動を抽出する計算手法を取り上げる．これはクラスターを，弾性を持つ一様な球体と見なして，その振動を抽出する手法である．また，このような振動が衝突反応によって励起されることを見ていく．さらに，クラスターと原子・分子との反応過程，固体表面への付着過程を研究する基礎として，これらの衝突過程を紹介することにする．

5.1 弾性球の振動

　これまで見てきたように，クラスターは，数個から数千個程度の原子から成る有限多体系であり，バルクとの比較からさまざまな特異性が認められる．例えば，アルゴンの結晶は面心立方構造を取っており，並進対称性を持っている．しかし，アルゴンクラスター Ar_n は5回回転対称軸を持つものが多く，$n = 13, 55$ では正20面体構造が最も安定な構造と考えられている．このようなクラスターに内部エネルギーを与えると，クラスターの構造が正20面体構造から別の構造へとエネルギー障壁を越えて構造変化することになる．またバルクでは，相転移が起こるときその温度は一定に保たれ，融点と凝固点は一致する．

　ところが有限多体系であるクラスターでは，相転移の間，必ずしも温度は

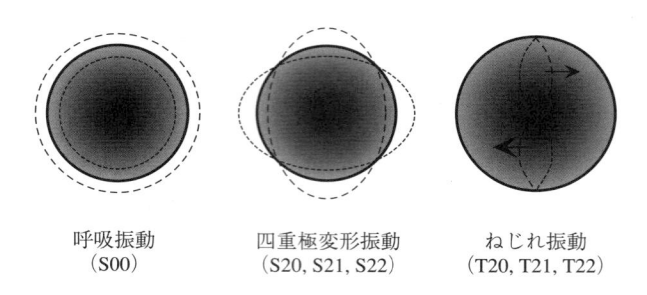

呼吸振動　　　　四重極変形振動　　　ねじれ振動
（S00）　　　　（S20, S21, S22）　　（T20, T21, T22）

図 5.1　弾性球の振動運動

一定ではない．こうした相転移領域のクラスターは，エネルギー極小値を持つ安定構造の間を次々と変形し，巡っていくと考えられる．このような過程においては，クラスター全体としての幾何構造の変化がどのようにして起こるのか，ということが重要な問題となってくる．それを解明するには，個々の原子の運動をクラスター全体の変形として巨視的に考えることが必要になってくる．すなわち，各構成原子の振動運動を重ね合わせて，クラスター全体の変形振動として考える視点が重要である．このようなクラスターの**全体振動**は，1個の弾性的な球体の振動として捉えることが可能である．このような**弾性球**の振動モデルは，地球という弾性球の振動モデルにも適用できる非常に一般的なモデルである．

それでは，まず弾性球の振動運動を見ていこう．弾性球の振動では，図5.1のような振動があることが知られている．ここで，極座標における**伸び縮み振動**（Snm；$n = 0, 1, 2, \cdots$；$m = 0, 1, 2, \cdots, n$）による各点の平衡位置からの変位（$\Delta r, \Delta\theta, \Delta\varphi$）は以下のように表される．

$$\Delta r = \left\{ -\frac{A}{h^2} \frac{d}{dr}\left(\frac{J_{n+\frac{1}{2}}(hr)}{r^{1/2}} \right) - \frac{Cn(n+1)}{k^2} \frac{J_{n+\frac{1}{2}}(kr)}{r^{3/2}} \right\} P_n^m(\cos\theta) \cos(m\varphi)\, e^{i\omega t}$$

(5.1)

5.1 弾性球の振動

$$\Delta\theta = \left\{-\frac{A}{h^2}\frac{J_{n+\frac{1}{2}}(hr)}{r^{3/2}} - \frac{C}{k^2}\frac{1}{r}\frac{d}{dr}(r^{1/2}J_{n+\frac{1}{2}}(kr))\right\}\frac{d}{d\theta}P_n^m(\cos\theta)\cos(m\varphi)\,e^{i\omega t} \tag{5.2}$$

$$\Delta\varphi = \left\{\frac{Am}{h^2}\frac{J_{n+\frac{1}{2}}(hr)}{r^{3/2}} + \frac{Cm}{k^2}\frac{1}{r}\frac{d}{dr}(r^{1/2}J_{n+\frac{1}{2}}(kr))\right\}\frac{P_n^m(\cos\theta)}{\sin\theta}\sin(m\varphi)\,e^{i\omega t} \tag{5.3}$$

ここで $J_{n+\frac{1}{2}}(hr)$ および $P_n^m(\cos\theta)$ は，それぞれ**ベッセル関数**および**ルジャンドル** (Legendre) **陪関数**を表している．参考として，ベッセル関数およびルジャンドル陪関数をいくつか例示すると以下のようになる．

$$J_{\frac{1}{2}}(x) = \sqrt{\frac{2}{\pi x}}\sin x \tag{5.4}$$

$$J_{\frac{3}{2}}(x) = \sqrt{\frac{2}{\pi x}}\left(\frac{\sin x}{x} - \cos x\right) \tag{5.5}$$

$$J_{\frac{5}{2}}(x) = \sqrt{\frac{2}{\pi x}}\left\{\left(\frac{3}{x^2} - 1\right)\sin x - \frac{3}{x}\cos x\right\} \tag{5.6}$$

$$P_0^0(\cos\theta) = P_0(\cos\theta) = 1 \tag{5.7}$$

$$P_1^0(\cos\theta) = P_1(\cos\theta) = \cos\theta \tag{5.8}$$

$$P_1^1(\cos\theta) = \sin\theta \tag{5.9}$$

$$P_2^0(\cos\theta) = P_2(\cos\theta) = \frac{1}{4}(3\cos 2\theta + 1) \tag{5.10}$$

$$P_2^1(\cos\theta) = \frac{3}{2}\sin 2\theta \tag{5.11}$$

$$P_2^2(\cos\theta) = \frac{3}{2}(1 - \cos 2\theta) \tag{5.12}$$

なお，(5.1) 〜 (5.3) における A, C は，弾性球の表面が振動の自由端であるという境界条件から定まる定数である．また，h, k, ω はそれぞれ縦波の波数，横波の波数，角振動数であり，振動数 f と次のように結び付けられる．

$$h = \frac{\omega}{c_{\text{p}}} \tag{5.13}$$

$$k = \frac{\omega}{c_{\text{s}}} \tag{5.14}$$

$$\omega = 2\pi f \tag{5.15}$$

ここで c_{p}, c_{s} は縦波および横波の速さを表す．例えば，S00* では $\Delta\theta = \Delta\varphi = 0$ となり，Δr のみがある値を持ち，膨張と収縮を繰り返す**呼吸振動**となっている．

また，**ねじれ振動**（Tnm）による各点の平衡位置からの変位（$\Delta r, \Delta\theta, \Delta\varphi$）は以下のように表される．

$$\Delta r = 0 \tag{5.16}$$

$$\Delta\theta = \frac{Bm}{n(n+1)} \frac{J_{n+\frac{1}{2}}(kr)}{r^{1/2}} \frac{P_n^m(\cos\theta)}{\sin\theta} \cos(m\varphi)\, e^{i\omega t} \tag{5.17}$$

$$\Delta\varphi = -\frac{B}{n(n+1)} \frac{J_{n+\frac{1}{2}}(kr)}{r^{1/2}} \frac{d}{d\theta} P_n^m(\cos\theta) \sin(m\varphi)\, e^{i\omega t} \tag{5.18}$$

ここで B は，弾性球の表面が振動の自由端であるという境界条件から定まる定数である．これらの式から，クラスターを弾性球と見なした場合の振動モードがわかったことになる．

5.2 球形クラスターの全体振動

分子動力学法を用いて，クラスターを構成する各原子の各時刻での速度ベクトルを求め，これと各振動モードの変位ベクトル（$\Delta r, \Delta\theta, \Delta\varphi$）との内積を取ることによって，それぞれの振動モード成分を抽出し，各伸び縮み振動，各ねじれ振動を抜き出すことが可能である．このようにして振動を解析し，

---

* 伸び縮み振動 Snm における $(n, m) = (0, 0)$ での状態を表す．以下 S20, S21, S22 もこの表記法にならっている

5.2 球形クラスターの全体振動

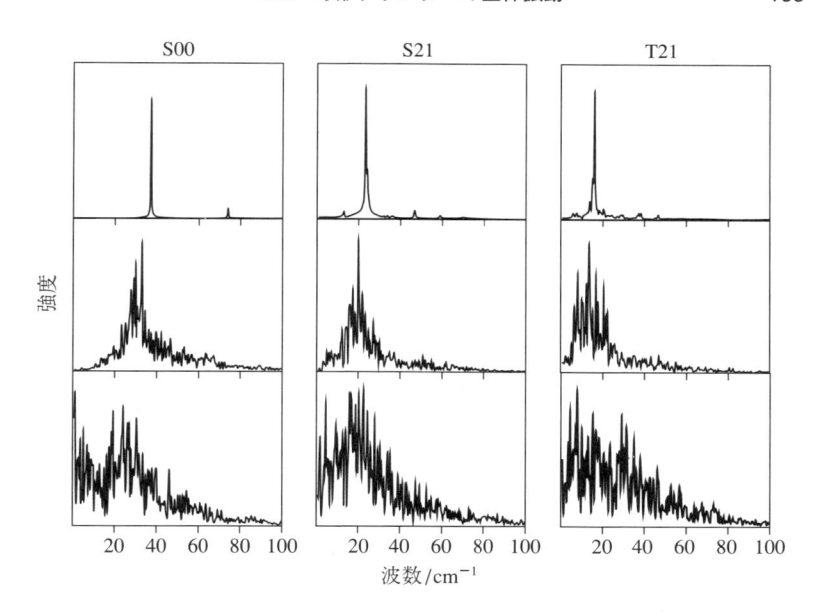

図 5.2 アルゴンクラスター Ar$_{13}$ の振動スペクトル．励起エネルギーは上から順に 11 meV，106 meV，159 meV．

抽出した Ar$_{13}$ における S00，S21，T21 の**振動スペクトル**は図 5.2 のようになる．

Ar$_{13}$ は**正 20 面体構造**が最安定構造であり，エネルギーを与えることによって，正 20 面体構造からのずれが生じ，最安定構造の周りで振動する．内部エネルギーが 11 meV と低い場合は振動スペクトルは非常に鋭いピークを持ち，それぞれのピークの波数は 37，24，16 cm^{-1} である．通常の分子振動の波数に比べて非常に低い波数であり，**遠赤外**領域の振動である．それぞれの振動スペクトルが単一の鋭いピークを持つことは，これらの振動モード同士がそれぞれよく分離されていることを示している．

実際に，Ar$_{13}$ の**基準振動**解析を行うと，33 個の振動モードが得られる．ここで基準振動解析とは，クラスターを構成する原子同士がバネでつながれている**調和振動子**と考えて，その連成振動の運動方程式を解析的に解いて振動

数を求める手法である．n 個の原子の系では $(3n-6)$ 個の振動の自由度があり，$(3n-6)$ 個の独立な振動（基準振動）が得られ，任意の振動が基準振動の重ね合わせとして記述できる．

Ar_{13} の基準振動を対称性による縮退を考慮し整理すると，いくつかの振動に分類される．呼吸振動（S00）の波数は 37.35 cm^{-1}，S21 に相当する伸び縮み振動の波数は 23.47 cm^{-1}，T21 に相当するねじれ振動の波数は 16.18 cm^{-1} であり，弾性球近似によって得られる振動波数とほとんど同じ値が得られる．弾性球近似によって，Ar_{13} の特定の形状変化を伴う振動のみを抽出できていることがわかる．

Ar_{13} に与える励起エネルギーを上げていくと，いくつかの細かいピークが広い波数範囲に現れてくる．これらの細かいピークの集団は，1 つの幅の広いピークを形成する．このピークの集団は，励起エネルギーの増加に伴って低波数側へシフトするとともに，幅が広がっていく．振動の**非調和性*** から生じるこの波数低下と幅の広がりは，弾性球の振動モードがもはや 1 つの基準振動モードでは表現することが不可能になり，Ar_{13} の全体振動に直接関係していることを示している．

励起エネルギーが 106 meV の場合も，これらの振動スペクトルのピークの幅は比較的狭く，それぞれの振動モードは，よく分離されているように見える．実際に，ピーク幅は 5 ～ 10 cm^{-1} であり，振動はよく分離されている．そのため，Ar_{13} の全体振動の基底として使うことができる．このピークは，基準振動から大きくシフトした波数に強度の最大値があり，S00 は 30 cm^{-1}，S21 は 20 cm^{-1}，T21 は 14 cm^{-1} である．

4.2 節で見たように Ar_{13} は，励起エネルギーが 11 meV のときには**固体**状態にあり，一方，106 meV のときには**固液共存**の領域にある．固液共存領域にある場合には，固体状態にある場合に比べて，各振動スペクトルのピーク

---

* 平衡点からの変位の 2 乗に比例するポテンシャルが調和ポテンシャルであり，この調和ポテンシャルからのずれが非調和性である．

幅が格段に広くなっていることがわかる．しかし，この状態でもスペクトルにはピークがはっきりと現れている．励起エネルギーが 159 meV の場合，Ar_{13} は **液体** 状態になる．このときには横波である T21 ではピークは崩れ，クラスターの中で原子の「流れ」が生じ，5 cm^{-1} 以下の低波数成分が増加する．S00 と S21 は縦波に由来する振動であるので，液体状態でもまだ比較的ピーク形状を保っている．

正 20 面体構造を持つ Ar_{55} に対して，同様にこの弾性球近似を適用すると，各々の振動波数が，S00 は 27 cm^{-1}，S21 は 16 cm^{-1}，T21 は 12 cm^{-1} と求められる．これらの値は Ar_{13} の振動波数に比べて，かなり低いものになっている．これは，パイプオルガンなどでパイプの長さが長くなるほど波長が長く，振動数の低い音がするようになることと似ている．クラスターの直径が大きくなることによって，長い波長の波が立つようになり，低振動数（長周期）の振動が起こりうるようになるからである．これらのクラスターの振動の周期は 1 ps($= 10^{-12}$ s) 程度であるが，地球は同様の振動を数十分の周期で行っている．

5.3　非球形クラスターの全体振動

次に，構造の対称性の低い Ar_{30} の振動を見てみよう．図 5.3 は，Ar_{30} の 5 つの **異性体** の S00 振動スペクトルを表している．A から順に球形からのずれが大きくなるように並べてある．いずれの異性体も 30 cm^{-1} 付近に大きなピークが現れている．また球形からのずれが大きくなるに従って，5 ～ 20 cm^{-1} の領域の強度が上がる傾向にあることが見て取れる．これは S00 スペクトルに，他の振動成分が混ざってくるためと考えられる．実際に，構造 A の S21 振動スペクトルを調べると，18 cm^{-1} を中心として広いピークを示す．

一方，T21 の振動スペクトルでは，最も強いピークは 11 cm^{-1} にある．T22 の振動スペクトルでは，最も強いピークは 8 cm^{-1} であり，T21 の振動波

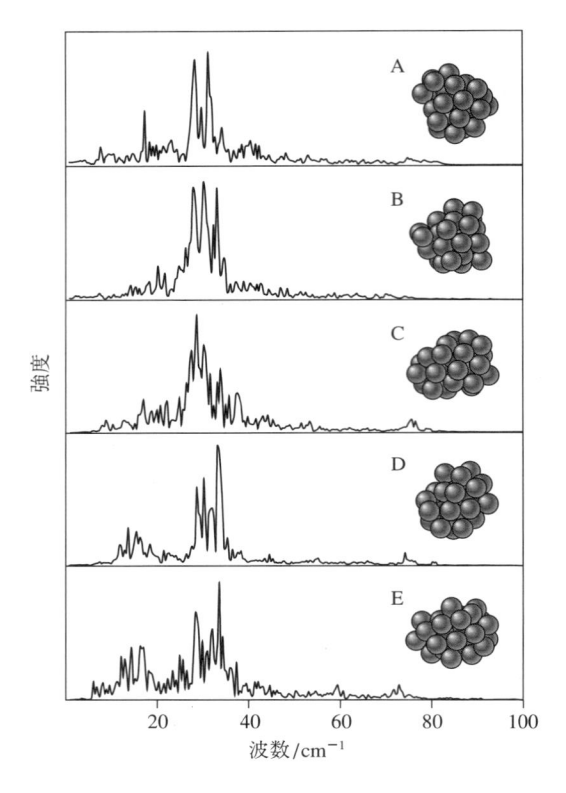

図 5.3 アルゴンクラスター Ar_{30} の異性体と S00 振動スペクトル. 励起エネルギーは 18 meV.

数とは異なっている. T2m の振動は x 軸, y 軸, z 軸をそれぞれねじれの回転軸としたねじれ振動であり, 球形であればこれらは同じ波数を持つ. しかしながら, Ar_{30} は球形からずれた異方的な構造をしているため, それぞれ異なる波数で振動することになる. また, この結果から T21 と T22 とが互いによく分離されているということもわかる. S00 は 27～35 cm^{-1} に, S20～S22 は 15～22 cm^{-1}, T21～T22 は 7～12 cm^{-1} に現れており, Ar_{13} や Ar_{55} に比べて異方的な Ar_{30} においても, これらの振動はよく分離されている.

Ar_{30} において, さまざまな励起エネルギーで S00 振動スペクトルを求め (図 5.4 参照), 基準振動と比較してみよう. 励起エネルギーが 0.06 meV の場合には, 数本の鋭いピークが観測される. それぞれのピーク幅は, Ar_{13} の

5.3 非球形クラスターの全体振動

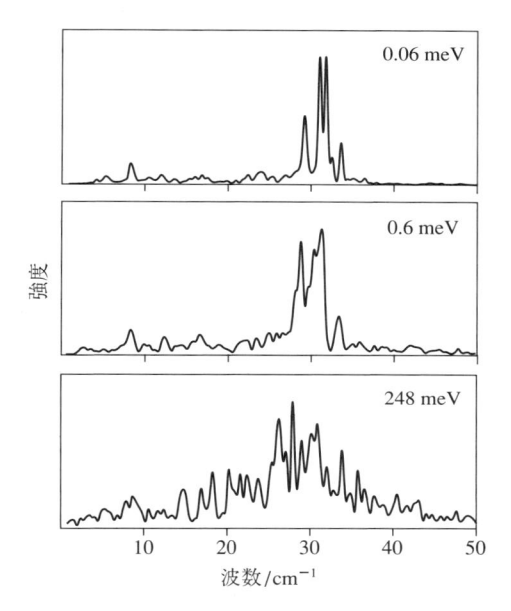

図 5.4 アルゴンクラスター Ar_{30}（図 5.3 における異性体 B）の S00 振動スペクトル．励起エネルギーは上から順に 0.06 meV，0.6 meV，248 meV．

8.9 meV 励起のスペクトルに現れるピーク幅と同程度であり，それぞれのピークが Ar_{30} の基準振動に対応している．Ar_{13} の場合と同様に，励起エネルギーを上げるに従って，細かいピークが広い波数範囲に多数現れ，足し合わされて大きなピークを形成する．形成されるピークの幅はそれぞれ励起エネルギーが 0.06 meV で 3 cm^{-1}，0.6 meV で 4 cm^{-1}，22 meV で 5 cm^{-1}，248 meV で 10 cm^{-1} である．このようなスペクトル幅の変化は，より大きな励起エネルギーが導入されるほど，より多くの基準振動を S00 が含むようになり，Ar_{30} の集団的な呼吸振動となることを示唆している．同様の現象は，S20 〜 S22，T21 〜 T22 においても観測される．

弾性球近似を用いることによって，Ar_{13} や Ar_{55} のような球形に近いクラスターではもちろん，また Ar_{30} のような球形からは少しはずれたクラスターにおいても，クラスターの変形を生じさせる全体振動を容易に抽出することが可能である．これらの振動は，低い内部エネルギーのときには基準振動に

一致する．また，比較的内部エネルギーが高く，非調和性が大きく，基準振動解析では手に負えなくなる状態でも，弾性球近似を用いてクラスターの全体振動を解析することが可能である．

このような手法は，"緩く"結合をしているクラスターにこそふさわしい振動解析方法といえるであろう．

5.4 クラスターの全体振動の実験的観測

ここでは，このようなクラスターの**全体振動**を実験的に観測した例を紹介する．実験は図5.5に示すような**交差分子線法**を用いて行われた．小孔から試料気体を噴出し，アルゴンクラスターから成るビームとヘリウム原子から成るビームを作り，これらのビームを直角に交差させる．**散乱**されて出てくる原子（あるいはクラスター）の角度分布を検出するために，検出器の位置とビーム系との角度を相対的に回転させることができるようになっている．また，**衝突**領域から検出器まで散乱原子が到達するのに要する時間を測定することによって，速度分布を測定することも可能である．

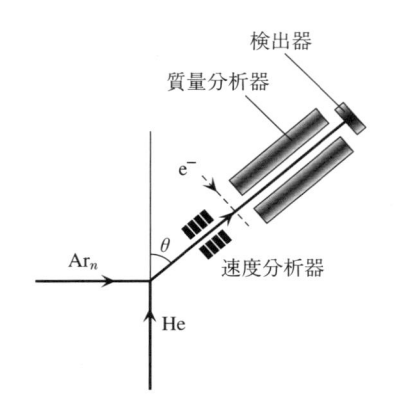

図 5.5 交差分子線装置の概略[2]

5.4.1 実験室系と重心系

観測者から見た系である**実験室系**では，アルゴンクラスターとヘリウム原子とを合わせた全系の重心は一定の速度 v_cm で移動し，両者の衝突後も変化しない．実験室系での衝突前のアルゴンクラスターの速度を v_1，ヘリウム原子の速度を v_2 とすると，重心の速度は以下のようになる．

$$v_\mathrm{cm} = \frac{m_1 v_1 + m_2 v_2}{m_1 + m_2} \tag{5.19}$$

ここで m_1, m_2 はそれぞれアルゴンクラスター，ヘリウム原子の質量である．

重心から見た系である**重心系**での衝突前におけるアルゴンクラスターの速度 w_1，ヘリウム原子の速度 w_2 はそれぞれ以下のようになる．

$$w_1 = v_1 - v_\mathrm{cm} = \frac{m_2}{m_1 + m_2}(v_1 - v_2) \tag{5.20}$$

$$w_2 = v_2 - v_\mathrm{cm} = \frac{m_1}{m_1 + m_2}(v_2 - v_1) \tag{5.21}$$

また，実験室系での衝突後のヘリウム原子の速度を v'_2 とすると，重心系での速度 w'_2 は以下のようになる．

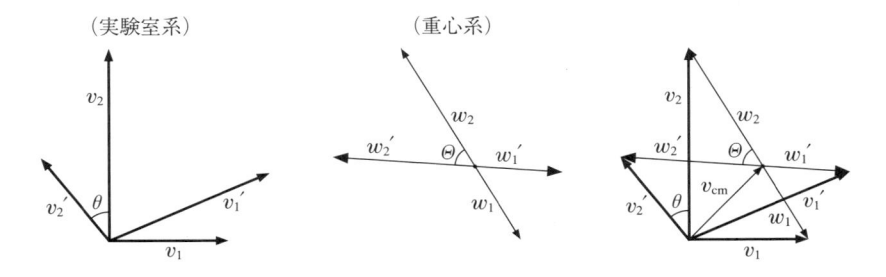

$$w'_2 = v'_2 - v_\mathrm{cm} \tag{5.22}$$

図 5.6 実験室系と重心系における速度ベクトルの関係（ニュートンダイアグラム）．v_1' および w_1' はそれぞれ，衝突後のアルゴンクラスターとヘリウム原子の速さを表す．

実験室系でのヘリウム原子の**散乱角** θ および重心系でのヘリウム原子の散乱角 Θ は，それぞれ次の式によって与えられることになる．

$$\cos\theta = \frac{\boldsymbol{v}_2 \cdot \boldsymbol{v}'_2}{|\boldsymbol{v}_2||\boldsymbol{v}'_2|} \tag{5.23}$$

$$\cos\Theta = \frac{\boldsymbol{w}_2 \cdot \boldsymbol{w}'_2}{|\boldsymbol{w}_2||\boldsymbol{w}'_2|} \tag{5.24}$$

これらの関係を図示すると図5.6のようになる．このような図は**ニュートンダイアグラム**と呼ばれる．ここではヘリウム原子に比べてアルゴンクラスターは十分に重いので，全体の重心はアルゴンクラスターの重心とほぼ一致することになる．

5.4.2 衝突のニュートン力学

質量 m_1 の粒子と質量 m_2 の粒子の衝突をさらに詳しく考えてみよう．重心系での速度をそれぞれ $\boldsymbol{w}_1$, $\boldsymbol{w}_2$ とすると，(5.20)，(5.21)を用いて全運動エネルギー T は次のようになる．

$$\begin{aligned}
T &= \frac{1}{2}m_1|\boldsymbol{w}_1|^2 + \frac{1}{2}m_2|\boldsymbol{w}_2|^2 \\
&= \frac{1}{2}m_1\left(\frac{m_2}{m_1+m_2}\right)^2|\boldsymbol{v}_1-\boldsymbol{v}_2|^2 + \frac{1}{2}m_2\left(\frac{m_1}{m_1+m_2}\right)^2|\boldsymbol{v}_2-\boldsymbol{v}_1|^2 \\
&= \frac{1}{2}\frac{m_1 m_2}{m_1+m_2}|\boldsymbol{v}_1-\boldsymbol{v}_2|^2 \\
&= \frac{1}{2}\mu|\boldsymbol{v}|^2
\end{aligned} \tag{5.25}$$

これは**衝突エネルギー**と呼ばれるエネルギーである．ここで $\mu = m_1 m_2/(m_1+m_2)$ は**換算質量**であり，$\boldsymbol{v} = \boldsymbol{v}_1 - \boldsymbol{v}_2$ は**相対速度**である．

次に，この運動エネルギーを極座標で表示することを考えよう（図5.7参照）．運動エネルギーは次のように表されることになる．

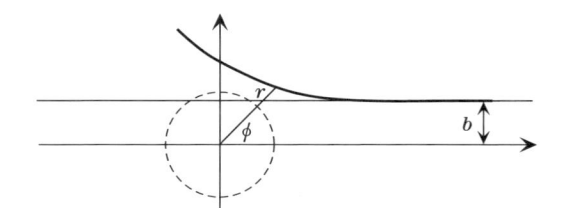

5.4 クラスターの全体振動の実験的観測

図 5.7 衝突過程における粒子の軌跡の極座標表示

$$T = \frac{1}{2}\mu|\boldsymbol{v}|^2$$

$$= \frac{1}{2}\mu\left\{\left(\frac{dx}{dt}\right)^2 + \left(\frac{dy}{dt}\right)^2\right\}$$

$$= \frac{1}{2}\mu\left[\left\{\frac{d}{dt}(r\cos\phi)\right\}^2 + \left\{\frac{d}{dt}(r\sin\phi)\right\}^2\right]$$

$$= \frac{1}{2}\mu\left[\left\{\left(\frac{dr}{dt}\right)\cos\phi - r\left(\frac{d\phi}{dt}\right)\sin\phi\right\}^2 + \left\{\left(\frac{dr}{dt}\right)\sin\phi + r\left(\frac{d\phi}{dt}\right)\cos\phi\right\}^2\right]$$

$$= \frac{1}{2}\mu\left\{\left(\frac{dr}{dt}\right)^2\cos^2\phi + r^2\left(\frac{d\phi}{dt}\right)^2\sin^2\phi + \left(\frac{dr}{dt}\right)^2\sin^2\phi + r^2\left(\frac{d\phi}{dt}\right)^2\cos^2\phi\right\}$$

$$= \frac{1}{2}\mu\left\{\left(\frac{dr}{dt}\right)^2 + r^2\left(\frac{d\phi}{dt}\right)^2\right\} \tag{5.26}$$

次に，角運動量について考えてみよう．原点の周りでの角運動量 L は次のように表される．

$$L = \mu r\left(r\frac{d\phi}{dt}\right) = \mu r^2\left(\frac{d\phi}{dt}\right) \tag{5.27}$$

相対速度で考えたときの初速度の延長線と原点との距離を b とすると，これを**衝突径数**と呼び，角運動量の保存から以下の関係が成り立つ．

$$L = \mu r^2\left(\frac{d\phi}{dt}\right) = \mu v b \tag{5.28}$$

したがって，

$$\frac{d\phi}{dt} = \frac{bv}{r^2} \tag{5.29}$$

この関係を (5.26) に用いることによって，運動エネルギー T は次のように表されることになる．

$$\begin{aligned}
T &= \frac{1}{2}\mu\left[\left(\frac{dr}{dt}\right)^2 + \frac{b^2v^2}{r^2}\right] \\
&= \frac{1}{2}\mu\left(\frac{dr}{dt}\right)^2 + \frac{1}{2}\mu v^2\left(\frac{b^2}{r^2}\right)
\end{aligned} \tag{5.30}$$

ここで右辺第 2 項は**遠心エネルギー**と呼ばれる．

2 つの粒子の間の相互作用を表すポテンシャルを $V(r)$ とすると，全エネルギー E_{tot} は以下のようになる．

$$\begin{aligned}
E_{\text{tot}} &= T + V(r) \\
&= \frac{1}{2}\mu\left(\frac{dr}{dt}\right)^2 + \frac{1}{2}\mu v^2\left(\frac{b^2}{r^2}\right) + V(r) \\
&= \frac{1}{2}\mu\left(\frac{dr}{dt}\right)^2 + V_{\text{eff}}(r)
\end{aligned} \tag{5.31}$$

$$V_{\text{eff}}(r) = \frac{1}{2}\mu v^2\left(\frac{b^2}{r^2}\right) + V(r) \tag{5.32}$$

ここで $V_{\text{eff}}(r)$ は**有効ポテンシャル**と呼ばれ，(5.31) からわかるように，これを用いると，質量 m_1 の粒子と質量 m_2 の粒子との衝突は質量 μ の粒子の $V_{\text{eff}}(r)$ に対する 1 次元の運動と見なすことができる．また，衝突径数が 0 の衝突を**直衝突**，衝突径数が粒子の半径の和程度の衝突を**かすり衝突**と呼ぶことがある．

5.4.3 アルゴンクラスターの振動励起

では実験の話に戻ってみよう．ここでは，アルゴンクラスターにヘリウム原子を衝突させ，散乱されるヘリウム原子の**エネルギー損失**の測定を行って

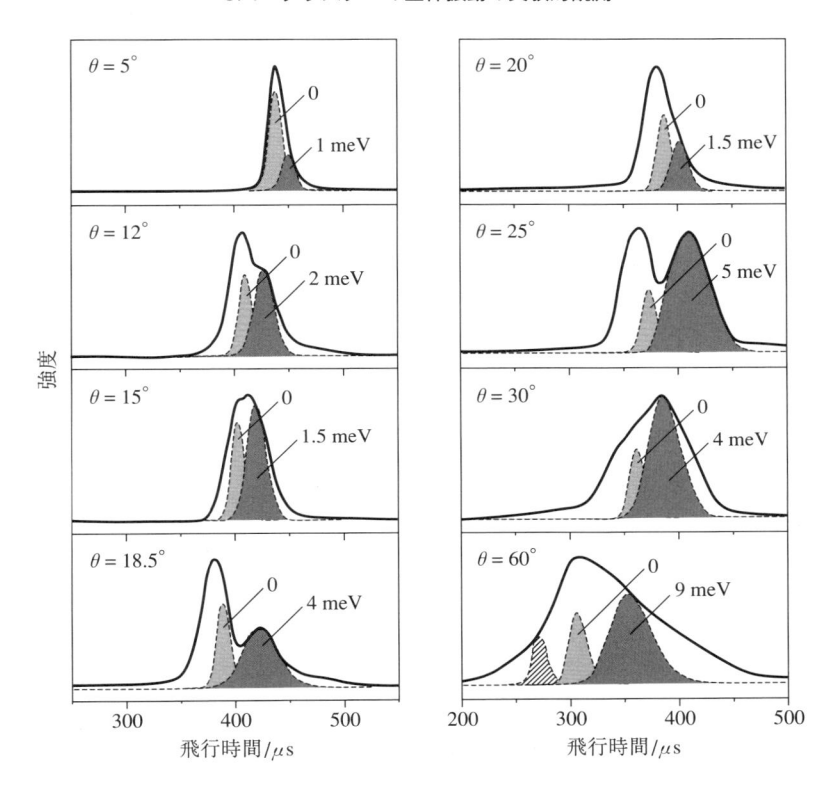

5.4 クラスターの全体振動の実験的観測　　　　　　　　　143

図 5.8 アルゴンクラスター Ar_{73} との衝突後のヘリウム原子の飛行時間スペクトル（U. Buck, R. Krohne and P. Lohbrandt：J. Chem. Phys. **106**（1997）3205 より）

いる．エネルギー保存則によってヘリウム原子の失ったエネルギーはアルゴンクラスターの励起エネルギーになり，ここでは主としてアルゴンクラスターの振動が励起される．このため，ヘリウム原子が失ったエネルギーの統計分布は，アルゴンクラスターの**振動スペクトル**を表すことになる．まず，**飛行時間分析法**によって測定された，散乱ヘリウム原子の並進エネルギー分布（**飛行時間スペクトル**）は図5.8のようになる．横軸は検出器までの飛行時間 t を表しており，並進エネルギー E_{tra} とは次式のような関係になる．

$$E_{\text{tra}} = \frac{1}{2} m \left(\frac{l}{t}\right)^2 \tag{5.33}$$

ここで，m はヘリウム原子の質量，l は検出器までの距離を表している．

図 5.8 は平均クラスターサイズ $\bar{n} = 73$ のアルゴンクラスターによって散乱された，ヘリウム原子のエネルギー損失である．**非弾性散乱**により，並進エネルギーの減少したヘリウム原子ほど飛行時間が掛かることになる．散乱角の変化に対して，エネルギー損失量が必ずしも一様には変化していないという特徴が見られる．

散乱角が小さいほうから順を追って見ていくと，まず，実験室系での散乱角 $\theta = 5°$ の場合では，ヘリウム原子が並進エネルギーを失わない**弾性散乱**が支配的である．また，散乱角が 5° と小さく，ヘリウム原子の進行方向がそれほど変化していないことから，衝突径数の大きい"かすり衝突"が起こっていると考えられる．この場合，クラスターの振動はほとんど励起されない．非弾性散乱は弾性散乱の 1/3 程度の割合で起こっていることがわかるが，そのエネルギー損失 ΔE は 1 meV 程度である．

しかし，散乱角 $\theta = 12°$ になると状況が大きく変わってくる．弾性散乱と同程度の割合で非弾性散乱が起こるようになっている．このとき，エネルギー損失 ΔE は 2 meV を中心として分布していることがわかる．次に散乱角 $\theta = 15°$ では，やはり弾性散乱と同程度の頻度で非弾性散乱が観測されるが，エネルギー損失 ΔE の分布の中心は 1.5 meV であり，散乱角 12° の場合に比べて少し小さくなっている．

散乱角 $\theta = 18.5°$ では，弾性散乱の分布と非弾性散乱の分布とが明瞭に分かれてくる．この散乱角ではエネルギー損失が特徴的に大きくなり，エネルギー損失の分布は 4 meV を中心として分布している．散乱角 $\theta = 20°$ では，エネルギー損失分布は再び散乱角 15° のときのようになっている．すなわち，18.5° のときに見られた 4 meV の非弾性散乱の分布が消失し，エネルギー損失は再び 1.5 meV を中心に分布するようになっている．散乱角 $\theta = 25°$

になると非弾性散乱の割合が弾性散乱よりもだいぶ大きくなっている．しかもこのときエネルギー損失も 5 meV と大きくなり，分布も広くなっている．散乱角 $\theta = 30°$ では非弾性散乱によるエネルギー損失の分布の中心が 4 meV に低下してはいるが，散乱角 25° のときと現象的には大きな違いはない．

一方，散乱角 $\theta = 60°$ になるとそれまでとは状況が大きく異なってくる．エネルギー損失が 9 meV を超えるようになり，大きいところでは 16 meV 程度にもなっている．これについては 5.4.4 項で詳しく見ていこう．また，この場合には弾性散乱によるピークよりも飛行時間の短いところにピークが現れている（図中斜線）．これはヘリウム原子が，クラスターとの衝突により 10 meV 程度のエネルギーを獲得していることを表している．このような衝突では，ヘリウム原子が衝突によりエネルギーを獲得した分，クラスターは衝突によりエネルギーを失い，冷却されていることになる．

この Ar_{73} によるヘリウム原子の散乱の結果を整理すると次のようになる．まず，散乱角 $\theta = 12°$ 以下の散乱の場合は，エネルギー損失量は少なく，散乱角 $\theta = 18 \sim 30°$ の領域では，非弾性散乱によるエネルギー損失量が大きいため，非弾性散乱の分布と弾性散乱の分布とが比較的分離して見えるようになってくる．また，散乱角によるエネルギー損失分布の変化は単調な変化ではなくて，ある角度で特にエネルギー損失が大きくなるようなことも観測される．

5.4.4 エネルギー損失スペクトル

この実験室系での飛行時間スペクトルから，非弾性散乱に由来する成分のみを抽出し，重心系でのエネルギー損失スペクトルに変換すると図 5.9 のようになる．アルゴン 73 量体では，$\Theta = 5 \sim 12°$ の比較的小さな散乱角の場合には 1 〜 2 meV 付近にエネルギー損失量のピークが見られる．散乱角 $\Theta = 18.5 \sim 30°$ の場合には，より大きなエネルギー損失が起こることになる．ピークは 4 〜 5 meV にあり，分布は 8 meV 付近まで広がっている．$\Theta =$

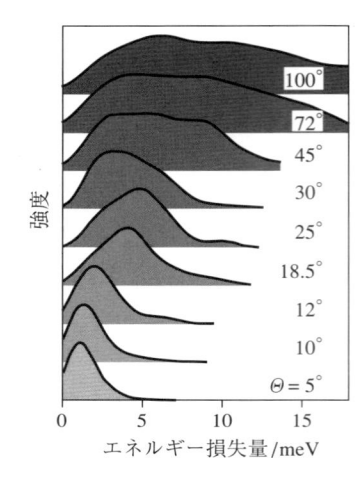

146　　　5. ダイナミクス ― 振動運動と衝突反応 ―

図 5.9 アルゴンクラスター Ar$_{73}$ との衝突によるヘリウム原子のエネルギー損失スペクトル[3]

45〜100°の比較的大きな散乱角の場合は，エネルギー損失は 8 meV を超え，16 meV まで広がるようになる．このエネルギー損失量 ΔE の分布関数 $P(\Delta E)$ を用いて，平均エネルギー損失 $\overline{\Delta E}$ を次式のように定義する．

$$\overline{\Delta E} = \int \Delta E \, P(\Delta E) \, d(\Delta E) \tag{5.34}$$

このようにして得られた，73量体に関する散乱角 Θ と $\overline{\Delta E}$ との関係は図 5.10 のようになる．散乱角とともにエネルギー損失量が大きくなる傾向にあることがわかる．散乱角が小さい場合というのは，衝突径数の大きい（クラスターの半径くらい），かすり衝

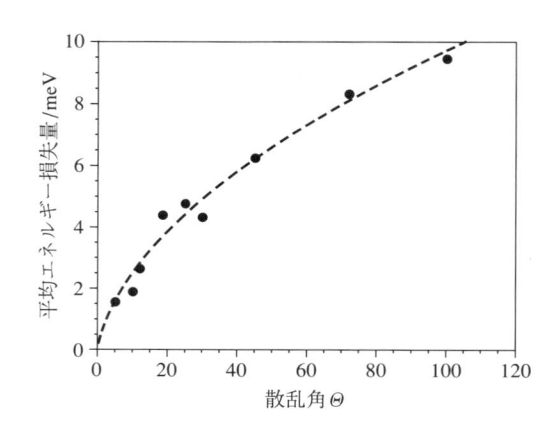

図 5.10 アルゴンクラスター Ar$_{73}$ との衝突によるヘリウム原子の平均エネルギー損失量[3]

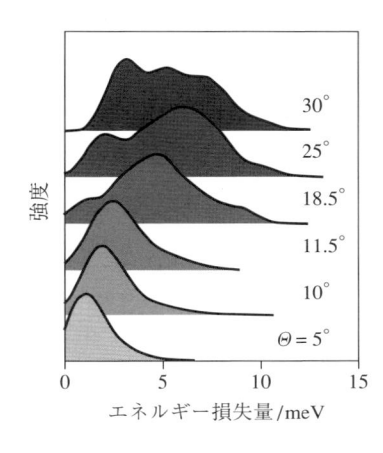

5.4 クラスターの全体振動の実験的観測   147

図 5.11 アルゴンクラスター Ar$_{38}$ との衝突によるヘリウム原子のエネルギー損失スペクトル[3]

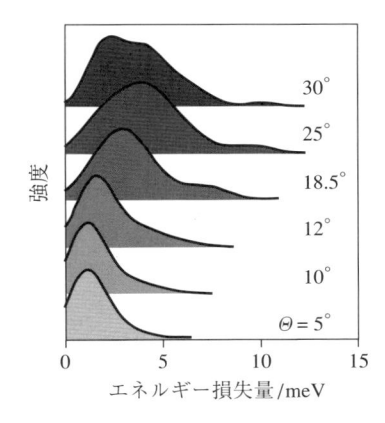

図 5.12 アルゴンクラスター Ar$_{482}$ との衝突によるヘリウム原子のエネルギー損失スペクトル[3]

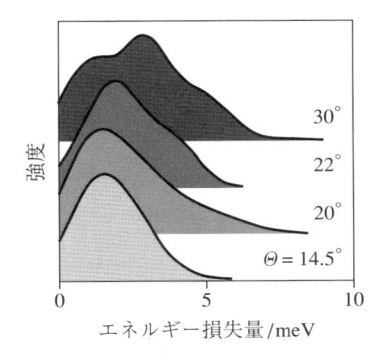

図 5.13 アルゴンクラスター Ar$_{4600}$ との衝突によるヘリウム原子のエネルギー損失スペクトル[3]

突が起こっている場合と考えられる．そのため，ヘリウム原子のエネルギー損失量も小さく，衝突によるクラスターの励起エネルギーも小さい．このエネルギーは 2 meV 程度であり，波数に換算すると 16 cm^{-1} である．これはクラスターの**全体振動**を励起するにはちょうどよいエネルギーである．73 量体程度のアルゴンクラスターは，この波数（16 cm^{-1}）に全体振動を持っていると推測される．ヘリウム原子との衝突によって，クラスターの**伸び縮み振動**が励起されているのであろう．

散乱角 25° 付近の領域では，非弾性散乱が弾性散乱と同程度の割合で起こるようになり，比較的容易に振動励起されることがうかがえる．励起エネルギーは 4 meV であり，これは 32 cm^{-1} の振動を励起していることに相当する．散乱角が 30° より大きい場合には，8 meV を超えるエネルギー損失が観測されており，複数の振動が励起されていると考えられる．

次に，他のクラスターサイズの結果を見ていこう．図 5.11 に 38 量体，図 5.12 に 482 量体の結果を載せている．やはり小さな散乱角では，エネルギー損失量は小さく，散乱角が 12° を超えると，エネルギー損失量が 8 meV を超えるような衝突も起こるようになる．図 5.13 には 4600 量体の結果を示している．同様の傾向が見られるが，エネルギー損失量自体は比較的小さいままである．

5.4.5 サイズ依存性

散乱角 $\Theta = 18.5°$ および 30° の場合に励起される，振動のサイズ依存性を見てみよう．クラスターサイズによるエネルギー損失スペクトルの変化を，図 5.14 に示している．どちらの散乱角のときもピーク位置はクラスターサイズの増加とともに，低エネルギー側へ徐々に移動している．

散乱角 $\Theta = 18.5°$ の場合に，平均エネルギー $\overline{\varDelta E}$ で比較すると，38 量体では $\overline{\varDelta E} = 4.73$ meV であるが，482 量体では $\overline{\varDelta E} = 3.61$ meV となる．同様に散乱角 $\Theta = 30°$ においても，32 量体では $\overline{\varDelta E} = 6.17$ meV であったもの

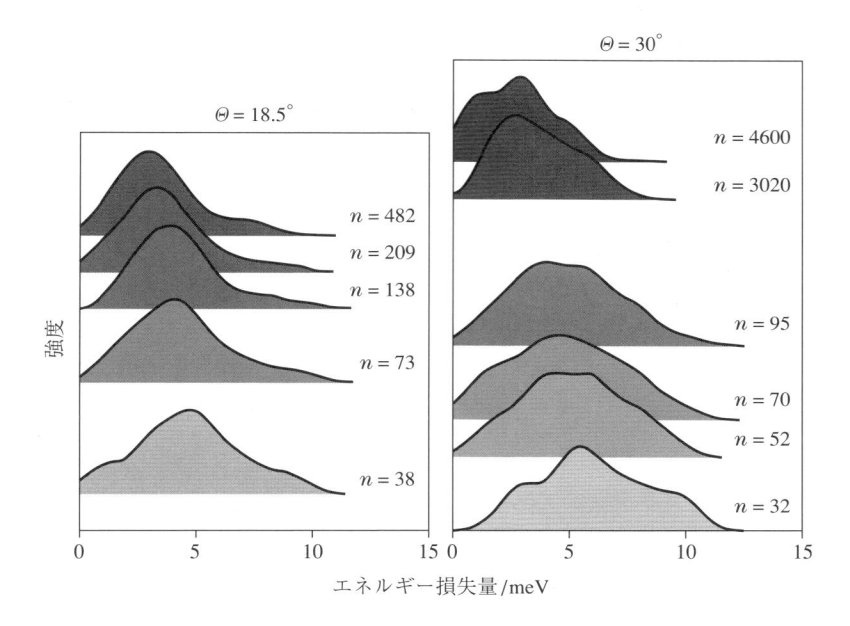

図 5.14 アルゴンクラスター Ar_n との衝突によるヘリウム原子のエネルギー損失スペクトル[3]

が，4600量体では $\overline{\Delta E} = 2.88$ meV となり，クラスターサイズとともに小さくなっていく．

5.4.6 弾性球モデルとの比較

それでは，このようにして実験的に求まった振動の励起エネルギーと，弾性球モデルによって求めた振動のエネルギーとを比較してみよう．前項で見たように，クラスターとの衝突によってヘリウム原子はクラスターへエネルギーを受け渡すことになる．受け渡すエネルギーの大きさは散乱角によって異なるが，例えば図5.14にあるように散乱角が18.5°の場合を考えてみる．この場合，Ar_{73}は約4.4 meV のエネルギーを受け取っていることがわかる．このエネルギーが Ar_{73} の振動を励起することに用いられたとすると，Ar_{73} はこのエネルギーに相当する振動を持っていることになる．**弾性球**モデルで

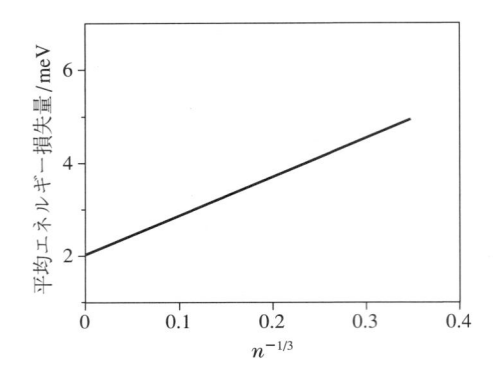

図 5.15 アルゴンクラスター Ar_n の平均エネルギー損失量.[8] 散乱角 Θ は 18.5°

はアルゴン 73 量体に近いアルゴン 55 量体で見てみると，波数から得られる振動エネルギーは，呼吸振動 S00 では 3.68 meV，伸び縮み振動 S21 では 2.05 meV，ねじれ振動 T21 では 1.93 meV である．4.4 meV に近いのは**呼吸振動**の 3.68 meV であり，ヘリウム原子との衝突では，アルゴンクラスターは呼吸振動が励起されていると推測することができる．

さらに，$n^{-1/3}$ に対する平均エネルギー損失量 $\overline{\Delta E}$ の関係は図 5.15 のようになる．ここで，$n^{-1/3}$ はクラスターの半径の逆数 r^{-1} に比例する値になっていることに注意してほしい．このグラフからわかるように，ヘリウム原子の平均エネルギー損失量 $\overline{\Delta E}$，すなわちクラスターの呼吸振動の励起エネルギーは半径の逆数 r^{-1} に対して直線的に変化していることになる．これは 5.2 節でも見たように，呼吸振動の波長 λ がクラスターの半径に比例しており，

$$\frac{hc_p}{\lambda} \propto \frac{1}{r} \tag{5.35}$$

という関係が定性的に成り立つことに由来する．ちなみに，c_p は波の速さである．

このように，ヘリウム原子との衝突によってアルゴンクラスターは変形し，それによって低振動数の全体振動が励起されるのである．

5.5 アルゴンクラスターイオン Ar_n^+ とアルゴン原子との衝突

これまでは原子を取り扱うときに，電子の振舞にはあまり注意を払う必要がなかった．しかし，電荷移動が起こる場合など，電子の振舞に注意を払う必要がある場合には，**電荷分布**，すなわち電子の空間的な分布を基に量子力学的に原子間にはたらく力を求める必要がある．比較的簡単な例として，アルゴンクラスターイオン Ar_n^+ とアルゴン原子 Ar との衝突過程を見てみよう．そのためにまず，Ar_n^+ の安定構造を求めてみる．

5.5.1 アルゴンクラスターイオン Ar_n^+ の安定構造

クラスターの安定構造を求める場合には，ある構造を仮定して，そのエネルギーがより小さくなるように各原子を動かし，結果的に最小となる構造を求めることになる．電気的に中性なアルゴンクラスター Ar_n では，原子間のエネルギーはレナード・ジョーンズポテンシャルによってうまく表されていた．アルゴンクラスターイオン Ar_n^+ では話が少し複雑になってくる．ある特定のアルゴン原子に常に電荷が局在していて，$Ar_{n-1}(Ar^+)$ として取り扱えるわけではないのである．そのため，電荷の位置に自由度を持たせた量子力学的な取り扱いが必要になってくる．ここでは，量子力学的な取り扱いとして **Diatomics-In-Molecules（DIM）法**を用いることにする．この方法は以下のように説明できる．

まず，n 個の原子から成るクラスターの**ハミルトニアン** $\hat{H}$ は，次のように1原子のハミルトニアン $\hat{H}^A$ と2原子を1つの組と見たハミルトニアン $\hat{H}^{AB}$ によって表すことができる．

$$\hat{H} = \sum_{A=2}^{n} \sum_{B=1}^{A-1} \hat{H}^{AB} - (n-2) \sum_{A=1}^{n} \hat{H}^A \qquad (5.36)$$

ここで添え字 A, B は，クラスターを構成する各原子に付した番号であり，右辺第2項は，第1項での原子の重複を差し引くための項である．

Ar_n^+ のハミルトニアン行列は，これから述べるように Ar, Ar^+, Ar_2, Ar_2^+ のハミルトニアン行列から構成されることになる．また，Ar_n^+ の基底状態の**波動関数**は，次のように表される．

$$\Psi = \sum_{A}^{n} \sum_{w=x,y,z} c_A^w \psi_A^w \tag{5.37}$$

$$\psi_A^w = S_1 S_2 \cdots P_A^w \cdots S_n \tag{5.38}$$

ここで S_i は Ar 原子の波動関数を，P_A^w は $3p_w$ 軌道に正孔を持つ Ar^+ の波動関数を表している．また，$\hat{H}^C$ と $\hat{H}^{CD}$ の行列成分は次のように与えられる．なお，C, D はクラスターを構成する各原子に付した番号である．

$$\langle \psi_A^w | \hat{H}^C | \psi_B^v \rangle = \delta_{AB} \delta_{wv} (1 - \delta_{AC})(-E_i) \tag{5.39}$$

$$\langle \psi_A^w | \hat{H}^{CD} | \psi_B^v \rangle = \begin{cases} H_{Aw,Bv}^{AB}(r_{AB}; Ar_2^+) & A, B \equiv C, D \\ \delta_{AB} \delta_{wv} V(r_{CD}; Ar_2) & A, B \cap C, D = \emptyset \\ 0 & \text{それ以外} \end{cases} \tag{5.40}$$

ここで E_i, $H_{Aw,Bv}^{AB}(r_{AB}; Ar_2^+)$ および $V(r_{CD}; Ar_2)$ は，それぞれ Ar のイオン化エネルギー，Ar_2^+ のハミルトニアン行列要素および Ar_2 のポテンシャルエネルギーを表している．エネルギーの原点は Ar_n^+ が $(n-1)$ 個の Ar と 1 個の Ar^+ に分かれた状態に取っている．r_{AB} は原子 A と原子 B の間の距離である．

電子基底状態のエネルギー E_g は次のように与えられる．

$$E_g = \langle \Psi | \hat{H} | \Psi \rangle = \sum_i \sum_j c_i^* c_j H_{ij} \tag{5.41}$$

ここで i と j は A と w との組み合わせを，H_{ij} は Ar_n^+ のハミルトニアン行列の ij 成分を表している．このとき，各原子にはたらく力は次のようになる．

$$\boldsymbol{F} = -\boldsymbol{\nabla} E_g \tag{5.42}$$

$$= -\sum_i \sum_j c_i^* c_j \boldsymbol{\nabla} H_{ij} \tag{5.43}$$

各原子にはたらく力がわかったわけであるから，力のはたらく方向に各原

5.5 アルゴンクラスターイオン Ar_n^+ とアルゴン原子との衝突

子を順次動かしていくことによって，Ar_n^+ の安定構造を求めることができる．

図 5.16 に示すように，Ar_n^+ は，直線形の**イオン核** Ar_3^+ の軸の周りをアルゴン原子が取り巻いてサイズがだんだんと大きくなっていく．Ar_3^+ の電荷分布は均等ではなく，真ん中のアルゴン原子に $+0.5e$ が分布し，両端の原子に $+0.25e$ ずつ分布している．そして，このイオン核の周りを取り巻くように 5 員環が形成されていき，2 つの 5 員環が互いに位相をずらした状態で完成すると Ar_{13}^+ ができあがる．この 2 つの 5 員環は片方が先に完成するのではな

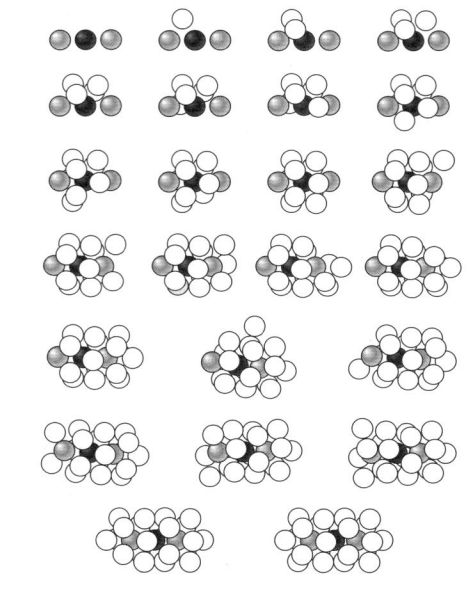

図 5.16 Ar_n^+ ($n = 3 \sim 25$) の構造．上から 5 段目の右の 2 つは Ar_{20}^+ の異性体である．電荷の量を濃淡で表している[4]

く，例えば Ar_8^+ に見られるように両方が同時に成長していくことが見て取れる．

さらに，Ar_{14}^+ から Ar_{19}^+ ではイオン核の端に原子が付着していき，Ar_{19}^+ においてイオン核のどちらか一端で 1 層の頭頂部が完成する．この頭頂部は 5 員環を含んでいるが，このときに初めて環が閉じるわけではない．頭頂部を安定化するために，Ar_{17}^+ においてすでに頭頂点に原子が配置される．Ar_{20}^+ から Ar_{25}^+ では，イオン核のもう一端で 5 角錐の頭頂部が形成されていく．Ar_3^+ の周りに 22 個のアルゴン原子が配置されたところで，外からは Ar_3^+ が見えなくなり，**溶媒和殻**が完成する．このサイズが Ar_{25}^+ である．このようにして，Ar_n^+ の安定構造が順次得られていく．

この安定構造にある Ar_n^+ のポテンシャルエネルギーを 0 として，これにエネルギー E を与えることにする．このエネルギーを各原子の運動エネルギーの和として与えると，このエネルギーがクラスターの内部エネルギーとなり，Ar_n^+ を構成する各原子はクラスターの中で振動を始め，実験で観測される熱緩和したクラスターの状態へと近づいていくことになる．統計力学的にはこの内部エネルギーは，次の式により温度 T に相当することになる．

$$T = \frac{E}{(3n-6)k_B} \tag{5.44}$$

ここで，k_B はボルツマン定数を表している．厳密には，クラスターの温度は4.2 節で見たように，運動エネルギー E_{kin} から換算されるものであるが，ここでは各原子の振動は調和振動子的と考えて，$E_{kin} = E/2$ と見なしている（**ビリアル定理**）．これは次のことから説明される．

ばね定数 k の調和振動子の運動方程式は

$$m\left(\frac{d^2x}{dt^2}\right) = -kx \tag{5.45}$$

であり，解の 1 つは

$$x = A\sin\omega t \tag{5.46}$$

$$\omega = \sqrt{\frac{k}{m}} \tag{5.47}$$

である．このときポテンシャルエネルギー V と運動エネルギー E_{kin} はそれぞれ次のようになる．

$$V = \frac{1}{2}kx^2 = \frac{1}{2}kA^2\sin^2\omega t \tag{5.48}$$

$$E_{kin} = \frac{1}{2}m\left(\frac{dx}{dt}\right)^2 = \frac{1}{2}kA^2\cos^2\omega t \tag{5.49}$$

時間平均を取ると $V = E_{kin}$ が成り立つ．したがって，$E_{kin} = E/2$ である．

5.5.2 蒸発反応と取り込み反応

次に，Ar_n^+ に別のアルゴン原子が衝突する場合には，どのようなことが起こるのだろうか．これは，クラスターイオンと原子との反応過程に当てはまる一般的なモデルとなる．**分子動力学法**を用いて，Ar_{13}^+ にアルゴン原子を 0.2 eV の**衝突エネルギー**で衝突させた計算を行うと，2 種類の反応が観測される．それぞれの典型的な過程を記述すると次のようになる．

蒸発反応

図 5.17 に示すように，入射してきたアルゴン原子は，Ar_{13}^+ に衝突し，散乱される．このアルゴン原子は運動エネルギーをある程度失って飛び去っていき，その結果，Ar_{13}^+ では振動が励起される．この場合は，Ar_{13}^+ はしばらくこのまま振動を続け，29 ps 後にアルゴン原子を 1 つ放出し，Ar_{12}^+ となる．この Ar_{12}^+ も振動を続け，522 ps 後にアルゴン原子をさらに 1 つ放出し，Ar_{11}^+ となる．この場合，結局 Ar_{13}^+ がアルゴン原子を 2 つ放出して，Ar_{11}^+ になったことになる．アルゴン原子の放出が熱的に進行することから，蒸発反応と呼ばれる．放出するアルゴン原子の数や時刻は，入射したアルゴン原子が Ar_{13}^+ のどこに衝突したかでさまざまに異なる結果を与える．

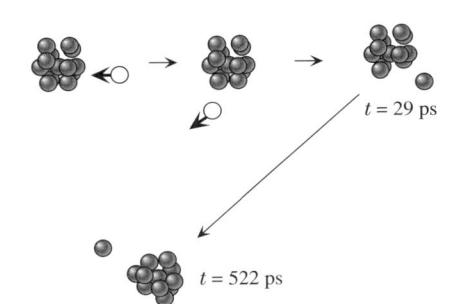

図 5.17 アルゴンクラスターイオン Ar_{13}^+ の蒸発反応の概念図

156　　　　　　　　5. ダイナミクス ─振動運動と衝突反応─

取り込み反応

図 5.18 に示すように，入射してきたアルゴン原子は，まず Ar_{13}^+ に取り込まれて一体となり，Ar_{14}^+ が生成する．この Ar_{14}^+ は温度が高く，活発な振動運動をし，アルゴン原子の放出を繰り返す．アルゴン原子を放出するごとに，クラスターの振動運動は減衰し，温度が下がっていく．この過程において，入射したアルゴン原子は初めの Ar_{13}^+ と一体となり，どれが取り込まれたアルゴン原子かの区別はつかなくなる．

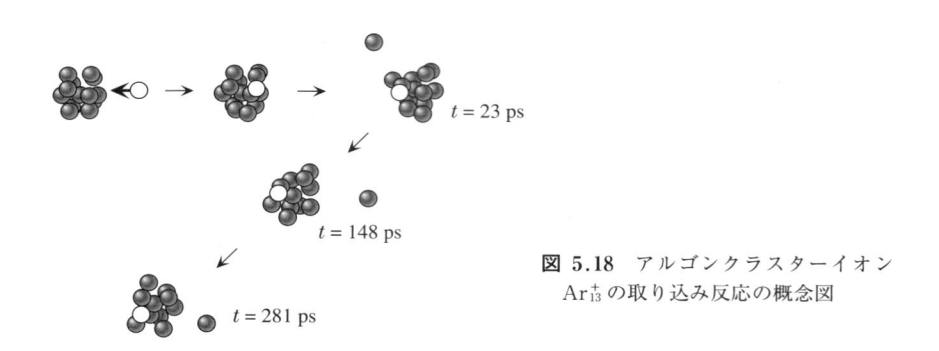

$t = 23$ ps

$t = 148$ ps

$t = 281$ ps

図 5.18 アルゴンクラスターイオン Ar_{13}^+ の取り込み反応の概念図

これらの 2 種類の反応過程を一般化して反応式で表すと次のようになる．

$$\text{\textcircled{Ar}} + Ar_n^+ \diagup\diagdown \begin{array}{l} \text{\textcircled{Ar}} + Ar_n^{+\dagger} \rightarrow Ar_m^+ + (n-m)Ar + \text{\textcircled{Ar}} \quad (蒸発) \\ [\text{\textcircled{Ar}}Ar_n]^{+\dagger} \rightarrow \text{\textcircled{Ar}}Ar_{m-1}^+ + (n-m+1)Ar \quad (取り込み) \end{array}$$

(5.50)

ここで $\text{\textcircled{Ar}}$ は入射アルゴン原子を表し，$Ar_n^{+\dagger}$ は **振動励起** された Ar_n^+ を表している．

5.5.3　反応生成物のサイズ分布

図 5.19 には，Ar_{13}^+ とアルゴン原子とを衝突エネルギー 0.2 eV で衝突させたときの，衝突後 30 ps の時点でのクラスターのサイズ分布を示している．

5.5 アルゴンクラスターイオン Ar$_n^+$ とアルゴン原子との衝突

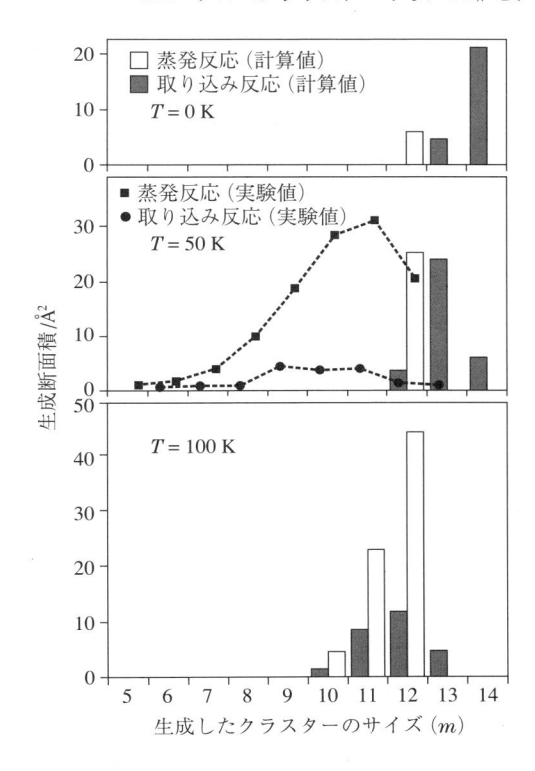

図 5.19 Ar$_{13}^+$ と Ar との衝突で生成したアルゴンクラスター Ar$_m^+$ における 30 ps 後のサイズ分布（M. Ichihashi, T. Ikegami and T. Kondow : J. Chem. Phys. **105** (1996) 8164 より）

この計算では，**衝突径数**を $b_0(=10\,\text{Å})$ 以下で乱数発生させて，さまざまな衝突径数および方向からアルゴン原子を Ar$_{13}^+$ に衝突させることを繰り返し行っている．このとき，**反応断面積** σ_r は次のように求められる．

$$\sigma_r = \frac{N_r}{N}\pi b_0^2 \tag{5.51}$$

N は初期条件の総数であり，ここでは $N=100$ である．N_r は着目している現象を観測するに至った初期条件の数である．Ar$_{13}^+$ の温度が 0 K のときは，蒸発反応よりも取り込み反応のほうが起こりやすく，Ar$_{14}^+$ の生成が最も高い割合で起こっている．

蒸発反応において，アルゴン原子が衝突して Ar$_{13}^+$ が振動励起される場合，

衝突直後の $Ar_{13}^{+\dagger}$ の内部エネルギーは衝突エネルギー（0.2 eV）以下である．一方，取り込み反応で生成した $Ar_{14}^{+\dagger}$ の内部エネルギーは，衝突エネルギーをすべて内部エネルギーに転換しているために 0.2 eV である．Ar_{13}^+ の初期温度が 50 K のときは，取り込み反応によって $ArAr_{13}^+$，$ArAr_{12}^+$，$ArAr_{11}^+$ が生成する．蒸発反応によっては，主に Ar_{12}^+ が生成する．次に，初期温度を 100 K にすると，アルゴン原子との衝突によって生成するクラスターのサイズは，小さいほうへ移っていく．

　クラスターの初期温度が上がると，30 ps という短い時間で多くの原子がクラスターから脱離するようになる．一方，クラスターの初期温度を変えても，取り込み反応の断面積自体はあまり変化しないことがわかる．

5.5.4　クラスターの励起エネルギー

　図 5.19 には，実験で求められた反応生成物のサイズ分布も重ねて書いてあるが，計算結果とは一致していない．このことからわかるように，衝突後 30 ps では，クラスターからのアルゴン原子の脱離がすべて終了し，反応が終わっているわけではないのである．この時点では，クラスターは原子を脱離させるのに十分なエネルギーをまだ保持している．最終的に脱離するかどうかを見るには，衝突によってクラスターがどの程度励起されたかを調べてみるとよい．または，クラスターの励起エネルギーを調べる代わりに，入射アルゴン原子の運動**エネルギー損失**を求めてもよい．これは 5.4 節でアルゴンクラスターとヘリウム原子との衝突実験で用いた手法でもある．

　入射アルゴン原子の運動エネルギー損失は衝突径数に大きく依存するので，この関係を調べると図 5.20 のようになる．図からわかるように，衝突径数が 8 Å より大きい場合，エネルギー損失は 0 である．すなわち，クラスターの励起エネルギーは 0 である．一方，衝突径数が 6 Å より小さい場合には，衝突によるクラスターの励起エネルギーが Ar_{13}^+ の**結合解離エネルギー** V_{13} より大きい衝突が多くなり，クラスターからのアルゴン原子の脱離が起

5.5 アルゴンクラスターイオン Ar_n^+ とアルゴン原子との衝突

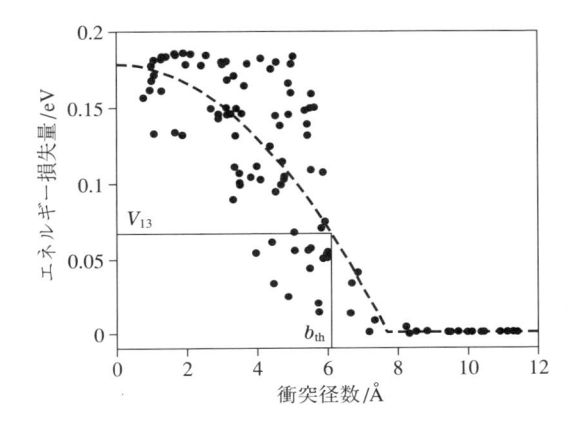

図 5.20 アルゴンクラスターイオン Ar_{13}^+ とアルゴン原子との衝突におけるアルゴン原子の運動エネルギー損失量（M. Ichihashi, T. Ikegami and T. Kondow : J. Chem. Phys. **105** (1996) 8164 より）. 破線は剛体球モデルから導出.

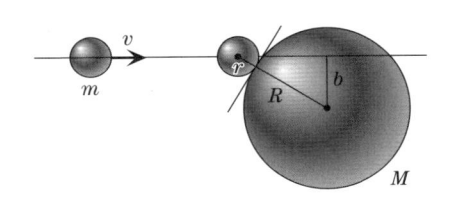

図 5.21 アルゴンクラスターイオン Ar_n^+ とアルゴン原子との衝突における剛体球モデル. 衝突前はクラスターは静止している.

こりうると考えられる.

このしきいとなる衝突径数を求めるために，図 5.21 のような**剛体球**の衝突モデルを考える．図 5.21 のように，運動量の保存とエネルギーの保存から以下の式が成り立つ．

$$mv \cos \theta = mv_\perp + MV \quad (5.52)$$

$$mv \sin \theta = mv_{/\!/} \quad (5.53)$$

$$\frac{1}{2} mv^2 = \frac{1}{2} MV^2 + \frac{1}{2} mv_\perp^2 + \frac{1}{2} mv_{/\!/}^2 \quad (5.54)$$

m はアルゴン原子の質量，M はアルゴンクラスターイオンの質量を表している．v は衝突前のアルゴン原子の速度，V は衝突後のアルゴンクラスターイオンの速度である．衝突時の接平面を考えて，衝突後のアルゴン原子の速度をこの接平面に平行な成分（$v_{/\!/}$）と垂直な成分（$v_\perp$）で表している．また

$\sin\theta = b/(R+r)$ であり，b は衝突径数，R はアルゴンクラスターイオンの半径，r はアルゴン原子の半径である．これらの式から，衝突によってクラスターに与えられるエネルギー $E_{\text{HS}}(=(1/2)MV^2)$ は次のようになる．

$$E_{\text{HS}} = \begin{cases} \dfrac{4Mm}{(M+m)^2}\left\{1-\left(\dfrac{b}{R+r}\right)^2\right\}E_{\text{LAB}} & (b \leq R+r) \\ 0 & (b > R+r) \end{cases} \quad (5.55)$$

ここで E_{LAB} は $(1/2)mv^2$ である．E_{HS} は，衝突によって Ar_{13}^+ が得る並進エネルギーである．実際には，Ar_{13}^+ は剛体ではなく内部自由度を持っているので，E_{HS} の多くは Ar_{13}^+ の内部エネルギーに変換される．それゆえに，内部エネルギーの増加分 ΔE を次のように近似する．

$$\Delta E = \begin{cases} \varGamma E_{\text{cm}}\left\{1-\left(\dfrac{b}{R+r}\right)^2\right\} & (b \leq R+r) \\ 0 & (b > R+r) \end{cases} \quad (5.56)$$

ここで，E_{cm} は重心系での衝突エネルギーを表し，$\varGamma$ は並進エネルギーから内部エネルギーへの変換効率に関する係数を表す．この ΔE が，入射アルゴン原子の運動エネルギー損失に相当する．

図 5.20 に示すように，(5.56) によって表される理論式は，分子動力学計算によって得られる分布を比較的よく再現する．このとき $R+r = 7.7$ Å，$\varGamma = 0.89$ である．この場合，直衝突 ($b=0$) におけるアルゴンクラスターのエネルギー増加は 178 meV であり，(5.44) を用いて温度に換算すると 63 K である．このエネルギー増加分が Ar_{13}^+ の結合解離エネルギー V_{13} を超えているときには，有限の時間内で少なくとも 1 つのアルゴン原子が Ar_{13}^+ から放出されることになる．このようにして求められる**反応断面積**は 120 Å^2 ($= \pi b_{\text{th}}^2$) になる．

5.5.5 反応断面積

実験では，次のような手法で断面積が測定される．$I(0)$ 個の Ar_n^+ をアルゴ

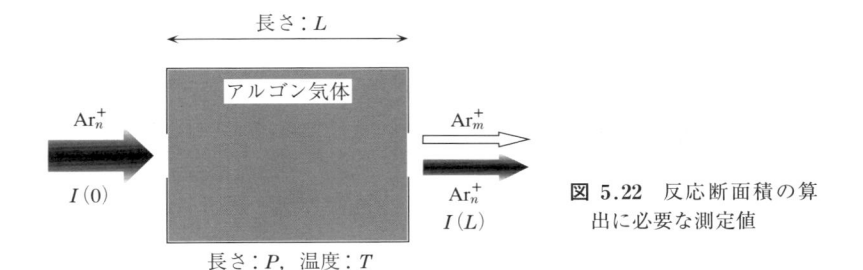

5.5 アルゴンクラスターイオン Ar_n^+ とアルゴン原子との衝突

図 5.22 反応断面積の算出に必要な測定値

ン気体中に通過させる．ここでは，アルゴン気体として同位体の ^{36}Ar を用いて，クラスターを構成するアルゴン原子 ^{40}Ar とは区別している．その結果，衝突によって $I(L)$ 個の Ar_n^+ と $I(0) - I(L)$ 個の $Ar_m^+ (m \leq n-1)$，または，$^{36}ArAr_m^+ (m \leq n)$ が得られたとする（図 5.22 参照）．このとき，蒸発反応断面積と取り込み反応断面積の和である全反応断面積 σ_t は以下の式で表される．

$$\sigma_t = \frac{1}{\rho L} \ln \frac{I(0)}{I(L)} \tag{5.57}$$

$$\rho = \frac{P}{k_B T} \tag{5.58}$$

ここで L はクラスターとアルゴン気体との相互作用領域の長さであり，P，T はアルゴン気体の圧力と温度である．ρ はアルゴン気体の数密度（単位体積当りの原子数）であり，k_B はボルツマン定数である．このようにして実験で得られた Ar_{13}^+ の全反応断面積は 134 Å^2 であり，(5.51) から求めた計算結果 (120 Å^2) は，これとかなりよく一致している．また，取り込み反応断面積 σ_f は次のように求めることができる．

$$\sigma_f = \frac{\sigma_t \sum_{m=1}^{n} I(^{36}ArAr_m^+)}{I(0) - I(L)} \tag{5.59}$$

5.5.3 項の方法で，Ar_3^+ から Ar_{23}^+ までの全反応断面積を計算し，実験値と

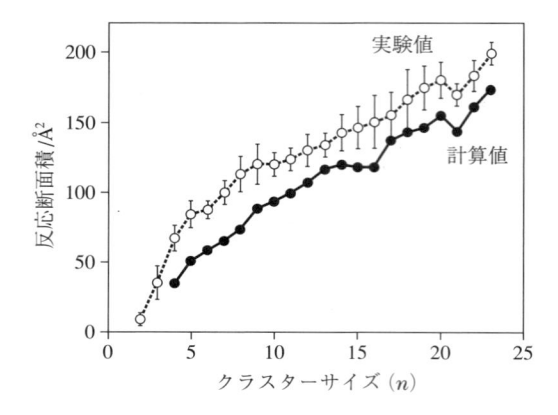

図 5.23 アルゴンクラスターイオン Ar_n^+ の全反応断面積（M. Ichihashi, T. Ikegami and T. Kondow：J. Chem. Phys. **105**（1996）8164 より）

比較すると図 5.23 のようになる．全体的に計算値のほうが小さくなっているのは，実際には，初期内部エネルギーのため，もっと少ない励起エネルギーで解離が起こることを示していると考えられる．また，計算では Ar_{13}^+ から Ar_{16}^+ では断面積はほぼ一定となり，Ar_{17}^+ で大きく増加しているが，実験では滑らかに増加する傾向にある．これ以外での傾向はよく一致しており，Ar_{21}^+ がその前後のクラスターに比べて小さな断面積を持つこともよく再現されている．Ar_{20}^+ と Ar_{21}^+ とで，Ar_{20}^+ のほうが断面積が大きくなるのは，Ar_{20}^+ のほうが Ar_{21}^+ よりも結合解離エネルギーが小さく，壊れやすいからである．

次に，取り込み反応断面積 σ_f を考えてみる．この断面積は分子動力学計算の結果から次式で求められる．

$$\sigma_f = \pi b_0^2 \left(1 - \frac{{}_nC_2}{{}_{n+1}C_3}\right) \frac{N_f}{N} \tag{5.60}$$

ここで N_f は，入射アルゴン原子がクラスターに取り込まれるに至った初期条件の数である．$1 - {}_nC_2/{}_{n+1}C_3$ は，いったん生じた $[ArAr_n]^{++}$ から入射アルゴン原子が放出されない確率を表している．入射アルゴン原子をクラスターが取り込むことによって，内部エネルギーが衝突エネルギーの分だけ増加する．衝突エネルギーとして 0.2 eV を与えているため，3 つのアルゴン

5.5 アルゴンクラスターイオン Ar_n^+ とアルゴン原子との衝突

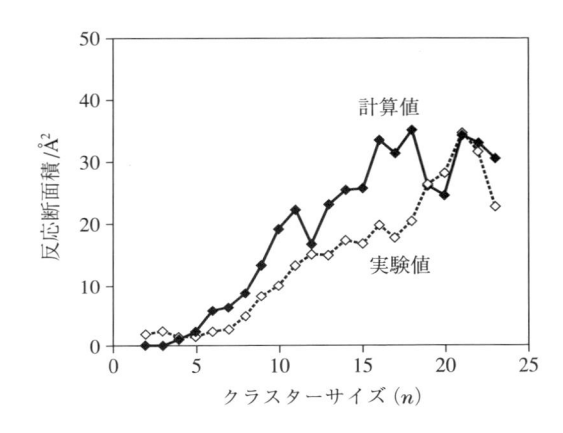

図 5.24 アルゴンクラスターイオン Ar_n^+ の取り込み反応断面積（M. Ichihashi, T. Ikegami and T. Kondow: J. Chem. Phys. **105**（1996）8164 より）

原子が脱離することを仮定している．図 5.24 に，計算および実験によって求めた取り込み反応断面積を示している．傾向はよく似ているが，計算によって求めた断面積は実験的に得られた断面積よりも大きく，約 1.5 倍程度になっている．また計算では，Ar_{12}^+，Ar_{19}^+，Ar_{20}^+ で反応断面積の落ち込みが顕著である．これらは実験では観測されていない．

また例えば，Ar_{13}^+ と Ar との衝突では，衝突径数が 2 Å 以下のところでは取り込み反応が顕著に進行し，3 Å 以上では蒸発反応が起こりやすいことが分子動力学計算からわかっている．この理由として，取り込み反応には，入射してきたアルゴン原子を減速するためのアルゴン原子の厚い層と，イオン核との間で及ぼされる比較的強い**静電相互作用**が必要なためと解釈される．

5.5.6 イオン - 分子反応のニュートン力学

それでは，イオンと分子（原子）との反応において，(5.32) で表される**有効ポテンシャル**の振舞を見てみよう．電気的に中性な分子には，静電的な相互作用ははたらかないように思われるが，イオンが分子の**電気双極子**を誘起するので，**電荷 - 誘起双極子相互作用**が生じる．1 価イオンの場合，このポテンシャル $V(r)$ は以下のように記述できる．

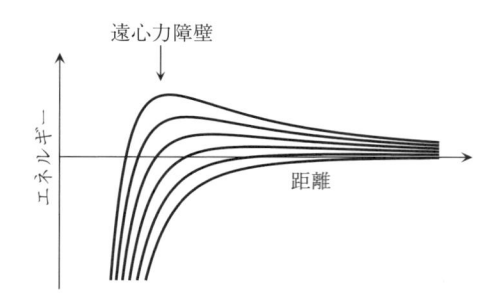

図 5.25 有効ポテンシャル

$$V(r) = \frac{-\alpha e^2}{2(4\pi\varepsilon_0)^2 r^4} \tag{5.61}$$

ここで，α は分子の分極率，e は電気素量，ε_0 は真空の誘電率である．したがって，有効ポテンシャルは次のように書けることになる．

$$V_{\text{eff}}(r) = \frac{-\alpha e^2}{2(4\pi\varepsilon_0)^2 r^4} + \frac{1}{2}\mu v^2 \left(\frac{b^2}{r^2}\right) \tag{5.62}$$

有効ポテンシャルを図示すると図 5.25 のようになる．いちばん下の曲線は**衝突径数** $b=0$ のときであり，b が大きくなるに従って，$V_{\text{eff}}(r)$ がエネルギーの高いほうへ移動し，**遠心力障壁**も高くなっていく．遠心力障壁の位置を求めるには，有効ポテンシャルを r で微分して 0 になるところを求めればよい．

$$\frac{d}{dr}[V_{\text{eff}}(r)]_{r=r_{\max}} = \frac{2\alpha e^2}{(4\pi\varepsilon_0)^2 r_{\max}^5} - 2E_{\text{col}}\left(\frac{b^2}{r_{\max}^3}\right) = 0 \tag{5.63}$$

ここで $E_{\text{col}}(=\mu v^2/2)$ は**衝突エネルギー**である．(5.63) を解くと，$r_{\max}$ は次のようになる．

$$r_{\max} = \frac{e}{(4\pi\varepsilon_0)b}\left(\frac{\alpha}{E_{\text{col}}}\right)^{\frac{1}{2}} \tag{5.64}$$

このときの障壁の高さは次のように与えられる．まず，(5.62) に対して (5.63) の関係を使うと次式が得られる．

5.5 アルゴンクラスターイオン Ar$_n^+$ とアルゴン原子との衝突

$$V_{\text{eff}}(r_{\max}) = -\frac{E_{\text{col}}b^2}{2r_{\max}^2} + E_{\text{col}}\left(\frac{b^2}{r_{\max}^2}\right)$$

$$= \frac{E_{\text{col}}b^2}{2r_{\max}^2} \tag{5.65}$$

さらに，ここで (5.64) を用いると，障壁の高さは次のように求まる．

$$V_{\text{eff}}(r_{\max}) = \frac{(4\pi\varepsilon_0)^2 E_{\text{col}}^2 b^4}{2\alpha e^2} \tag{5.66}$$

衝突エネルギーがこの障壁より大きい場合のみ，分子はイオンの引力領域に到達でき，衝突が起こり反応が進行する．(5.66) からわかるように，衝突径数 b が大きくなるに従って，$V_{\text{eff}}(r_{\max})$ も大きくなっていく．すなわち，ある衝突径数 $b_{\max}$ を境として，$V_{\text{eff}}(r_{\max}) < E_{\text{col}}$ であったものが，$V_{\text{eff}}(r_{\max}) > E_{\text{col}}$ と逆転して，分子はイオンの引力領域に到達できなくなってしまう．この $b_{\max}$ を求めてみると，以下のようになる．

$$V_{\text{eff}}(r_{\max}) = \frac{(4\pi\varepsilon_0)^2 E_{\text{col}}^2 b_{\max}^4}{2\alpha e^2} = E_{\text{col}} \tag{5.67}$$

$$b_{\max} = \left\{\frac{2\alpha e^2}{(4\pi\varepsilon_0)^2 E_{\text{col}}}\right\}^{\frac{1}{4}} \tag{5.68}$$

したがって，衝突径数 b がこの $b_{\max}$ より小さければ，分子はイオンの引力領域に到達し，衝突が起こり何らかの反応が起こることが期待される．これを反応断面積の形で表すと以下のようになる．

$$\sigma_{\text{L}}(E_{\text{col}}) = \pi b_{\max}^2 = \pi \left\{\frac{2\alpha e^2}{(4\pi\varepsilon_0)^2 E_{\text{col}}}\right\}^{\frac{1}{2}} \tag{5.69}$$

これは**ランジュヴァン断面積**と呼ばれる断面積である．

5.5.7 Ar$_{13}^+$ と Ar との衝突過程

それでは実際に，クラスターイオンの衝突過程について見ていこう．衝突エネルギーが 0.2 eV の場合，Ar$_{13}^+$ と Ar との間に電荷 - 誘起双極子相互作

用がはたらいていると考えると，b_{max} は 3.9 Å であり，ランジュヴァン断面積は 48.3 Å^2 になる．一方，実験で得られた反応断面積は 134.1 Å^2 であり，ランジュヴァン断面積よりも大きい値となっている．これはクラスターが比較的大きな半径を持っているために，衝突径数が b_{max} より大きい場合でも，遠心力障壁の外側でアルゴン原子がクラスター表面に衝突し，反応が進行することを示している．

また，衝突径数が大きいときに，取り込み反応によってクラスターに原子が捕獲されると，クラスターに持ち込まれる角運動量はかなり大きなものになる．衝突エネルギー 0.2 eV，衝突径数 5 Å で衝突した場合の角運動量は 300 $\hbar$ であり，取り込み反応によって生成した $[ArAr_{13}]^{++}$ は**振動励起**とともに**回転励起**されている．アルゴン原子を放出することによって，$[ArAr_{13}]^{++}$ は振動エネルギーおよび回転エネルギーが低下し，冷却されていく．

さらに電子状態に関しても，クラスター内での電荷移動による，イオン核の変遷や電荷の局在・非局在などが起こることになる．電子基底状態においては，Ar_{13}^+ の正電荷は，中心の Ar 原子に $+0.5e$ が分布し，その両隣の原子に $+0.25e$ ずつが分布している（**電荷分布**）．振動励起された $[ArAr_{13}]^{++}$ では溶媒和殻にも正電荷が広がっており，一時的には Ar_2^+ に正電荷が集中した状態や Ar_4^+ に広がった状態も見られる．このように取り込み反応後のクラスターでは，回転，振動，電子状態が密接に関連した運動を行っているのである．

5.6 金属クラスターと原子との衝突

金属クラスターの場合には，幾何構造の変化と電子構造とが非常に密接に関係している．これは 2.6 節や 3.1 節で見たとおりである．

低エネルギー衝突の場合にはクラスターの振動が励起され，変形に応じて

5.6 金属クラスターと原子との衝突

電子構造も変化し，解離が進行する．ここでは衝突は，電子基底状態のポテンシャルエネルギー面に沿って進行し，これまで見てきたような振動エネルギー移動，原子取り込み反応，構成原子の蒸発によるクラスターの解離などが典型的な現象として観測される．これは断熱的な衝突過程（**断熱反応**）である．

一方，高エネルギー衝突では，クラスターの電子励起状態への非断熱的な遷移（**非断熱反応**）が起こることになる．そこでは**電子励起**と**振動励起**とが密接に関係することになり，電子励起に由来するクラスターの解離や，電子励起から振動励起へのエネルギー移動による解離，イオン化などが起こる．

このような衝突解離過程を追跡するには，量子力学計算によって各原子にはたらく力を求め，これに従って各原子を動かしていくことになる．このような量子力学計算と組み合わせた**分子動力学法**を用いて，ナトリウムクラスターイオンの衝突反応である $Na_9^+ + Na$ と $Na_9^+ + He$ という基本的な2つの系に関して，電子的および振動的な励起機構とそれに続く緩和過程（相転移や解離）を衝突エネルギーの関数として見ていくことにする．

5.6.1 Na_9^+ と Na との衝突

図5.26は，$Na_9^+ + Na$ における運動**エネルギー損失** $\Delta E = E_{col} - E_{rel}$ を示したものである．ここで，E_{col} は**衝突エネルギー**であり，E_{rel} は終状態での Na_9^+ と入射ナトリウム原子との相対速度に基づく運動エネルギーである．この衝突では**衝突径数**は 0 であり，$t = 0$ でのクラスターと原子との相対的な配向も固定して，衝突エネルギーのみを変化させたものである．実際の衝突では，ΔE はクラスターの内部エネルギー増加に相当することになる．

$E_{col} \leq 200$ eV では衝突によってクラスターは主に**振動励起**されており，断熱的な衝突が起こるエネルギー領域と考えることができる．一方，$E_{col} \geq 5$ keV では**電子遷移**が支配的であり，非断熱的な過程が進行する領域と考えられる．このエネルギーの中間は，両方の機構が競争的に起こる過渡的な領域

である．また，衝突エネルギーが 10 eV より小さい場合には，$\varDelta E = E_{col}$ であり，これは**取り込み**反応が起こり Na_{10}^+ が生成していることを示している．しかしながら，この中間体 Na_{10}^+ は有限の寿命を持っており，長い時間には再び Na_9^+ と Na とに解離していくことになる．

次に，クラスターを構成する原子の平衡位置からのずれとして，以下の指標を導入しよう．

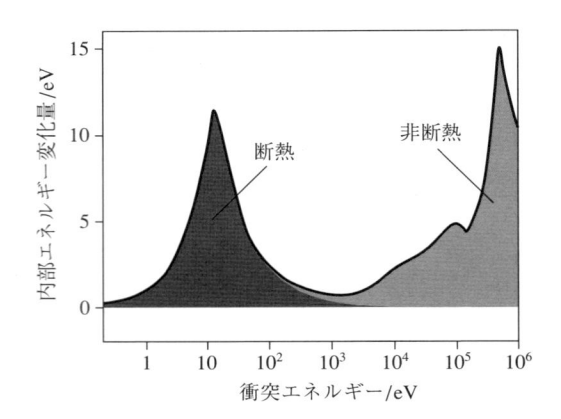

図 5.26 衝突によるナトリウムクラスターイオン Na_9^+ の内部エネルギー変化量（U. Saalman and R. Schmidt: Phys. Rev. Lett. **80**（1998）3213 より）

$$d(t) = \frac{\sqrt{\sum_{i=1}^{n}[\boldsymbol{r}_i(t) - \boldsymbol{r}_i(0)]^2}}{nR} \quad (5.70)$$

ここで，$\boldsymbol{r}_i(t)$ は時刻 t での各原子の位置，$\boldsymbol{r}_i(0)$ は最安定構造での各原子の位置であり，R はクラスターの半径である．

それでは，衝突時の内部エネルギー変化と変位の様子を時間の関数として見てみよう．図 5.27 は，$\varDelta E(t) = E_{col} - E_{rel}(t)$ とクラスター構成原子の変位 $d(t)$ を表している．ここで時刻 t は，入射ナトリウム原子がクラスターの重心に最も近づいた時刻を 0 としている．$t = 0$ fs 付近では入射ナトリウム原子とクラスターを構成するナトリウム原子とが激しくぶつかり合い，一時的に内部エネルギー変化量 $\varDelta E$ が大きくなっている．さらに，Na_9^+ の構成原子はクラスターの重心付近よりも表面に存在するので，$t = 0$ fs の前後にそれぞれ極大が現れている．激しい衝突の後は，入射原子はクラスターから遠

5.6 金属クラスターと原子との衝突

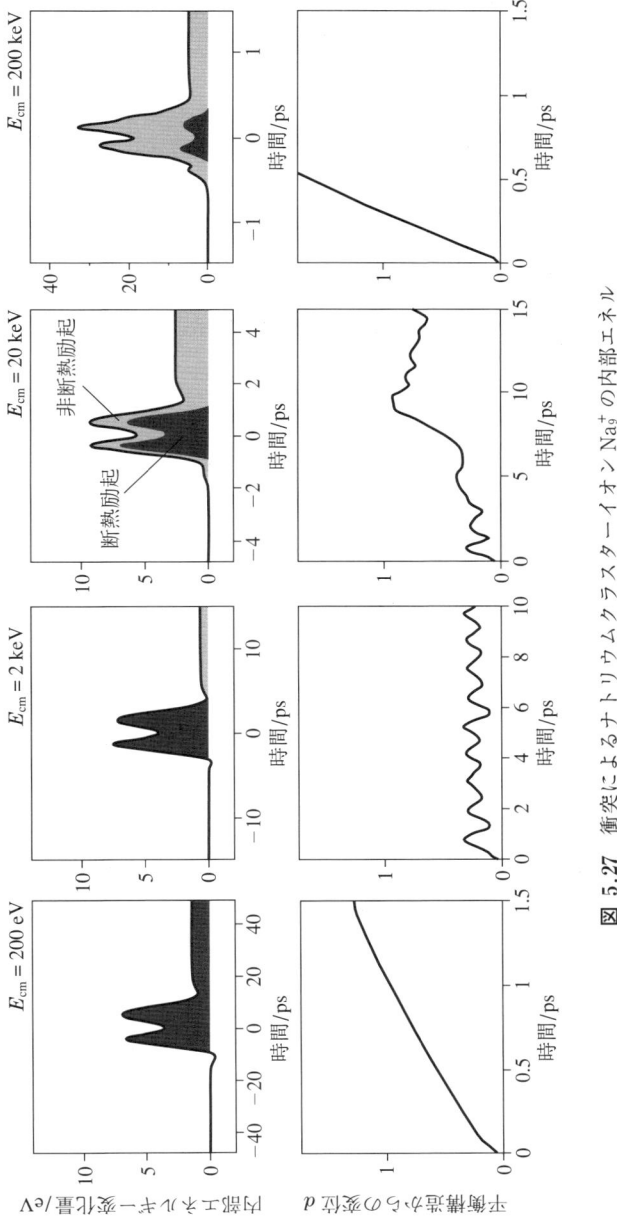

図 5.27 衝突によるナトリウムクラスターイオン Na_9^+ の内部エネルギー変化量および平衡構造からの変位（U. Saalman and R. Schmidt: Phys. Rev. Lett. **80** (1998) 3213 より）

ざかっていく．ΔE はほぼ一定となり，これが衝突を経た後のクラスターの励起エネルギーに相当する．

d はクラスターの状態を定量的に特徴付けており，クラスターの内部エネルギーがどのように使われるかという緩和の様子を表すことになる．クラスターを構成する原子の運動との対応から，d が 0.5 よりも小さければクラスターは**固体**状態にあり，0.5 から 1 の範囲では**液体**状態，1 を超えて大きくなっていくと解離を起こしていると判定することができる．

励起と緩和の機構，およびその時間スケールは基本的に衝突エネルギーによって大きく異なっている．例えば，純粋に断熱過程が進行するエネルギー領域（$E_{\mathrm{col}} \leq 200\,\mathrm{eV}$）では，入射原子とクラスターとの間で十分な運動量移動が起こるため，容易にクラスターが**振動励起**される．$E_{\mathrm{col}} = 200\,\mathrm{eV}$ のときには，$t = 20\,\mathrm{fs}$ 以後は内部エネルギー変化量がほぼ $1.4\,\mathrm{eV}$ で一定になっている．すなわち，衝突によってクラスターは約 $1.4\,\mathrm{eV}$ の励起エネルギーを得たことになる．この励起エネルギーはクラスターの解離を誘発し，約 1.5 ps の短い間に d はどんどん増加し，クラスターの解離が進行することになる．このような素早い解離は，ゆっくりとした統計的な蒸発過程とは大きく異なっている．このような非統計的な解離は実験的にも観測されており，**衝撃解離**と呼ばれている．

一方，高エネルギー非断熱領域に属する $E_{\mathrm{col}} = 200\,\mathrm{keV}$ では，$t = 0.5\,\mathrm{fs}$ 以後は ΔE は 6 eV くらいでほぼ一定となっており，このエネルギーは**電子励起**（非断熱励起）に使われている．時間とともに d は急激に増加し，$t \approx 300\,\mathrm{fs}$ で d が 1 より大きくなることから，解離が $t \approx 300\,\mathrm{fs}$ で始まっていることがわかる．ここでは電子エネルギーがまず振動エネルギーへと移動し，その後，解離が始まることになる．電子エネルギーが振動エネルギーへと移動（**電子‐振動相互作用**）するのに時間を要し，そのため，解離が起こるにはある程度の時間が必要なのである．

$E_{\mathrm{col}} = 2\,\mathrm{keV}$ の衝突エネルギーでは，クラスターは衝突により $0.7\,\mathrm{eV}$ 程

5.6 金属クラスターと原子との衝突

度励起されるが，このエネルギーは主に電子励起としてクラスターに蓄積される．この電子励起エネルギーは電子－振動相互作用によってクラスターの**全体振動**励起へと移動することになる．この振動運動は図 5.27 下側の d の周期約 1 ps（波数 33 cm^{-1}）での振動によく現れている．

$E_{col} = 20$ keV の衝突では d は 5 ps までは周期的であり，$E_{col} = 2$ keV で観測された現象によく似ている．しかし，10 ps になると d が突然大きくなり，ここではクラスターが固体状態から液体状態へ**相転移**を起こしている．その後，2.7 eV という大きな励起エネルギーは，ナトリウム原子のクラスターからの統計的な**蒸発**によって消費されていくことになる．

衝突によるクラスターの励起・緩和過程は，衝突エネルギーの関数として，はっきりと特徴付けられて現れていることがわかるであろう．ここまでは，クラスターと原子との相対的な配向を固定して衝突を行わせてきたが，クラスターの配向をさまざまに変化させて平均化し，測定量の衝突径数に対する依存性を見てみることにする．

この場合のエネルギー損失を表すと図 5.28 のようになる．特徴的なことは，$b \geq 4$ Å というクラスターの半径より大きな衝突径数のところでも，クラスターの内部エネルギー増加がクラスターの**結合解離エネルギー**（0.75 eV）よりも大きくなる場合があるということである．その結果，電子励起による解離の断面積は，クラスターの幾何学断面積に比べて，数倍程度大きくなることが予想される．

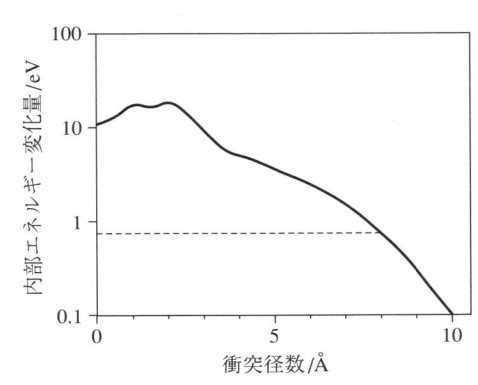

図 5.28 ナトリウムクラスターイオン Na$_9^+$ の内部エネルギー変化量．[6] 衝突エネルギーは 100 keV．点線は解離エネルギーを表す．

5.6.2 Na$_9^+$とHeとの衝突

興味深いのはNa$_9^+$とヘリウム原子との衝突で，クラスターの「透明化」が観測されたことである．ある衝突エネルギー領域ではヘリウム原子がクラスターへ抵抗を受けることなく貫入していく現象が見られた．図5.29はクラスターの内部エネルギー変化量ΔEを衝突エネルギーE_{col}の関数として表したものである．ここでは衝突径数は0（**直衝突**）のままで，さまざまな衝突配向でエネルギー変化量を計算している．衝突エネルギーが10 eVから100 eVの領域では，ΔEの分布の広がりがかなり大きく，その中でΔEがほとんど0である衝突が多数見られるのである（図中の透明領域として示した部分）．

このエネルギー領域の衝突では，ある入射方向からは，ヘリウム原子にとってはクラスターを構成するナトリウム原子はまばらにあるように見えるのである．このような衝突では，ヘリウム原子とクラスターとの相対速度が大きすぎて，クラスターの振動の自由度を有効に励起できない．一方，この相対速度では小さすぎて，クラスターを電子励起することもできない．その結果，ヘリウム原子はクラスターの内部を通過するにもかかわらず，クラスターは「透明」であり，励起されないという現象が生じることになる．

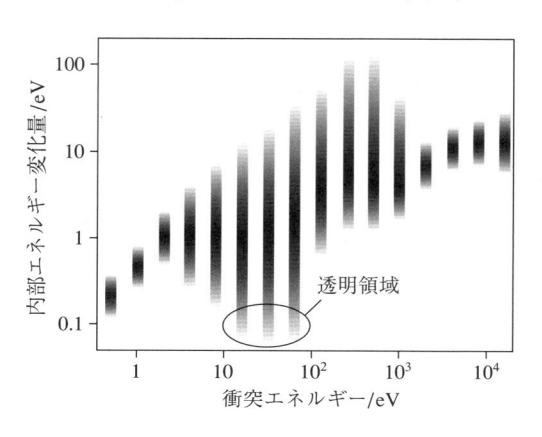

図 5.29 衝突によるナトリウムクラスターイオンNa$_9^+$の内部エネルギー変化量の分布（U. Saalmann and R. Schmidt: Phys. Rev. Lett. **80** (1998) 3213 より）．色が濃いほど分布が大きい．

5.6　金属クラスターと原子との衝突

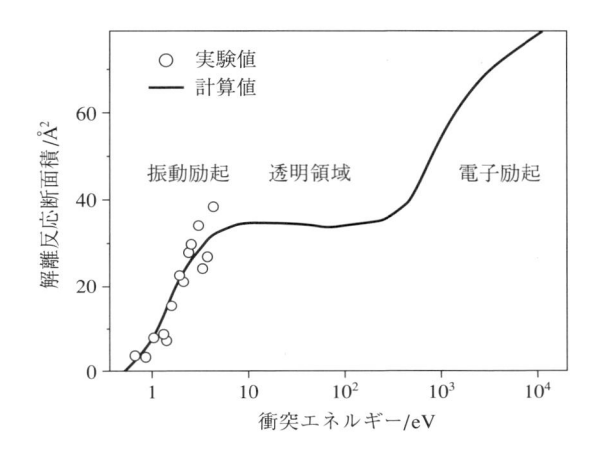

図 5.30　ナトリウムクラスターイオン Na_9^+ の解離反応断面積（U. Saalman and R. Schmidt：Phys. Rev. Lett. **80**（1998）3213 より）

　励起機構の変化と透明化の出現を実験的に観測するには，衝突エネルギー E_{col} の関数として**解離断面積**を測定することが挙げられる．Na_9^+ とヘリウム原子との衝突による Na_9^+ の解離断面積は，衝突エネルギー 0.2 ～ 4 eV の領域において測定されている．理論的な解離断面積と比較すると図 5.30 のようになり，これらは非常に良く一致していることがわかる．10 eV から 100 eV の範囲で解離断面積が一定となっているのは，透明化効果によるものであり，衝突エネルギーが 100 eV 以上になると，電子励起によって解離断面積は再び増加することになる．

　このように，クラスターと原子との衝突を 0.1 eV から 1 MeV の広い衝突エネルギーの範囲で見ていくことによって，さまざまな励起過程，緩和過程が進行する全体像を把握することができる．低エネルギー領域ではクラスターの振動励起が起こり，中間的なエネルギー領域では振動励起と電子励起が競合し，高エネルギー領域では電子励起が支配的となっていく．この電子励起が起こる場合には，クラスターの幾何学断面積以上の大きさで，クラス

ターと衝突原子とが相互作用し，エネルギー移動が起こりうるのである．

5.7　クラスターと固体表面との衝突

　クラスターと固体表面との衝突では，クラスターの**衝突エネルギー**に依存して，クラスターの表面への軟着陸，クラスターの解離，クラスターの固体内への注入など，さまざまな現象が起こる．衝突エネルギーが小さい場合には，クラスターと固体表面の間にいったん結合ができてしまうと，その結合を切って再び飛び出してくることは困難であり，**軟着陸**が起こることになる．衝突エネルギーが大きい場合には，クラスターは衝突の衝撃によって原子や小さなクラスターに解離することになる．また，クラスター内の原子の結合が強い場合には，クラスターは表面を突き破って固体内に入り込むこともある．

　これら以外の過程として，クラスターが表面に衝突した後，跳ね返ってくるという過程（**跳ね返り**）もある．これはちょうど，壁にボールがぶつかって戻ってくるような現象である．これは軟着陸と解離との間のエネルギー領域で起こることになる．このような固体表面とクラスターとの衝突がどのように進行するか，古典力学に基づいた**分子動力学法**を用いて詳しく見ていくことにしよう．

　ここでは，**正20面体構造**を持つ147量体と面心立方構造の (111) 表面との衝突を考えることにする．簡単のために，クラスターを構成する原子間および表面を構成する原子間には，以下に示す**レナード・ジョーンズポテンシャル**がはたらいているものとする．

$$V = 4\varepsilon \left\{ \left(\frac{\sigma}{r}\right)^{12} - \left(\frac{\sigma}{r}\right)^{6} \right\} \tag{5.71}$$

　クラスターを構成する原子と固体表面を構成する原子との間の引力項 $(\sigma/r)^6$ には，c というパラメータを掛けておいて，この c を 0.3 から 0.7 の

5.7 クラスターと固体表面との衝突

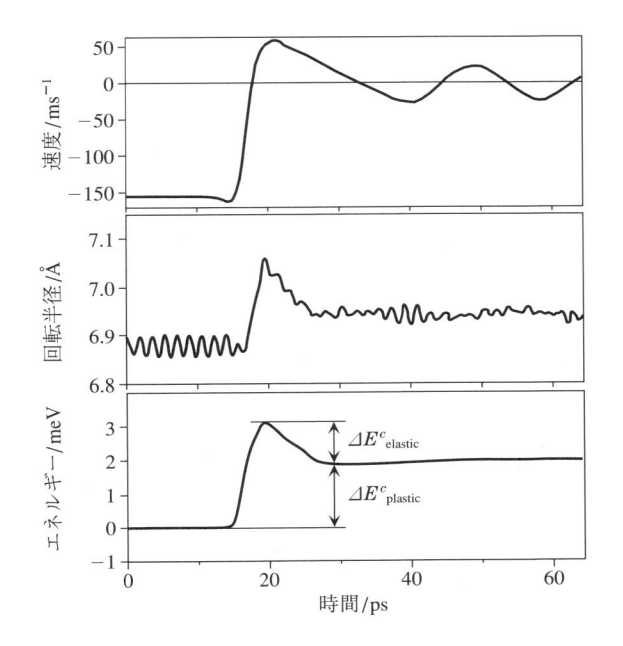

図 5.31 付着過程におけるクラスターの速度，回転半径および1原子当りの内部エネルギー変化量[7]

範囲で変化させることによって，衝突の様子がどのように変化するか見てみることにする．c が小さければ，クラスターと固体表面との引力は小さく，c が大きければ，引力は大きいというわけである．

初速度 $v_0 = 1.0(\varepsilon/m)^{1/2}$，$c = 0.35$ で147量体を表面に衝突させた結果を見ていこう．例えば，アルゴン原子では $\varepsilon = 10.4$ meV，$m = 39.95/N_A$ g であるから，アルゴンクラスター Ar_{147} では $v_0 = 158$ m/s である．ここで N_A はアボガドロ（Avogadro）定数である．衝突に先立って，クラスターは温度 $0.13\varepsilon/k_B$，表面の温度は $0.2\varepsilon/k_B$ に熱緩和されている．これもアルゴンの場合で考えると，クラスターは16 K，表面は24 K である．

図5.31は，147量体のクラスターが固体表面に衝突した場合のクラスターの速度 v，回転半径 R_g および1原子当りの内部エネルギーの時間変化である．ここで回転半径 R_g というのは，質量 M の物体に長さ R_g の紐を結んで回転させるときの慣性モーメントが I になるという関係であり，$R_g = \sqrt{I/M}$

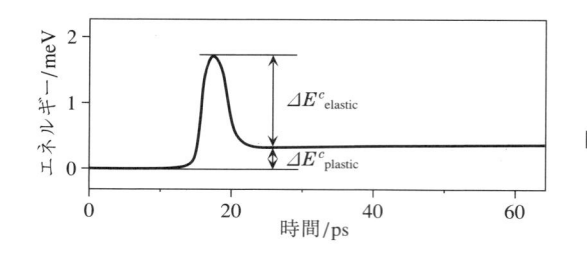

図 5.32 跳ね返り過程におけるクラスターの内部エネルギー変化量[7]

である．この例では衝突（$t = 16$ ps）後のクラスターの速度は 0 付近を振動しており，クラスターが表面に付着していることがわかる．一方，同じ速度で入射した場合でも，クラスターが固体表面に付着せずに跳ね返ってくることもある．図 5.32 は，このような跳ね返り過程のときの内部エネルギーの時間変化である．また，入射時のクラスターの配向を見ると，クラスターが固体表面に辺から衝突する場合には**付着**しやすく，クラスターが頂点から衝突する場合には**跳ね返り**を起こしやすいことがわかった．衝突時の配向の違いによって，衝突による衝撃を受けたときのクラスターの変形と運動エネルギーの散逸がかなり違ったものになるのである．

では，付着過程を詳しく見ていこう．図 5.31 の回転半径の時間変化からわかるように，クラスターは時刻 $t = 16$ ps に固体表面に衝突し，著しく変形していき，時刻 $t = 18$ ps に回転半径は最大となり，クラスターは最も歪むことになる．その後，クラスターの変形は徐々に解消して回転半径は小さくなっていき，時刻 $t = 24$ ps 以降はほぼ一定となるが，衝突前の値には戻らない．これは時刻 $t = 18$ ps までの間に，クラスターはまずは**弾性変形**を，ついで**塑性変形**をしているのである．弾性変形は正 20 面体構造付近での変形であり，外力を取り除けば，クラスターは再び正 20 面体構造に戻る可逆的な変形である．一方，塑性変形は正 20 面体構造から別の安定構造への変形であり，外力を取り去っても元の正 20 面体構造には戻らない不可逆的な変形である．

また，衝突時に内部エネルギー変化 ΔE^c は鋭く立ち上がり，その後，減少

5.7 クラスターと固体表面との衝突

し始め，ある一定値に落ち着いている．この変化は，クラスターの回転半径の変化とよく対応している．衝突によって内部エネルギーを得たクラスターも時刻 $t = 30$ ps までにはある程度のエネルギー（$\Delta E^c_{\text{elastic}}$）を失うが，エネルギー変化の大部分は不可逆的であり，結局クラスターは $\Delta E^c_{\text{plastic}}$ のエネルギーを得ることになる．一方，跳ね返りの場合，図 5.32 からわかるように，付着の場合と比べると衝突後のクラスターはほとんど変形しておらず，クラスターの内部エネルギー変化の大部分は弾性的である．

衝突の結果がクラスターの配向に強く依存していることがわかったので，これを平均化して入射速度に対する依存性を求めるために，さまざまな配向で 50 回クラスターを表面に入射し，付着確率を求めた．

図 5.33 は 147 量体の付着確率を速度の関数として表したものであり，付着確率は速度に対して 2 つのピークを持っていることがわかる．速度 $v_0 = 30$ m/s のところで付着確率は 1 に近い値になっており，これは**軟着陸**に対応する付着過程である．そして，速度 $v_0 \approx 190$ m/s にもう 1 つのピークがある．これらの間の中間的な速度では付着確率が小さく，クラスターは跳ね返ることになる．速度が大きい（80 m/s $< v_0 <$ 475 m/s）ときには，表面が衝突の衝撃によってくぼんで変形し，クラスターが付着することになる．$v_0 > 475$ m/s では，クラスターは解離を起こし始める．

付着確率の入射速度依存性でこのような 2 つのピークが観測されるのは，表面とクラスターとの引力が比

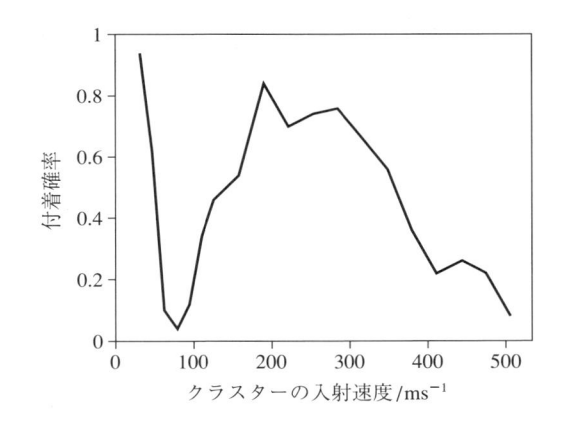

図 5.33 147 量体クラスターの付着確率 [7]

較的小さい場合である．すなわち，$c = 0.3, 0.4$ では2つのピークがはっきりと観測されるが，$c \geq 0.5$ では観測されなくなる．このように引力が強い場合には，クラスターは衝突するとほとんど必ず表面に付着し，さらに速度を上げると，クラスターは跳ね返らずに解離することになる．$c \leq 0.2$ では，非常に速度が小さいときにのみクラスターは付着することになる．

次に入射速度を上げていくと，クラスターの変形の様子がどのように変化していくかを見ていこう．図 5.34 は，147 量体での回転半径の相対変化 $\Delta R_g/R_g$ を入射速度 v_0 の関数として表している．$\Delta R_g/R_g$ は入射速度に対して2次関数的に増加している．これは表面衝突時のクラスターの相対的な広がり $\Delta R_g/R_g$ が，衝突エネルギーに比例することを表している．

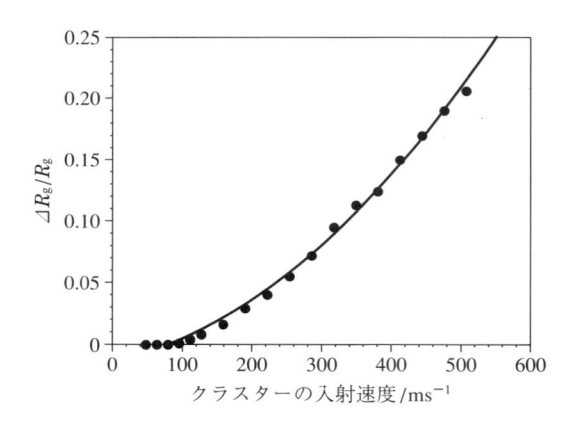

図 5.34 147 量体クラスターの回転半径の相対変化 [7]

表面との衝突によりクラスターが押しつぶされ，平たく変形すると接触面積が大きくなるので，クラスターを構成する，より多くの原子が固体表面の原子と接近するようになる．その結果，付着エネルギーが大きくなると考えられる．図 5.35 の上図は，147 量体の付着エネルギーの入射速度に対する依存性を表している．$v_0 < 80$ m/s では，衝突時のクラスターの変形はほとんどないので付着エネルギーは一定である．さらに速度が大きくなると，クラスターが変形し始める．それに従って，付着エネルギーは速度に依存して大

5.7 クラスターと固体表面との衝突

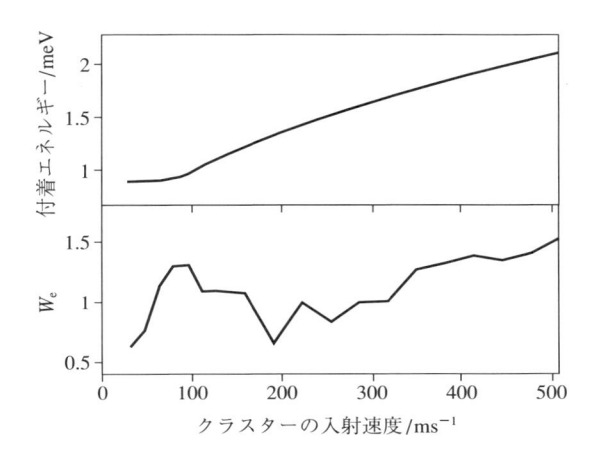

図 5.35 147 量体クラスターの 1 原子当りの付着エネルギーと付着エネルギーに対する運動エネルギーの割合 W_e [7]

きくなっていく．ここでは $\sqrt{v_0}$ に比例して増加するように見える．

また，クラスターの付着エネルギーに対する運動エネルギーの割合（W_e）を調べてみると図 5.35 の下図のようになる．速度の小さいほうから見ていくと，速度の増加とともに W_e が増加していることがわかる．$v_0 = 50$ m/s では W_e は 1 以下であり，付着確率も 0.6 以上であるが，$v_0 = 60$ m/s になると W_e は 1 以上となり，付着確率は 0.2 以下に激減する．W_e が 1 を超えると，跳ね返されるクラスターの数が劇的に増えるのである．これは，いったん生じた固体表面との結合を振り切ってクラスターが跳ね返ってくる状態である．

クラスターの入射速度に対する付着エネルギーの増加と，衝突後の運動エネルギーの増加を比較してみよう．クラスターの付着エネルギーは $v_0 > 80$ m/s において，$\sqrt{v_0}$ に比例して大きくなる．一方，衝突後のクラスターの運動エネルギーは，$v_0 > 110$ m/s においてほぼ v_0 に比例して大きくなっていく．このため，80 m/s を超えた付近の速度領域，すなわち，塑性変形が始ま

る速度領域では，付着エネルギーは運動エネルギーよりも急峻に増加する．そのため W_e は減少傾向を示し，付着確率は増加することになる．

クラスターは衝突時に円盤状に押しつぶされ，固体表面との接触面積が大きくなり，その結果として付着エネルギーが大きくなるので，付着確率が上がるのである．しかしながら，速度 v_0 が 190 m/s より大きくなると，今度は衝突後のクラスターの運動エネルギーが付着エネルギーを凌駕するようになり，W_e は $\sqrt{v_0}$ に比例して増加するようになる．その結果，付着確率はどんどん減少していくのである．

このように固体表面とクラスターの衝突を考えた場合，固体表面とクラスターとの相互作用が弱い組み合わせでは，クラスターの付着確率は，クラスターの入射速度に対して一様に減少するのではなくて，中間的な入射速度領域で付着確率が極大を持つことになる．入射速度が十分低い場合の付着過程は，クラスターの軟着陸として捉えることができる．一方，中間的な速度領域でのクラスターの付着は，クラスターの塑性変形による付着エネルギーの増加によるものである．

参考文献

[1] Y. Ozaki, M. Ichihashi and T. Kondow：Chem. Phys. Lett. **188**（1992）555
[2] U. Buck and R. Krohne：Phys. Rev. Lett. **73**（1994）947
[3] U. Buck, R. Krohne and P. Lohbrandt：J. Chem. Phys. **106**（1997）3205
[4] T. Ikegami, T. Kondow and S. Iwata：J. Chem. Phys. **98**（1993）3038
[5] M. Ichihashi, T. Ikegami and T. Kondow：J. Chem. Phys. **105**（1996）8164
[6] U. Saalmann and R. Schmidt：Phys. Rev. Lett. **80**（1998）3213
[7] A. Awasthi, S. C. Hendy, P. Zoontjens and S. A. Brown：Phys. Rev. Lett. **97**（2006）186103

クラスターの応用

6 エネルギー分野へ広がる応用

　この章では，エネルギー分野に関係が深いクラスターの話題を紹介する．その1つはメタンハイドレートであり，これは日本近海の海底に存在する有望なエネルギー源である．ここからメタンを取り出して燃料として用いるために，盛んに研究がされている．もう1つの例は，クラスター核融合である．核融合というと現在建設中の国際熱核融合実験炉（ITER）のような巨大な装置を思い浮かべるが，クラスター核融合では，クラスターに高強度レーザーを照射することによって局所的に核融合を誘発するものである．それでは，メタンハイドレートの生成に関する研究から見ていこう．

6.1　メタンハイドレート

　「燃える氷」として知られているメタンハイドレート（メタン水和物）は，メタン分子を中心にして，周囲を水分子が取り囲んだ構造（図6.1参照）から構成される固体結晶である．このようなメタンハイドレートは，**包接化合物**の一種であり，包接化合物というのは，いくつかの分子によって形成される「ホスト格子」内に，別の分子が「ゲスト分子」として捕捉されて形成される複合体である．メタンハイドレートの場合，ホスト格子は水分子の**水素結合**によって形成されるネットワークであり，メタン分子は，このネットワークによって形成される多面体の籠（水和殻）に捕捉されている．メタ

ンハイドレートでのメタン分子に限らず，希ガス原子から比較的大きな有機物に至るまで，多くのさまざまな分子が水素結合ネットワークに捉えられ，ハイドレート（水和物）を形成することが可能である．しかしながら，応用的に最も重要なハイドレートの1つは天然ガスの構成成分を含むものであろう．

また，気体水和物は通常，水と溶存気体の混合物が低温かつ高圧下におかれたときに形成される．気体水和物を形成する気体の溶解度は一般的に非常に低く，メタンの場合ではモル比で10^{-3}程度で

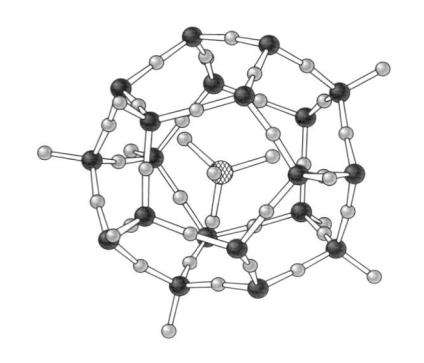

図 6.1 メタンハイドレート$CH_4(H_2O)_{20}$の構造．中央の斜線をつけた丸が炭素，灰色の丸が水素，黒色の丸が酸素を表している．

ある．しかしながら，水和物の結晶構造では水和物を形成する気体の見かけの溶解度は劇的に増加することになる．

メタンハイドレートの形成過程は，水溶液中でメタンの周りに図6.1のような籠状の水和構造が形成され，この水和構造が凝集してメタンハイドレートの結晶が生成するという過程が考えられる．まず，水溶液中でメタンを中心とした籠状の**水和構造**が生成する過程に関しては，1960年前後からメタンが水の構造化を促すということが提唱されてきた．メタンは弱いながらも**ファン・デル・ワールス力**によって水分子を周囲に引き寄せ，これらの水分子同士は水素結合によって，秩序だった籠状の構造を形成するというものである．

しかしながら，最近の研究によると，話はこれほど単純ではないようである．メタンの周りの水和構造では水の多角環構造が多く観測されるが，これらの環を構成する水分子の数は3〜11の範囲に広がっている．これは，5角形あるいは6角形のみが存在するメタンハイドレートの構造とは一致しない

結果である．さらにもう1つの興味深い結果は，溶液中でのメタン分子と水分子との近接距離はメタンハイドレートの結晶で見られるよりもだいぶ短いということである．メタンと水との典型的な距離は 3.5〜3.7 Å であり，この距離は圧力を上げてもあまり変化しない．一方，メタンハイドレート結晶では，これはおよそ 4.0 Å である．**中性子散乱**による実験では，メタン分子の周りの水和構造の半径はおよそ 3.5 Å と報告されている．メタンハイドレートの生成過程ではメタンの周りの水和構造を形成する水分子の配向が変化するだけでなく，水和構造自体の膨張が起こるのである．

さらに，このようなハイドレートが凝集し結晶化する際の結晶成長の核となるクラスターの形成過程は，現在までのところ未解明の問題となっている．これまで，古典的な**核形成モデル**がさまざまな核形成過程の基礎を構成しているにもかかわらず，ハイドレートの場合には，多くの難題に直面することになる．そのような問題の1つが**臨界核**の問題である．臨界核というのは，結晶成長の核として，持続的に成長していくことができる大きさのクラスターである．これよりも小さいサイズのクラスターは，どんどん小さくなって消滅してしまう．このような臨界核のサイズを**臨界サイズ**と呼ぶこともある．

臨界核となるクラスターのサイズや構造，核形成に至る詳細な過程はどのようになっているのだろうか．例えば，古典的な核形成モデルを使うとメタンハイドレートの臨界半径は 30〜170 Å と見積もられるが，一方，計算機シミュレーションではおよそ 14.5 Å と予測されている．気体水和物の構造はまだ正確には解き明かされていないが，最終的には，気体分子を中に閉じ込めた水 20 量体の **12 面体構造**などの包接構造を取るものと考えられる．

水溶液中での籠状の水クラスターの形成，および，これと同時進行する気体分子の取り込みが，水和物の殻形成過程となっている．水クラスターの形成過程では，**籠状構造**の成長および構造変化が重要な因子となっていることが推測される．このような籠状構造を持つ水クラスターが凝集し，さらなる

6.1 メタンハイドレート

水和物の結晶成長のための臨界核を形成するという道筋が考えられる．また，熱力学的に安定な状態からの臨界核形成を考える場合には，気体分子が局所的に秩序ある配置を取っており，これを取り囲むように，水分子が全体に調和した構造から臨界核が生成するという道筋も考えられる．

一方，液体中での12面体水クラスターの寿命の研究から，メタン分子は水の12面体クラスターの面を通して中に入り込み，凝集するという道筋も考えられている．これはメタンハイドレートの核形成にとって可能性の高い道筋と考えられるが，水の12面体クラスターがメタン水溶液中で自発的に形成されるのを前提としている．

メタンハイドレートを融解させていく過程では，完全に融解する直前のメタンハイドレート結晶の構造は，水の12面体クラスターであることが理論的に予測されている．それでは，逆の過程ではどうであろうか．つまり，メタン水溶液ではメタンを取り込んだ水の12面体クラスターが，自発的に形成するのであろうか．**核磁気共鳴（NMR）スペクトル**の測定によると，水溶液中でのメタンの水和分子数は20であることが明らかになっている．この20という数は，水の12面体クラスターを形成する分子数に等しく，メタン水溶液中で水の12面体クラスターが形成していることを示唆している．

さて，ここでは**分子動力学法**によって，メタン水溶液中で，水の12面体クラスターが自発的に形成するかどうかを見ていくことにする．準備としてメタンの水和殻が，どのような籠状構造であるかを示す定量的な指標を導入することにする．この指標を用いて，メタンの水和殻の構造および水クラスターの籠状構造を解析することにする．

まず，水クラスターの構造を考えてみよう．多面体の籠状構造を持つ水クラスターでは，6員環の半径（2.82 Å）はメタン分子の大きさ[*]（2.81 Å）とほぼ等しいので，メタンが6員環を通じて水クラスターの内外を行き来することはほとんど不可能であると考えられる．一方，7員環の半径は3.25 Å

---

[*] ここでは，メタンの炭素原子と水の酸素原子との平衡距離として見積もられる．

であるので,メタンは7員環を透過することが可能である.それゆえに,3～6員環は籠としては閉じた面と見なされる.7員環以上は閉じた面ではなく穴ということになる.

完全な**籠構造**は穴が開いていない構造であり,そのためにメタンを中に閉じ込めておくことができる.これが籠構造の一番の機能である.ここで,籠状構造の完成度を定量的に表すための指標について考えてみよう.まず,籠状構造の頂点に関する指標 ζ_V を導入する.これは次のように定義される.

$$\zeta_V = \frac{n_V^{E3+}}{n_V} \tag{6.1}$$

ここで,n_V は籠状構造を形成する頂点(水分子)の個数であり,n_V^{E3+} はその籠状構造のうちで,少なくとも3つの辺を共有する頂点(水分子)の個数である.(図6.2参照.なお,白い丸は2辺の頂点となる酸素を,黒い丸は3辺の頂点となる酸素を,灰色の丸は水素を表している.また,灰色で示した結合は多面体を構成する結合のうち面を共有しない結合を,白い結合は面を共有する結合を表す.)$\zeta_V = 1$ では,すべての酸素原子が少なくとも3つの水素原子と水素結合(または共有結合)を形成することになる.

次に,籠状構造の辺に関する指標 ζ_E を導入しよう.これを次のように定義する.

$$\zeta_E = \frac{n_E^{F2}}{n_E} \tag{6.2}$$

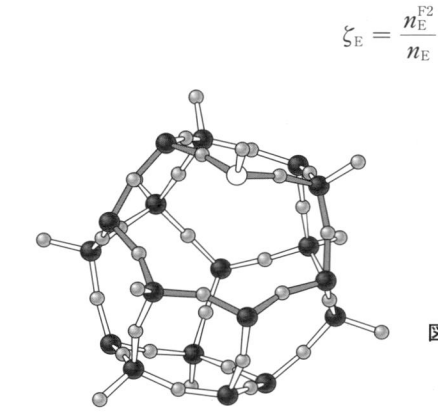

図 6.2 水クラスターの籠状構造の例

ここで n_E は籠状構造を形成する辺の総数であり，n_E^{F2} は2つの面を共有する辺の数である（図6.2参照）．$\zeta_E = 1$ では籠状構造は穴が開いていなくて，閉じた構造をしていることを示している．ζ_V と ζ_E が1に近づくにつれて，籠状構造は完全な籠構造へ近づくことになる．$\zeta_V = 1$ かつ $\zeta_E = 1$ のとき，籠状構造は完全な籠構造になる．完全な籠構造の一例が図6.1に示した構造である．12面体構造では，頂点の数 n_V は20であり，それぞれの頂点が3本の辺を共有しているので $n_V^{E3+} = 20$ であり，その結果 $\zeta_V = 1$ となる．また，辺の数 n_E は30であり，それぞれの辺が2面を共有しているので $n_E^{F2} = 30$ であり，その結果 $\zeta_E = 1$ となる．

さらに，籠状構造の完成度を次のように定義する．

$$\zeta_C = \zeta_V \zeta_E \tag{6.3}$$

完成度 ζ_C は，籠状構造がどれだけ完全な籠構造に近いかを定量的に表したものであり，頂点の数，辺の数，面の数，および，これらの幾何的な要素間の空間的関係など，籠状構造の幾何的な情報をたくさん含んでいる．これはメタンの水和構造の解析に使えるとともに，籠状構造を持つ水クラスターを探索することにも使えることになる．

図6.3は，分子動力学法によって計算した，メタン水溶液中における ζ_C の時間的なゆらぎの典型例を示している．ζ_C はおおむね0.1以下の小さい値を取っており，これは水和殻が籠構造からだいぶ離れた構造をしていることを示している．けれども，例えば，14 ps付近に現れてい

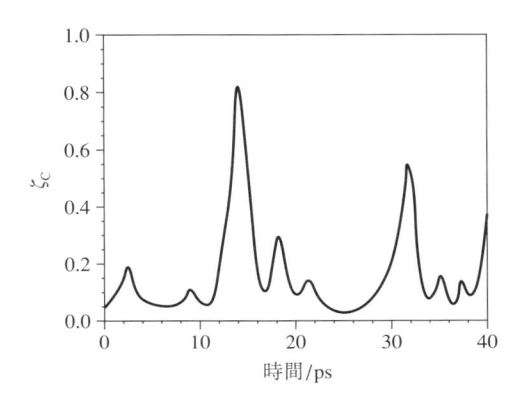

図 6.3 時間による籠構造完成度 ζ_C の変化 [1]

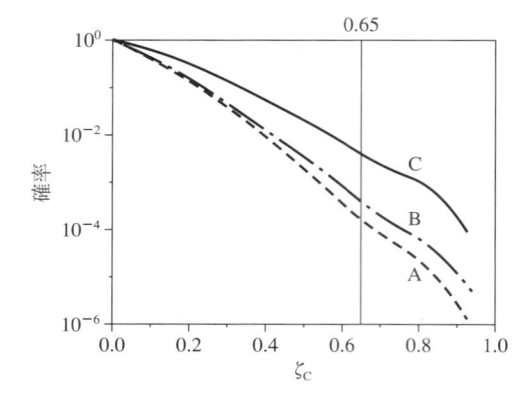

図 6.4 籠状構造の存在確率.[1]
(A) 濃度 (CH$_4$) : (H$_2$O) = 1 : 520, 温度 250 K.
(B) 濃度 (CH$_4$) : (H$_2$O) = 20 : 520, 温度 250 K.
(C) 濃度 (CH$_4$) : (H$_2$O) = 20 : 520, 温度 210 K.

るピークのところでは，ζ_C が 0.8 を超えるような大きな値になっており，メタン水溶液中で籠状構造が自発的に生成していることを示している．この構造は数 ps の間形成されており，安定な構造であることが見て取れる．

ζ_C がある値より大きな値を持つ籠状構造の存在確率 P_{IC} をプロットすると，図 6.4 のようになる．籠状構造の存在確率は ζ_C の増加とともに急激に減少することがわかる．例えば，$\zeta_C \geq 0.9$ といった高い完成度を持つ籠状構造を形成する割合は，$10^{-6} \sim 10^{-4}$ と非常に低い．また，ζ_C が 0.4 を超えるような籠状構造でさえ，1%〜5%にすぎない．この結果は，メタン分子は水の籠状構造にほとんど捕捉されずに，自由に水の中を**拡散**運動しており，水和殻はほとんどその運動を制約していないことを示している．実験からも，水溶液中でメタンはこのように自由に拡散していることがわかっている．

次に，籠の機能と籠の出現をそれぞれ考えるために，2 つの基準を用いることにする．1 つは $\zeta_E = 1$ であり，これは籠状構造の面がすべて 6 員環以下の環でできており，メタン分子を内包する機能を持つことを意味する．もう 1 つは，$\zeta_C \geq 0.65$ である．完全な水 12 面体クラスターでは ζ_C の値は 1 であるが，1 つの水素結合が切れると 0.652 になる (図 6.5 (a))．

さらに，切れた水素結合の場所に水分子が入り，2 つの水素結合ができて，

6.1 メタンハイドレート

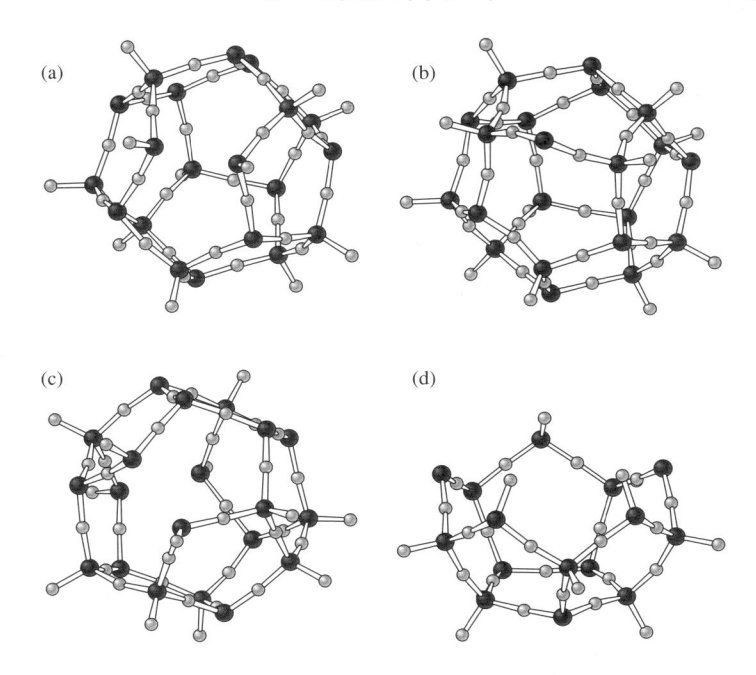

図 6.5 水クラスターの籠状構造. 灰色の丸が水素, 黒い丸が酸素を表している.

別の籠状構造（図 6.5 (b)）となると ξ_C の値は 0.952 に増加する. しかし, 水 12 面体クラスターの, 任意の 2 つの水素結合が切れると ξ_C の値は 0.65 以下になり, これはもはや籠状構造とは見なせないような構造（図 6.5 (c)）となる. さらに, 水 12 面体クラスターが 2 つの半球状に 2 分割されたもの, すなわち, 6 個の 5 員環から成る構造（図 6.5 (d)）では, ξ_C の値は 0.333 にすぎない.

6.1.1 籠状構造

まず, $\xi_C \geq 0.65$ である籠状構造に関する結果を見てみよう. 図 6.4 からわかるように, これらの籠状構造の存在確率 P_{IC} が, メタン濃度とともに増

加することを示している．またさらに，温度を250 Kから210 Kに下げると，存在確率は10倍近くに増加することもわかる．温度低下とメタンの濃度上昇が，水分子の**拡散係数**を低下させることになるからである．拡散係数の低下により，水素結合ネットワークの形成が容易になり，籠状構造の水クラスターの寿命が延びる．これによって，籠状構造の存在確率P_{IC}も増加することになるのである．

さらに，次の関係からメタン水溶液での籠状構造の濃度（モル分率）C_{IC}を見積もることができる．

$$C_{IC} = C_M P_{IC} \quad (6.4)$$

ここでC_Mはメタンの濃度（モル分率）である．例えば，水500分子に対してメタン1分子を溶解している水溶液（水溶液A）では，分子動力学計算によると$P_{IC}(\zeta_C \geq 0.65)$は$1.6 \times 10^{-4}$である．この場合，$C_{IC}(\zeta_C \geq 0.65)$は$3 \times 10^{-7}$となる．これを基に，通常のメタン水溶液を考えてみよう．

水に対するメタンの溶解度はモル分率で10^{-4}以下であり，非常に低い．これは，水溶液Aよりも低い濃度である．さらに，水分子の拡散係数は10^{-9} m^2/s程度であり，水溶液Aでの水の拡散係数より大きい．そのため，通常の水和形成条件でのメタン水溶液における籠状構造の$C_{IC}(\zeta_C \geq 0.65)$は水溶液Aよりも小さく，$10^{-7}$程度以下になることになる．

また，$\zeta_C \geq 0.65$である籠状構造を詳しく見てみると，閉じた籠状構造（すなわち，メタンが出入りしない籠状構造）はそのうちの約25%であり，それ以外は穴を持つ籠状構造なのである．このような構造の穴の大きさを見てみると，7員環，8員環，9員環，10員環の穴を持つ割合はそれぞれ76%，22%，1.7%，0.1%である．

次に，$\zeta_C \geq 0.65$である籠状構造を構成する平均水分子数n_Vは22.5〜23.1であり，これはメタンの水和数より1.6から2.5大きい値である．ζ_Cの基準として0.65より大きな値を採用して，より12面体構造に近い籠状構造を考えた場合でも，n_Vの値は水和分子数より大きい．このことは，籠状構

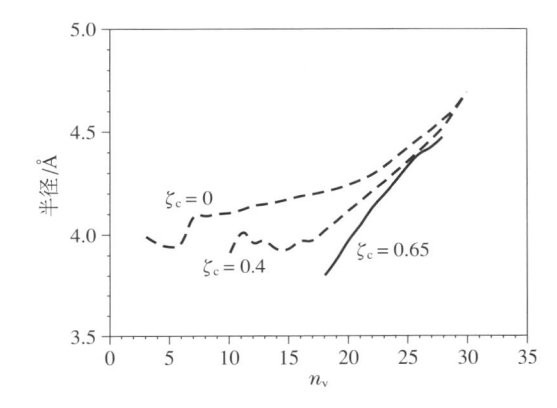

図 6.6 籠状構造を構成する水分子数 n_V と平均半径との関係[1]

造を形成するにはメタンを水和している水分子だけでは不十分であり，それよりも 1〜3 個余計に水分子が関与し，水素結合ネットワークを安定化していることを意味している．

さらにまた，n_V と籠状構造の半径の平均値との関係を求めると図 6.6 のようになる．ζ_C の増加とともに半径は徐々に小さくなる．一方，$\zeta_C = 0.65$ である籠状構造の半径は，n_V とともにほぼ直線的に増加するようになる．ζ_C が 0.65 より大きい場合でも，n_V と平均半径との関係は $\zeta_C = 0.65$ の場合とほぼ同じである．図 6.6 からわかるように，$n_V = 20$ での半径は 3.96 Å であり，12 面体構造のメタンハイドレートの半径（3.95 Å）と非常によく一致している．比較のために付け加えると，20 分子から成る水和殻の平均半径は 4.20 Å であり，このようなメタンの水和殻の多くは籠状構造をとっていないと推察することができる．

6.1.2 メタンを閉じ込める機能を持つ籠状構造

今度は，$\zeta_E = 1$ でメタンを閉じ込める機能を持つ籠状構造を考えてみよう．メタンを閉じ込める機能を持つ籠状構造の結果は，前項で詳しく見た $\zeta_C \geq 0.65$ の籠状構造の結果とよく似ている．しかし，$\zeta_E = 1$ でメタンを閉

じ込める機能を持つ籠状構造の存在確率は，$\zeta_c \geq 0.65$ の籠状構造の 1/4 〜 1/3 にすぎない．実際，メタンを閉じ込める機能を持つ籠状構造の 99% 以上が，$\zeta_c \geq 0.65$ の基準を満たしている．メタンを閉じ込める機能を持つ籠状構造が，メタンハイドレートの核形成過程で重要な役割を果たすことは容易に想像できる．メタン分子同士は水溶液中で凝集し，泡を形成する．当然，この泡は水和物ではない．重要な違いは，泡ではメタン分子は互いに直接に接しているが，水和物では籠によって互いに分離されている点である．閉じた籠状構造に内包されたメタン分子は，水溶液中の他のメタン分子と直接に接しないように壁で仕切られているのである．

　単純なメタンの水和構造と，メタンを取り込んだ閉じた籠状構造とは構造的に異なっており，なんらかの**構造転移**が水和物形成過程の間に起こると考えられる．この場合，メタンを取り込んだ閉じた籠状構造が，メタンハイドレート結晶の成長核としての役割を果たすことになるのかもしれない．

　最後に，$\zeta_c = 1$ の籠状構造，すなわち，完全な籠構造に関して述べることにする．このシミュレーションでは，10^{-6} の割合で完全な籠構造が観測されている．しかしながら，生成した 6.0×10^7 個のメタンの水和殻の中で水 20 面体クラスターは残念ながら 1 つも見つかっていない．メタン水溶液中で，水 20 面体クラスターの存在が完全に否定されたわけではないが，少なくとも希薄なメタン水溶液においては，その存在確率は 10^{-7} よりずっと低いと見積もられることになる．

6.2　クラスターの核融合反応

　原子核は正の電荷を持っているため，原子核同士の間には**クーロン力**がはたらき，反発し合う．しかし，ある程度接近すると今度は**核力**がはたらき，互いに引き合い，**核融合**することになる．クーロン力による反発を乗り越えるためには，非常に高いエネルギーで原子核同士を衝突させる必要があり，

これまで，このような原子核の加速には巨大な加速器が用いられてきた．最近，このような高いエネルギーでの原子核同士の衝突を実現するために，高強度のレーザーをクラスターに照射して，原子核を加速する方法が考案され，実験されている．重水素を含む分子のクラスターを**クーロン爆発**させることによって，巨大な装置を用いる必要なく，**重水素核融合**を引き起こすことができるのである．

高強度のレーザーによって，クラスターをイオン化（**レーザーイオン化**）すると多数の電子が放出され，多価のクラスターイオンが生成する．このクラスターはクーロン反発によって爆発的に解離し（クーロン爆発），その結果，非常に高速のイオン（並進運動エネルギーにして 5 keV から 1 MeV）が生み出される．

まずは，レーザー照射によって重水素クラスターをイオン化し，クラスターの爆発による核融合反応を観測した例を紹介する．ここでは入射レーザーのエネルギー 1 J 当り約 10^5 回の核融合反応が起こることを見出している．これは将来的には，高効率な**レーザー核融合**へつながるかもしれない．これを見ていくことにしよう．

6.2.1 重水素クラスターを用いる核融合

図 6.7 に示すように，重水素気体を小孔から真空中に噴出することによって，大きな重水素クラスター $(D_2)_n$ を生成する．このクラスターに高強度のフェムト秒パルスレーザーを照射し，多数の重水素原子をイオン化する．それにより，クラスターはクーロン爆発し，数 keV の並進運動エネルギーを持つ重水素イオン D^+ を放出する．爆発するクラスターから飛び出す高速の重水素イオンは，このレーザー照射によって生成する**プラズマ**の中で，他のクラスターから放出されたイオンと**衝突**することになる．もし，このイオンの並進運動エネルギーが十分に高ければ（数 keV 以上），重水素核融合が高い確率で起こりうる．核融合が起こると 2.45 MeV の**中性子** n が放出される

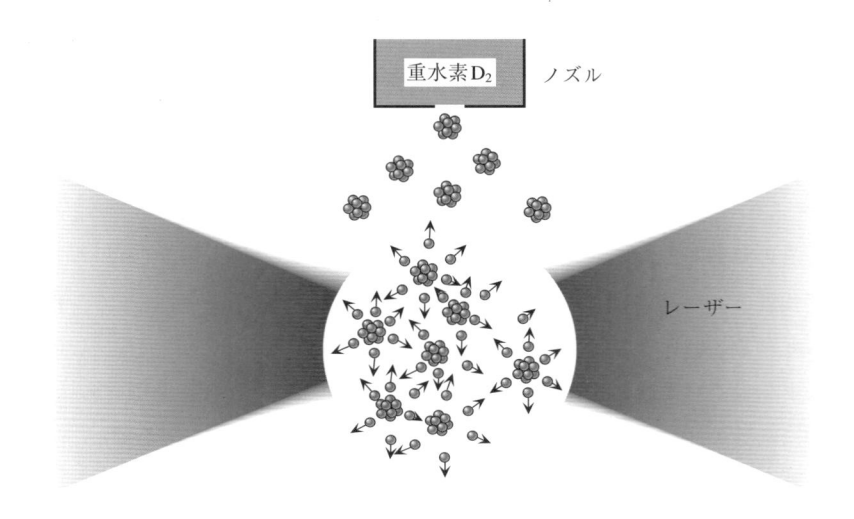

図 6.7　クラスターへの高強度レーザー照射

ので，これを検出することによって，核融合が起こっていることを確認することができる．中性子の放出は以下のような反応の進行による．

$$D + D \rightarrow {}^3He + n \tag{6.5}$$

　重水素分子間の結合エネルギーは小さいため，分子同士は凝集しにくく，そのためクラスターも成長しにくい．重水素気体を冷却し，クラスターの生成を促進するために，ここではノズルを $-170°C$ 程度まで冷却している．このようにして生成した重水素クラスターの直径は，およそ $100\,Å$（10^4 量体）である．

　中性子検出器をクラスターとレーザーとの相互作用領域から $1\,m$ 離れたところに配置し，**飛行時間分析法**により中性子の並進運動エネルギーを測定した．図 6.8 は，検出された中性子の並進運動エネルギー分布である．結果として，$2.45\,MeV$ の並進運動エネルギーを持つ中性子がかなりの数で観測されたのである．これは，重水素クラスターとレーザーとの相互作用で，重水素核融合が起こっていることを裏付けている．同様の実験で軽水素 H_2 か

ら成るクラスターを用いた場合には，このような中性子は全く検出されない．また，重水素の場合でもノズルを冷却せずに室温のままで用いた場合には，大きなサイズの重水素クラスターが生成しないため，レーザー照射による中性子が検出されないことも確認されている．大きなサイズの重水素クラスターが重水素核融合に不可欠であることがわかる．

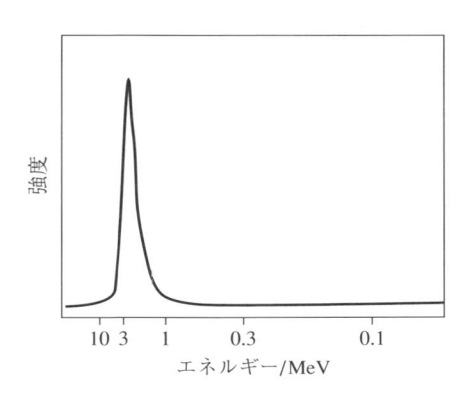

図 6.8 中性子の並進運動エネルギー分布 [2]

核融合反応の収率が最大になるように，ノズルの温度，噴出する重水素気体の圧力，レーザーとの相互作用領域の大きさを調整した結果，最適条件ではレーザー1パルス当りおよそ 1×10^4 個の中性子を検出している．これはレーザー1J当り 10^5 個の中性子生成に相当し，大規模な核融合炉での中性子生成効率に匹敵する．

6.2.2 核融合効率をさらに高めるために

クーロン爆発する多価クラスターイオンから生成する重水素イオンの並進運動エネルギーを大きくすることによって，重水素核融合の収率をさらに高めることが可能である．例えば，重水素 D_2 ではなく，重水素を含む他の分子，重メタン（CD_4），ヨウ化重水素（DI），重ヨードメタン（CD_3I）などのクラスターを用いることが考えられる．軽元素と重元素から成るこれらのクラスターのクーロン爆発誘起核融合では，$(D_2)_n$ と比較すると，収率が7桁程度向上するといわれている．

重水素分子のような等核分子のクラスターのクーロン爆発は，一様な等方的な爆発となる（図6.9参照）．計算によると，2000量体程度の重水素クラ

196   6. エネルギー分野へ広がる応用

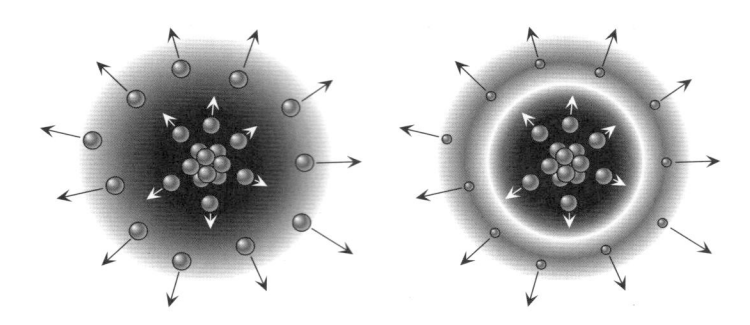

図 6.9 クラスターのクーロン爆発の模式図. 左は等核分子から成るクラスターの場合. 右は異核分子から成るクラスターの場合.

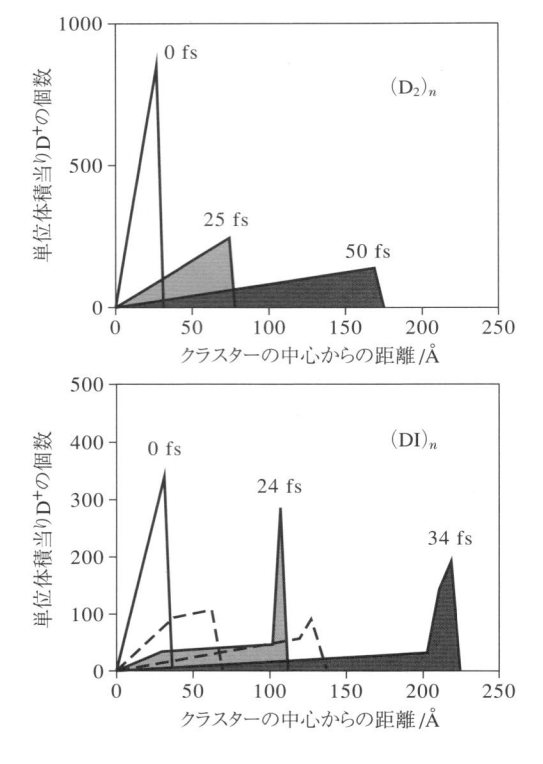

図 6.10 クーロン爆発によって飛散する重水素イオン D^+ の動径方向分布 [3]

スターに強度 10^{18} W cm^{-2} のレーザー光を照射すると，4000 個のすべての電子が剥ぎ取られることが指摘されている．生成した 4000 個の重水素イオン D$^+$ の空間分布の時間変化は，図 6.10 のようになり，単一で幅の広い空間分布になる．

次に質量の効果を考えるために，重水素 D とヨウ素 I から成るヨウ化重水素分子 DI について考えてみよう．この分子から構成されるクラスターでは，クーロン爆発の際に，各イオンが得る並進運動エネルギーは I^{q+} に比べて D$^+$ の方が大きくなる．そのため，D$^+$ の空間分布と I^{q+} の空間分布は爆発初期には重なっているが，時間とともに爆発の内側には I^{q+} が分布し，外側には D$^+$ が分布するという空間的な分離が起こることになる．

軽元素と重元素から成るクラスターでは，クーロン爆発時に外側に軽いイオンから成る球形の殻を形成し，この球殻からの反発的な静電相互作用によって，重いイオンから成る過渡的に安定な集合体を内側に構成する．そこでは，広がっていく軽い重水素イオンの過渡的な暈（かさ，ハロー）が形成され，これが内側のヨウ素多価イオンから成るクラスターを取り囲むのである．また，内側の I^{q+} と外側の D$^+$ との間の反発的な静電相互作用が大きいので，(D$_2$)$_n$ に比べて (DI)$_n$ では，外に向かう D$^+$ の速度が格段に大きくなるのである．

均一なクーロン爆発が起こる重水素クラスター (D$_2$)$_n$ と，不均一なクーロン爆発が起こるヨウ化重水素クラスター (DI)$_n$ との場合とで，重水素イオンの並進運動エネルギーの最大値 E_M および平均値 $\bar{E}$ を比較してみよう．これによると，どちらのクラスターでもサイズ n が大きくなるほど，D$^+$ の並進運動エネルギーは大きくなり，E_M，$\bar{E}$ はともに $n^{2/3}$ に比例するという結果が得られる（図 6.11 参照）．

また，2000 量体程度の重水素クラスターでは，重水素イオンの最大エネルギー E_M はレーザー強度が 10^{17} W cm^{-2} より高い領域ではほぼ一定である．これは，この領域では，重水素クラスターから電子がすべて剥ぎ取られて完

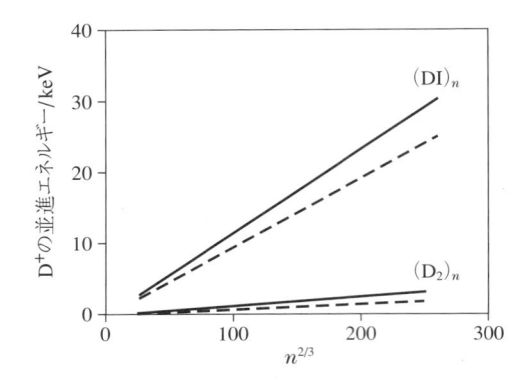

図 6.11 クーロン爆発によって生じる重水素イオン D^+ の運動エネルギーの最大値(実線)と平均値(破線)[3]

全にイオン化することを示している.一方,ヨウ化重水素クラスターでは,レーザー強度の増加によって重水素イオンの最大エネルギー E_M が著しく大きくなる.これは,ヨウ素イオンの価数が,レーザー強度とともに急激に高くなるためである.例えば,レーザー強度が 10^{17} W cm^{-2} の場合はヨウ素イオン I^{13+} が主に生成するが,レーザー強度が 10^{18} W cm^{-2} になると I^{22+} が主に生成するようになる.さらに,レーザー強度が 10^{20} W cm^{-2} になると I^{35+} が生成するようになる.

サイズ依存性の結果も考え合わせると,ヨウ化重水素クラスターでは,4000量体に強度 10^{20} W cm^{-2} のレーザーを照射すると,D^+ の並進運動エネルギー E_M は 45 keV にもなるのである.これは,同じサイズの重水素クラスターにレーザーを照射したときの,D^+ の並進運動エネルギーの約10倍である.$(DI)_n$ のような軽元素と重元素から成るクラスターでは,$(D_2)_n$ に比べて,同じサイズ,同じレーザー強度でもクーロン爆発によって飛び出す D^+ の並進運動エネルギーが劇的に大きくなるのである.

これは多価の重イオンとの反発によるものであり,このため重水素クラスター $(D_2)_n$ に比べて,ヨウ化重水素クラスター $(DI)_n$ ではクーロン爆発誘起核融合が起こる確率が劇的に高まることになる.サイズ領域 $n = 1000 \sim$

2000，レーザー強度 $10^{18} \sim 10^{19}$ W cm^{-2} において，(DI)$_n$ での核融合反応の頻度は，(D$_2$)$_n$ での頻度の $10^5 \sim 10^7$ 倍となる．

　また将来的には，このような核融合によって発生する高強度の中性子線は，比較的身近な中性子源として，中性子回折を用いる物質科学への利用，医学的な中性子造影法への展開，核反応による元素合成の探索に応用することも可能であろう．さらに，このような小型の高エネルギー重イオンビーム源は，ガン治療装置としての応用も考えられている．

参考文献

[1] G.-J. Guo, Y.-G. Zhang, M. Li and C.-H. Wu：J. Chem. Phys. **128** (2008) 194504

[2] T. Ditmire, J. Zweiback, V. P. Yanovsky, T. E. Cowan, G. Hays and K. B. Wharton：Nature **398** (1999) 489

[3] A. Heidenreich, J. Jortner and I. Last：Proc. Natl. Acad. Sci. USA **103** (2006) 10589

7 触媒分野へ広がる応用

　この章では，触媒分野に関係したクラスターを取り上げる．遷移金属は化学工業でさまざまな触媒として用いられている．このような触媒で実際に反応を担っているのは，クラスターやナノスケール程度の微細な構造体である．クラスター上での化学反応研究から触媒開発へとつながる研究をいくつか紹介する．さらに，バルクでは不活性な金も，クラスターになるとこれまでの触媒には見られない特徴的な触媒機能を発現することが明らかとなっており，金クラスターは実用に非常に近い存在になっている．この研究成果も見ていく．また最後の方では，水素を効率よく吸着するクラスターを設計し水素吸蔵材料として活用しようという試みを紹介する．

7.1 鉄クラスターと水素との反応

　サイズによって金属クラスターの幾何構造・電子構造が変化することは，第2章で見たとおりである．これらの構造変化によって，金属クラスターと分子との反応における**エネルギー障壁（活性化エネルギー）**が変化し，顕著な反応性変化につながっていくことになる．

　例えば，鉄クラスターへの水素分子の**吸着**では，サイズが20以下のところで顕著なサイズ依存性が観測されている（図7.1参照）．この実験では，まずサイズ選別されていない，電気的に中性な鉄クラスターを水素気体中に導入

7.1 鉄クラスターと水素との反応

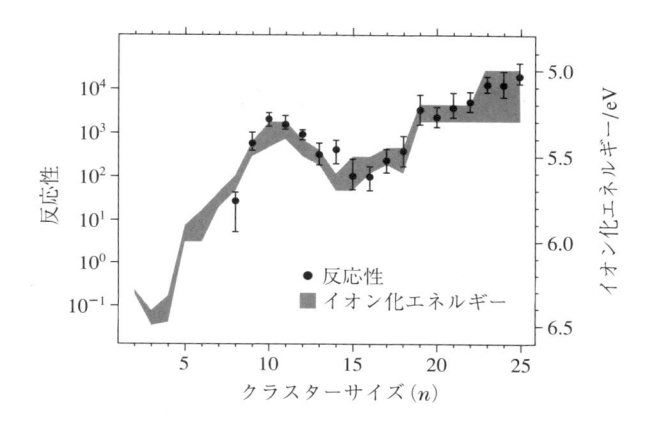

図 7.1 鉄クラスター Fe_n と水素分子との反応性と鉄クラスターのイオン化エネルギー（R. L. Whetten, D. M. Cox, D. J. Trevor and A. Kaldor：Phys. Rev. Lett. **54**（1985）1494 より）

し反応させる．このようにして生成した水素吸着 – 鉄クラスターおよび未反応の鉄クラスターを紫外レーザーで**イオン化**し，**質量分析**したのである．得られた**質量スペクトル**を解析して，未反応物 Fe_n に対する吸着生成物 Fe_nH_2 の割合をサイズ n の関数として求めた．この結果，クラスター1個当りの反応性では，Fe_{10} の方が，Fe_8 や Fe_{15} に比べて10倍以上高いことがわかった．しかも，反応性が高い鉄クラスターほど，低い**イオン化エネルギー**を持っていて，水素分子へ電子を供与しやすいという関連性が見出された．

こうした反応は，以下に示すような過程を経て進行する．

$$Fe_n + H_2 \rightarrow Fe_n(H_2) \rightarrow Fe_nHH \tag{7.1}$$

水素分子は，クラスターとの間の**誘起双極子 – 誘起双極子相互作用**などの静電引力によって，まずクラスターに非解離的に**分子状吸着**する．その後，クラスターを構成する鉄原子から水素分子に電子が移動する．この電子は水素分子の**反結合性軌道**に入るために水素分子は解離し，解離した水素原子はク

ラスターを構成する鉄原子と化学結合を形成し，Fe$_n$HH が生成する（**解離吸着**）．クラスターから水素分子への**電子移動**が起こりにくい場合には，いったん弱く吸着した水素分子は再びクラスターから脱離することになる．ここでは，鉄クラスターの**最高被占軌道（HOMO）**から水素分子の反結合性軌道への電子移動が，反応性を支配する**律速過程**であると**電子軌道**をもとに考えることができる．

この考えをさらに一般化し，金属クラスターと水素分子との反応では，イオン化エネルギー（E_i）と**電子親和力**（E_{ea}）との差が反応性と相関しているということが見出されている．$E_p = E_i - E_{ea} - e^2/R$ という量を考えると，これは近似的にクラスターの最高被占軌道（HOMO）から**最低空軌道（LUMO）**へ電子を遷移させるのに必要なエネルギーに相当することになる．ここで最後の項 $-e^2/R$ は，半径 R のクラスターの持つ**帯電エネルギー**である．

このような相関を生み出す元になっているのは，水素分子の価電子とクラスターの HOMO を占める電子との**パウリ（Pauli）反発**[*]に由来する，反応の活性化エネルギーである．この活性化エネルギーは，**HOMO–LUMO 遷移エネルギー**である E_p に近似的に等しいと考えられる．E_p が大きくなると反応性が低下することが，水素分子との反応において鉄クラスター，コバルトクラスター，ニッケルクラスター，ニオブクラスターで観測されている．

また，ニッケルクラスター Ni$_{13}$ と水素分子 H$_2$ との反応を**分子動力学法**で追跡すると，H$_2$ の解離吸着の**反応断面積**は図 7.2 のような**衝突エネルギー依存性**を示す．衝突エネルギーが小さいほど水素分子はクラスターの静電引力によって捕獲されやすく，そのため吸着しやすい．この状態では水素分子はまだ解離せず，分子状に吸着している．吸着した水素分子は Ni$_{13}$ を**表面拡散**し，クラスターのある特定の部位で解離を起こすことになる．このように反応を誘起する部位を**活性サイト**と呼ぶ．H$_2$ の拡散は，Ni$_{13}$H$_2$ の内部エネ

---

[*] 水素分子の軌道とクラスターの HOMO とが重なることによるポテンシャルエネルギーの上昇．

ギーが大きいほど活発になり，H₂ が反応活性サイトに到達する可能性が高くなる．

H₂ の吸着エネルギーと衝突エネルギーが $Ni_{13}H_2$ の内部エネルギーに変換されるため，解離吸着の断面積は衝突エネルギーとともに増加する．さらに衝突エネルギーを上げていくと，クラスターの引力に水素分子が捕獲されにくくなり，反応断面積が減少

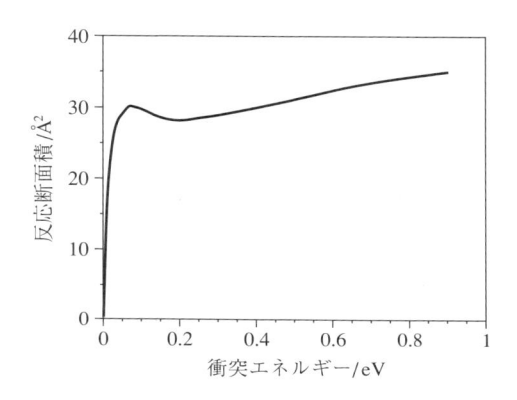

図 7.2 ニッケルクラスター Ni_{13} に対する水素分子の解離吸着反応断面積の衝突エネルギー依存性[3]

していく．結果的には，0.07 eV のところで反応断面積は極大となっている．衝突エネルギーが高くなり，0.2 eV を超えるようになると，衝突時の衝撃によって水素分子の解離が起こるようになり，衝突エネルギーとともに再び反応断面積が増加するようになる．また，エネルギーが比較的高い場合の衝突では，衝突時の分子の配向とクラスターのどこに衝突するかが，分子の解離にとって重要な因子となってくる．

7.2 鉄クラスターイオンと炭化水素との反応

構成原子数（サイズ）の定まったクラスターを出発物質として，反応を行わせ，生成物を分析しようという研究も行われている．理由は，中性のクラスターの反応では，反応の出発物質と最終生成物との対応が必ずしも明確ではないからである．すなわち，分子の吸着によるクラスターの崩壊や，質量分析を行う際のイオン化過程での崩壊を考えると，例えば，Fe_8H_2 は Fe_8 から生成したのか，それとも Fe_9 など，より大きなクラスターから生成したの

かわからなくなるからである．

一方，サイズの定まったクラスターを出発物質として選別するのに質量分析法を用いるため，電荷を帯びたクラスターイオンを出発物質として用いることになる．最終生成物も電荷を帯びており，これをそのまま質量分析できる．前節のような電気的に中性な生成物を質量分析するには，これをイオン化する必要があり，この際，生成物が解離する可能性を常にはらんでいる．もともとイオンである生成物を質量分析する場合には，このような心配をする必要がない．

不飽和炭化水素であるエチレン分子 C_2H_4 は，鉄などの遷移金属を触媒として用いて，二重結合への水素付加や脱水素などを起こすことが知られている．このような反応は石油の精製などにおいて重要な反応となっている．それでは，このような反応は遷移金属のどのような性質と関係しているのであろうか．**サイズ選別**された鉄クラスターイオン Fe_n^+ とエチレン分子の反応を調べてみると，図7.3に示すように，サイズが小さいところでは反応がほとんど起こらないことがわかる．18量体よりサイズが大きくなると顕著な反応性が現れて，**脱水素反応**が進行する．これは鉄クラスターの電子構造と密接に関連している．

それでは，**電子軌道**を考えてみよう．サイズが小さ

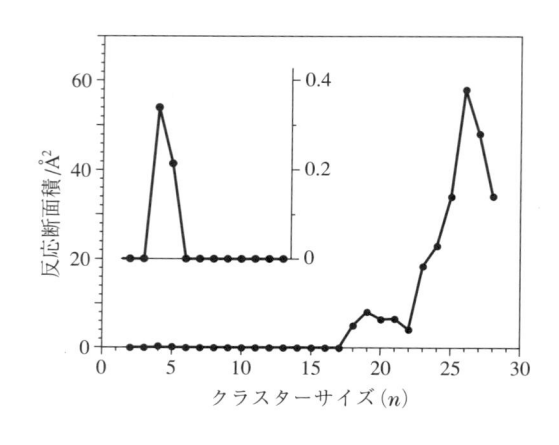

図7.3 鉄クラスターイオン Fe_n^+ とエチレン分子 C_2H_4 との反応断面積（M. Ichihashi, T. Hanmura and T. Kondow：J. Chem. Phys. **125** (2006) 133404 より）．$n = 2 \sim 13$ は縦軸を拡大した図も示した．

いクラスターでは 4s 電子の**エネルギー準位**が 3d 電子の準位よりも上にあり，4s 電子の軌道が**最高被占軌道（HOMO）**となっている．サイズが大きくなるに従って，4s 電子の準位がエネルギー的に低くなっていき，25 量体以上で 3d 電子の準位と重なるようになる．反応性を見てみると，このサイズ付近で**反応断面積**が急激に増加していることがわかる．エチレンとの反応に関与するのは 3d 電子であり，3d 電子に由来する軌道が HOMO になるとエチレンの分子軌道と相互作用して，エチレンがクラスター上で解離し，水素が原子状に吸着する．最終的には吸着している水素原子同士がクラスター上で結合し，水素分子となって脱離することになる．同様の反応が，コバルトクラスターイオン Co_n^+ やニッケルクラスターイオン Ni_n^+ で進行することが観測されている．

クラスターイオンに複数の分子を吸着させた場合にはどうなるであろうか．鉄クラスターイオンとエチレンとの反応では，鉄 4 量体イオン上で吸着エチレン 3 分子が**環化反応**を起こし，ベンゼン分子 C_6H_6 を形成することが見出されている．このように質量分析法を用いて，反応に関与する金属クラスターのサイズを正確に決定し，ある特定の構成粒子数のクラスター上で反応が効率よく進行することが観測されている．

7.3 金属クラスターを触媒としたカーボンナノチューブ生成

カーボンナノチューブは，軽くてしなやかで強いという物理的性質を持ち，さらに幾何構造によって，電気的性質が金属から半導体まで変化することが知られている．このような魅力的な性質のため，応用的研究も盛んに行われている．このカーボンナノチューブの大量合成法の 1 つとして，鉄などの金属クラスターを触媒として用いた**化学蒸着法**が広く行われるようになってきている．しかしながら，直径や長さを制御して思い通りの性質を持つカーボンナノチューブを選択的に生成することには，いまだに成功してはいない．

そのためには，カーボンナノチューブの生成過程を解明することが重要である．ここでは金属クラスターを触媒として用いる化学蒸着法において，カーボンナノチューブの種が生成し，それに続いて継続的にチューブが成長していく様子を見ていこう．

7.3.1 カーボンナノチューブ生成の実験的観測

二酸化ケイ素の基板を担体として，触媒である鉄クラスターを担持し，これを真空中で600℃まで加熱する．ここにアセチレンC_2H_2を導入すると，カーボンナノチューブが合成される．このように，カーボンナノチューブが触媒上で成長する様子を逐次的に高分解能透過型**電子顕微鏡**で観察する研究

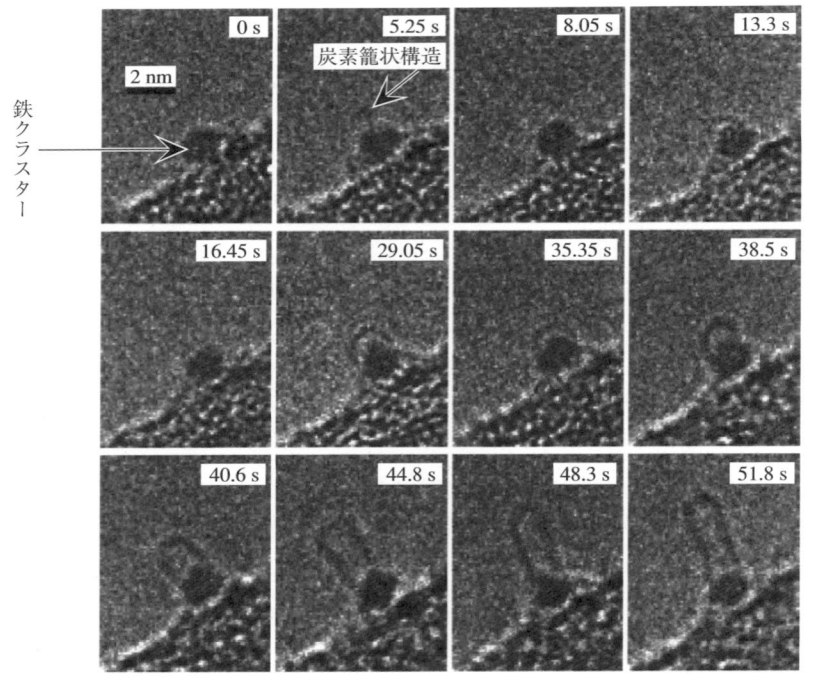

図 7.4 鉄クラスター上でのカーボンナノチューブ成長を観察した電子顕微鏡写真（H. Yoshida, S. Takeda, T. Uchiyama, H. Kohno and Y. Homma：Nano Lett. **8**（2008）2082 より）

7.3 金属クラスターを触媒としたカーボンナノチューブ生成　　207

が行われた．

　この場合，図7.4のようにカーボンナノチューブの生成していく様子が観測された．$t = 0 \sim 16.45\,\mathrm{s}$ は，カーボンナノチューブ形成直前の鉄クラスターの様子である．例えば，$t = 5.25\,\mathrm{s}$ に見られるように，炭素から成る**籠状構造**が鉄クラスター上でいったん形成され，その後消失するのが観察された．また，鉄クラスターが変形を繰り返していることも見て取れる．しばらくして $t = 35.35\,\mathrm{s}$ では安定なドーム状の構造，すなわちカーボンナノチューブの種となるような構造が現れる．この構造は徐々に成長し，$t = 40.6\,\mathrm{s}$ から $t = 51.8\,\mathrm{s}$ では直径 $1.5\,\mathrm{nm}$，長さ $3.6\,\mathrm{nm}$ の単層のカーボンナノチューブに成長していることがわかる．

7.3.2 カーボンナノチューブ生成の計算機シミュレーション

　ドーム状の構造から単層のカーボンナノチューブが成長していく様子を，量子力学的手法を用いた**分子動力学法**で追跡し，詳細に調べる研究が行われた．このシミュレーションでは鉄クラスター Fe_{38} 上に形成されたコランニュレン状の C_{20}（図7.5参照）が，チューブへと成長していく過程を追跡している．このようなコランニュレン分子の形成は，**レーザー蒸発法**や**アーク放電法**を用いた実験でも生成が確認されている．

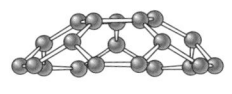

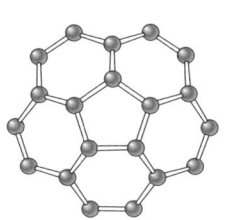

図 7.5 コランニュレン C_{20} の構造

　まず，コランニュレン状の**ドーム構造**自体は π 電子共役系で安定であることから，比較的不安定な，ドーム構造の端の部分が鉄クラスター表面の炭素原子を取り込むための反応領域になると予想される．そのための反応を効率よく進行させるように，ドーム構造と鉄クラスターの間の鉄－炭素界面付近に炭素を供給する計算を行った．これをシミュレーション（ⅰ）と呼ぶことにする．また，ドーム構

造の直上から炭素を供給することによって単層ナノチューブが成長することも考えられる．これをシミュレーション（ⅱ）と呼ぶことにする．いずれの場合も炭素原子は 0.6 ps ごとに入射エネルギー 0.052 eV で供給しており，この入射エネルギーは 1500 K での炭素原子の運動エネルギーに相当する．

図 7.6 の A～J はシミュレーション（ⅰ）における，開始から 40 ps 後の様子をそれぞれ示している．ここでは，鉄クラスター Fe_{38} の 1500 K での代表的な構造を初期構造として計算を行っている．ドーム構造の端へ供給された炭素が効率よく取り込まれ，炭素ネットワークが広がっていることがわかる．結果として得られる炭素ネットワークは，鉄クラスター表面を覆うように成長している．この炭素ネットワークの直径は鉄クラスターの直径と同程度であり，このような直径を持つ単層ナノチューブの形成につながる気配を見せている．

単層ナノチューブの化学蒸着合成では，大部分の炭素はまず鉄クラスターに捕えられ，その後，**表面拡散**により炭素ドームの端に到達し反応すると考えられる．シミュレーション（ⅰ）で得られた結果からは，大きなドーム構

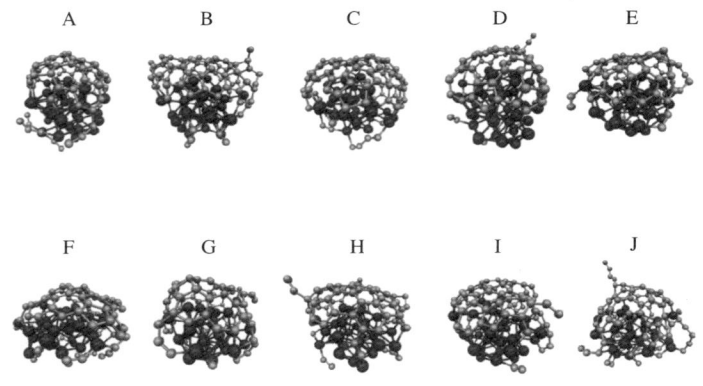

図 7.6 シミュレーション（ⅰ）による 40 ps 後の炭素骨格成長の様子（Y. Ohta, Y. Okamoto, S. Irle and K. Morokuma：Phys. Rev. B **79**（2009）195415 より）．黒色の丸が鉄原子を，灰色の丸が炭素原子を表している．

7.3 金属クラスターを触媒としたカーボンナノチューブ生成

造が鉄クラスターの大部分を包み込みながら，表面でチューブ構造がどんどん伸びていくことが期待される．

一方，図7.7のA′〜J′はシミュレーション（ii）における，開始から40 ps後の様子を示している．炭素ドーム構造は，直上に供給された入射炭素原子を素早く取り込むことによって，鉄クラスターから真上に伸びていくことがわかる．また，**電子軌道**を考えると，生成する炭素チューブは，sp^2混成軌道の炭素原子で組み立てられた5員環，6員環，7員環のみで構成されている．特に軌跡D′では，もともとの炭素ドーム構造の直径がほぼ保たれた長さ10 Åの棒状の単層ナノチューブができており，お手本のようなドーム成長機構となっている．このような素早い棒状構造の形成はシミュレーション（i）では観測されず，このことは，シミュレーション（ii）がシミュレーション（i）よりも効率的にドーム構造を成長させることを示している．

このシミュレーション（ii）では，炭素が鉄クラスターに入り込んだ炭化

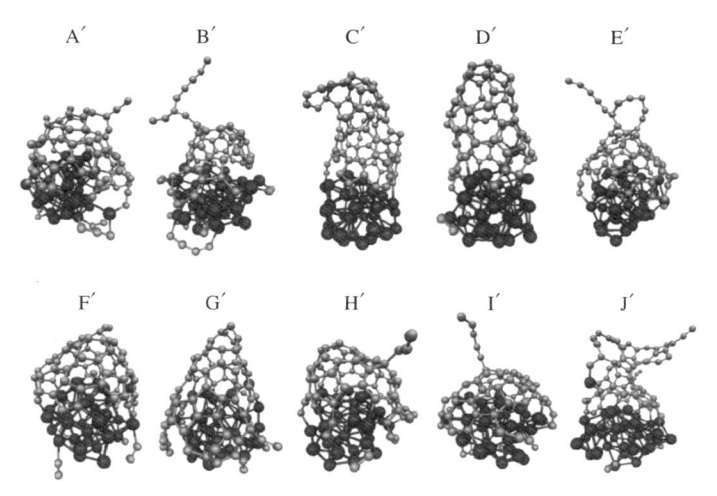

図 7.7 シミュレーション（ii）による40 ps後の炭素骨格成長の様子（Y. Ohta, Y. Okamoto, S. Irle and K. Morokuma：Phys. Rev. B **79**（2009）195415より）

物は形成されない．また，炭素によって鉄クラスターが完全に覆いつくされることもなかった．ときとして，鎖状の炭素分子が金属クラスター上を拡散することはあるが，金属クラスター表面はきれいなまま保たれるのである．

図7.8は，軌跡D'の単層ナノチューブの成長過程を時間を追って見たものである．時刻$t = 0.5$ psでは，最初に入射してきた炭素原子は，コラニュレン状のドームに取り込まれ，中央の5角形/6角形結合に挿入し，この構造を6角形/7角形融合環へと拡大させることになる．また，このシミュレーションでは炭素原子が比較的高い頻度で供給されているため，sp^3軌道に基づく結合がまれに生成することがある．この結合によって生じるドーム構造の歪みを解消するように，近接した原子間の相互作用で一時的に4員環を生じたりしながら，既存のsp^2混成軌道から成るドーム構造は絶えず再構成を起こすことになる．歪みの大きい環構造は，長時間存在し続けることはできず，短寿命の中間体構造として存在するのみである．このような歪みは炭素2量体C_2の脱離や環の変形により解消し，ドーム構造全体が安定化していくのである．

この成長過程では，時刻$t = 10$ psおよび20 psに見られるように，C_2や直鎖炭素分子の脱離や移動がしばしば観測される．これらは，ある場合にはドーム構造に沿って端のほうへ移動し，そこで新たに環構造を形成し，鉄-

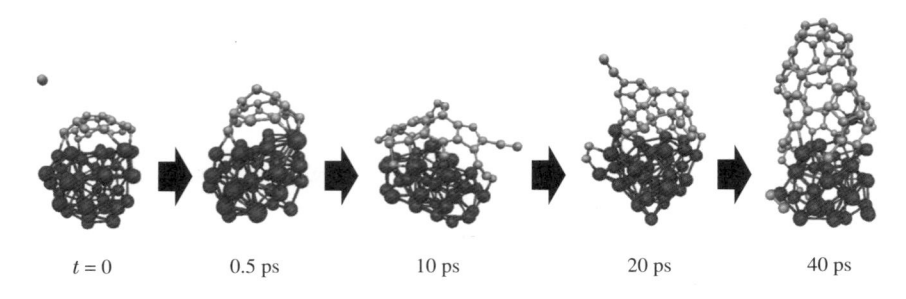

$t = 0$　　0.5 ps　　10 ps　　20 ps　　40 ps

図 7.8　時間による炭素骨格成長の様子（Y. Ohta, Y. Okamoto, S. Irle and K. Morokuma：Phys. Rev. B **79**（2009）195415 より）

7.3 金属クラスターを触媒としたカーボンナノチューブ生成

炭素界面領域に取り込まれる．また別の場合には，それら同士が反応して，独立した環構造を形成した後，元のドーム構造に取り込まれる．最終生成物である単層ナノチューブはsp^2ネットワークの非常に秩序だった構造をしているが，その成長過程はかなり混沌としており，秩序だって整然とした成長とは似ても似つかないものである．

炭素原子を取り込むことによってドーム構造は成長し，取り込み直後の不安定な構造から安定な構造へと構造変化を繰り返しながら，その後，ドームで一端が閉じられた棒状構造へと発展していく．この段階になると，炭素鎖がひんぱんに脱離するようになる．他のシミュレーションでも，同様の過程を経て単層ナノチューブが成長していくのが観測されるが，生成するナノチューブの直径が初めのドームより大きい場合もあるし（例えば軌跡 F'），炭素が鉄クラスターを覆いつくし始める様子が見える場合もある（例えば軌跡 I'）．

図 7.9 は，環の縮合に関してシミュレーション（i）とシミュレーション（ii）とで各環構造の個数の平均値を比較したものである．どちらのシミュレーションでも 5, 6, 7 員環が主要な環構造として見出されるが，4 員環も少ないながら存在することがわかる．また，図には示していないが，3 員環も極めて少数ながら存在する．5, 6, 7 員環などの環構造の数は時間とともに単調に増加しているが，3 員環と 4 員環の数は増加してはいない．3 員環と 4 員環は構造的に不安定で短寿命であることを反映している．

5 員環，6 員環，7 員環の最終的な生成比は，シミュレーション（i）でも（ii）でもおおよそ 2：2：1 である．5 員環，6 員環，7 員環の総数はシミュレーション（i）では平均で 21.0，（ii）では 18.1 である．シミュレーション（i）で環の数が多いのは，ドーム構造の端に入射した炭素は，ドーム構造に取り込まれやすいことを反映していると考えられる．

このシミュレーションの解析から，C_{20} ドーム構造から始まる単層ナノチューブ成長の初期段階では，チューブ形状に至る反応においていくつかの経路があることが判明した．特にシミュレーション（ii）で得られた軌跡は，

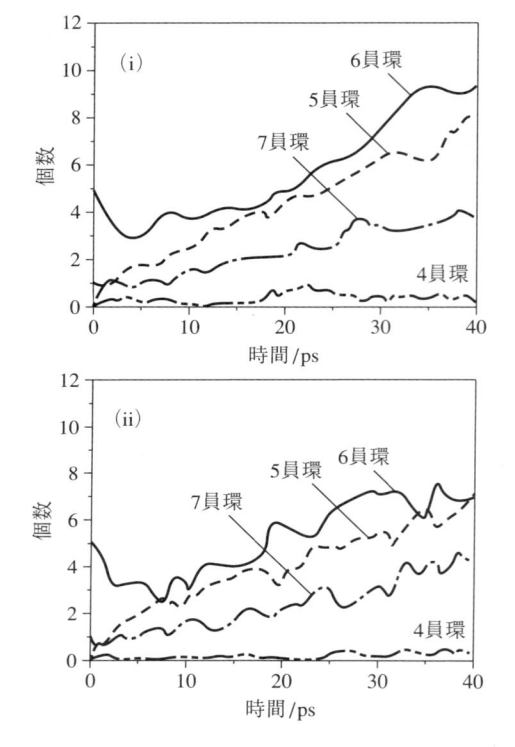

図 7.9 カーボンナノチューブを構成する各環構造数の時間変化（Y. Ohta, Y. Okamoto, S. Irle and K. Morokuma: Phys. Rev. B **79**(2009) 195415 より）

成長過程が2つの段階から成る可能性が高いことを示唆している．つまり，第1段階は入射した炭素原子とドーム構造が直接反応し直径が大きくなると同時に，鉄クラスターから隆起してくる過程である．この段階では，鉄クラスター表面に付着した炭素原子もドーム構造の拡大には寄与し，この場合はドーム構造の直径が大きくなり，より大きな炭素ネットワークへと発展していくことになる．

図7.10は，この第1段階の概略を示している．(a)のようにドーム構造に入射してきた炭素原子はドーム構造に取り込まれ，(b)のような角（つの）状になる．第2の入射炭素原子はこの欠陥に引き寄せられ，さらにこの角状構造付近に取り込まれ，(c)のような8員環を形成する．この8員環は反芳

7.3 金属クラスターを触媒としたカーボンナノチューブ生成 213

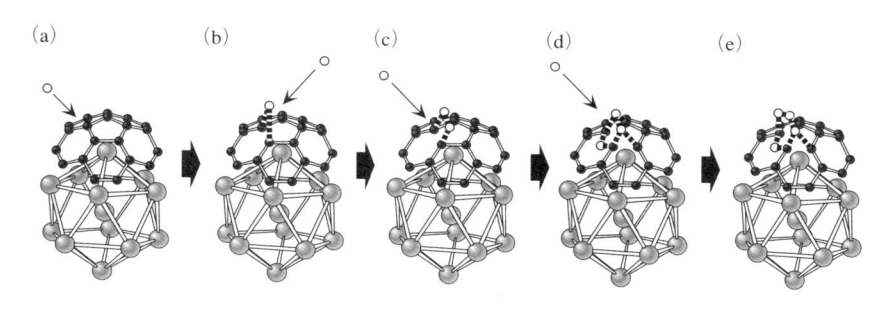

図 7.10 鉄クラスター上での炭素ドーム構造成長の模式図.[6] 入射炭素原子を白丸で表している.

香族的であるために非常に不安定であり，入射炭素原子を取り込んで，より安定な構造を取る傾向が強い．その結果，(d) のようにこのドーム構造は容易に再構成し，ドーム構造の成長に合わせて5員環を形成する．さらにもう1つ炭素原子を取り込み，(e) のように6員環を形成し安定化することになる．

ドーム構造が大きくなっていくにつれて，徐々に安定な構造へと変わっていき，より不活性になり，反応性が低下し，次の第2段階が始まることになる．この段階では，供給される炭素原子の反応は，不活性なドーム構造ではなく，鉄－炭素界面領域で起こり，これが単層ナノチューブ側壁の成長を促すことになる．

このシミュレーションでは，コランニュレン C_{20} のようなドーム構造がより安定な単層ナノチューブのドーム構造へと発展し，さらに側壁の成長を可能にする過程へと進行することがわかった．これをまとめると次のようになる．(1) ドーム構造に付加した炭素原子はすぐに構造再構成を起こし，C_2 の脱離や移動とともに環の再配列を経由して5角形，6角形，7角形から構成される安定な sp^2 ネットワークを回復する．(2) 反芳香族的な4員環と8員環の不安定性がドーム構造の再構成に大きく寄与している．(3) 5員環や7員環は少なくとも50 ps くらいは生き延びることができ，これらは単層ナノ

チューブの成長を促す重要な構造因子である．(4) 大きなπ電子共役系を持つ炭素ドーム構造は安定であるため，反応性が低い．しかし，その端は反応性が高い．そのため，安定なドーム部分が金属クラスターから隆起し，側壁の成長が始まるのである．

7.4 担持された金クラスターの反応

バルクの金の表面は安定であり，反応活性は乏しい．これは金が宝飾品や貨幣として使われ，いつまでも表面がキラキラと輝いていることと関係している．しかしクラスターになると，高い反応性を示すことが1980年代後半に発見された．この金クラスターの反応性（**触媒活性**）は，従来の白金触媒やパラジウム触媒などの活性をはるかにしのぐ場合も見出されている．

担体の表面にクラスターを付着させ，担持した状態で触媒として用いる場合には，これまでの詳細な研究によって金クラスターの触媒活性は次のような条件に大きく依存することがわかってきている．(1) 金クラスターのサイズ，(2) 担体の種類，(3) 金クラスターと担体との接合状態，である．これらの条件によって，金クラスターの幾何構造，電子構造が変化するからである．これを見ていくことにしよう．

7.4.1 サイズ依存性

担持された金クラスターの調製法には，まず**含浸法**と呼ばれる方法がある．具体的には，塩化金酸 $HAuCl_4$ 水溶液に粉末状の担体を分散し，その後，水を蒸発させて取り除き，乾固したものを300℃以上で焼成する手法である．溶媒を蒸発乾固したときに生じる塩化金酸の微結晶は，担体と単に接触しているだけであり，強く結合してはいない．そのため，300℃以上で焼成するときに塩化金酸の微結晶が分解し，金属の金が生成する過程で金の凝集が起こることになる．このため，直径 30〜100 nm 程度の比較的大きな金クラス

7.4 担持された金クラスターの反応

ター（微粒子）が生成することになる．これまでは，このような手法でのみ金微粒子は調製されていたので，固体表面と同様に金微粒子でも触媒的なはたらきを見出すことはできなかった．このため，金はいくら粒子を小さくしても反応性は乏しいという先入観を生むことにもなった．

しかし，実際には直径5nm以下の金クラスターは非常に反応性が高いのである．凝集を抑え，小さな金クラスターを生成・担持するために，近年になって**共沈法**と呼ばれる方法が導入された．これは，例えば鉄と金との混合物を用いることによって，結果として酸化鉄に担持された金クラスターを得る方法である．塩化金酸と硝酸鉄 $Fe(NO_3)_3$ との混合水溶液を炭酸ナトリウム水溶液に添加し中和することによって，$Au(OH)_3$ と $FeO(OH)$ などとの混合物沈殿を生じさせ，これを取り出し洗浄・乾燥させる．その後，300℃以上で焼成すると，金クラスターが粉末状の $\alpha\text{-}Fe_2O_3$ に担持された状態で得られることになる．

また，**析出沈殿法**と呼ばれる方法も利用されるようになっている．水溶液中では金属酸化物担体の表面は水酸化物層で覆われているため，ここに金を $Au(OH)_3$ として析出・沈殿させると，$Au(OH)_3$ は金属酸化物担体に強く結合する．これを水で洗浄し，乾燥した後，300℃以上で焼成する．この方法は，担体形状の適用範囲が広く，粉末，顆粒，ハニカムなどさまざまな形状の担体に金クラスターを担持することが可能である．これらの手法では，溶液の濃度など化学的条件を制御することで，金クラスターのサイズをある程度制御することが可能になっている．

二酸化チタン上に担持した金クラスターの反応性が，サイズとともにどのように変化するかを見てみよう（図7.11参照）．一酸化炭素の**酸化反応速度**は，金クラスターの直径が5nm（原子数2000個程度）以下のところで急激に上昇する傾向が見られる．一方，白金クラスターでは直径が5nm以下になると反応性が減少することが見てとれる．

さらに，サイズがどんどん小さくなり直径2nm（原子数300個）以下にな

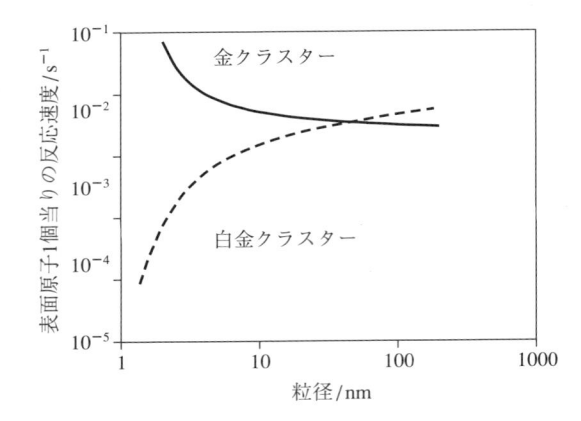

図 7.11 金クラスターと白金クラスターにおける一酸化炭素 CO の酸化反応速度（首都大学東京 春田正毅 氏のご好意による）[7]

ると，進行する反応自体が劇的に変化する現象も観測される．これは，このサイズになると金クラスターの電子構造が著しく変化するためである．図 7.12 は酸素と水素が共存する条件下での，プロピレン C_3H_6 との反応生成物の収率*をクラスターの直径に対してプロットしたものである．クラスターの直径が 2 nm 以上では**エポキシ化**により酸化プロピレン（1, 2 - エポキシプロパン）が生成するが，2 nm 以下ではプロパン C_3H_8 の生成に切り替わっ

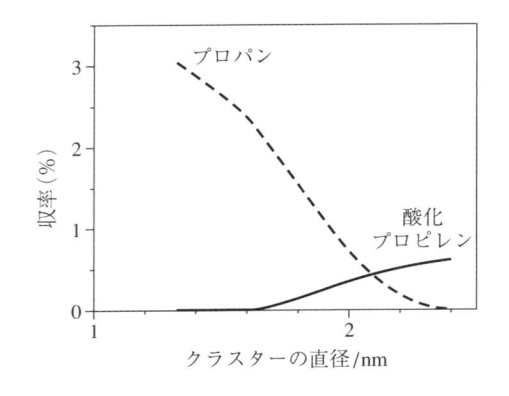

図 7.12 金クラスター上でのプロピレン - 酸素 - 水素混合気体からの反応生成物の収率[8]

---

* 原料として用いたプロピレンの物質量に対しての各生成物の物質量の比率．

7.4 担持された金クラスターの反応　　　　　　　　　　　217

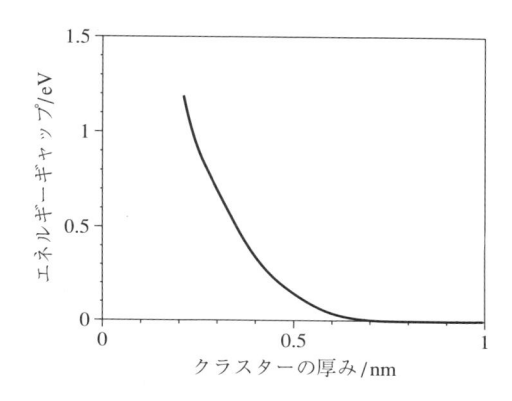

図 7.13 金クラスターのエネルギーギャップ[9]

ていることがわかる．これは直径が 2 nm 以下の金クラスター上では，酸素に対してよりも水素に対して活性が高くなり，水素分子が解離吸着し**水素化反応**が進行することを示している．

サイズによる電子構造の変化を調べるために，**走査型トンネル顕微鏡***（STM）を用いて，金クラスターのサイズと**エネルギーギャップ**との関係を測定した．担持された金クラスターのサイズが小さくなるに従って，金クラスターの厚みは薄くなる．厚みが 0.5 nm 以下になるとエネルギーギャップが急激に広がり，金クラスターが金属から非金属へ転移（**金属 - 非金属転移**）することが判明した（図 7.13 参照）．このような電子構造の変化が反応性に大きな影響を与えることになる．

7.4.2 担体による反応性変化

担体の違いによって，金クラスターの反応性も劇的に変化する．これは，担体と金クラスターとの間で**電子移動**が起こることなどに起因する．一酸化炭素の酸化や炭化水素の完全酸化のような比較的単純な反応では，担体の選択の自由度は大きい．一方，プロピレンのエポキシ化のような特殊な反応で

---

*　非常に鋭い金属探針を試料表面に近接させ，流れるトンネル電流から表面の電子状態や構造を観測する手法．

は，担体の選択の余地は小さく，アナターゼ型の二酸化チタン上またはチタノシリケート上に担持された金クラスターでのみ反応が起こることが観測されている．

エポキシ化反応は，まず金クラスター上で水素と酸素が反応して過酸化水素 H_2O_2 が生成することによって始まる．チタノシリケート上では，この過酸化水素が担体表面に存在するチタンイオン Ti^{4+} と反応して TiOOH を作り，これと二酸化ケイ素表面に吸着するプロピレンとが反応して酸化プロピレンが生成すると考えられている．

7.4.3　担体と金クラスターとの接合状態

金クラスターのサイズが同程度でも，担体との接合状態によって反応性が大きく変化する．含浸法で調製した金クラスターでは，担体との相互作用が弱く，球状の金クラスターが担体の上に単に乗っているだけである．このような球状の金クラスター上では，プロピレンのエポキシ化反応は進行せず，プロピレンの完全酸化が進行し，二酸化炭素と水が生成するのみである．

一方，析出沈殿法を用いて金クラスターを生成した場合には，金クラスターは担体に強固に結合し，その結果，金クラスターは半球状に変形して付着している．この半球状の金クラスター上では，プロピレンのエポキシ化反応が進行する．これは先に述べたように，エポキシ化反応の進行が金クラスター上と担体上とで分業して行われているためである．

7.5　金クラスターの精密大量合成

クラスターの持つ顕著なサイズによる特異的反応性を利用するには，サイズを精密に制御して，大量にクラスターを生成することが必然的に重要になってくる．このためには化学的手法を用いて溶液中で合成を行い，さらに，生成したクラスター同士の凝集を防ぐことが必要になる．

7.5 金クラスターの精密大量合成

　このような方法の一つとして，コロイド科学の分野で培われてきた**表面修飾**によるクラスターの安定化を用いることが考えられる．チオール分子 R−SH（R は有機基）は金との相互作用が比較的強いために，表面安定化のためによく用いられている．これを利用して，チオールの存在下で金イオンを還元することによって，チオラート分子で保護された金クラスターを生成することができる．この際，溶液中での金イオンとチオールとの割合を変化させることによって，金クラスターのサイズを精密に制御することができる．

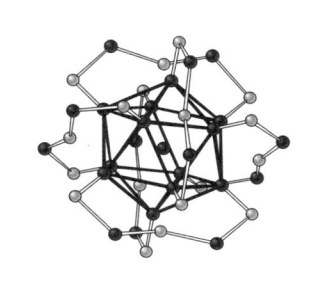

図 7.14 チオラート保護-金クラスター $Au_{25}(SR)_{18}$ の構造．[10] 黒色の丸は金原子を，灰色の丸は硫黄原子を表す．アルキル基（R−）は省いている．

　条件を選ぶことによって $Au_{25}(SR)_{18}$, $Au_{38}(SR)_{24}$ などが，特に安定なクラスターとして多く生成される．しかも，これらのクラスターの幾何構造は，Au_n の表面に −SR が配位したような単純な構造ではないことが最近わかってきた．大量合成できる利点を生かし，単結晶を得ることに成功した結果，**X 線構造解析**を用いて幾何構造が決定されたのである．図 7.14 に示すように $Au_{25}(SR)_{18}$ では，**正 20 面体構造**を持つ Au_{13} の表面に −SR−Au−SR−Au−SR− のユニットが 6 個橋掛け状に結合した構造をしていることが判明した．チオールの有機基の選択によって，クラスターの電子的な特性を制御することも可能であり，例えば，将来的には，単一電子デバイスなど電子工学分野への応用の可能性を秘めている．

液相中での金クラスターの反応のサイズ依存性

　溶液中においても，金クラスターのサイズが小さくなるに従って，単位表面積当りの反応性が向上することが観測されている．水溶液中で金クラスターを直径 1.3 nm から 10 nm まで段階的に作り分けて，反応性を比較する

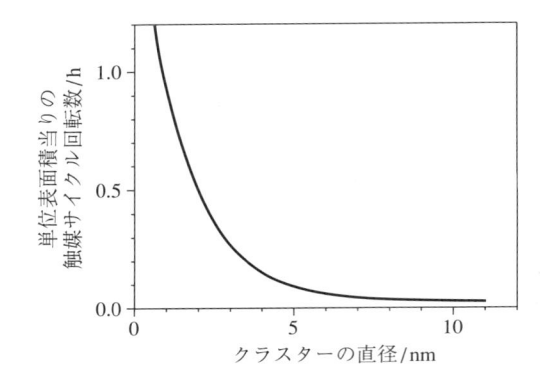

図 7.15 金クラスター触媒によるp-ヒドロキシベンジルアルコールの酸化反応速度[11]

実験が行われた．ここでは金クラスターの保護分子として，ポリ（N-ビニル-2-ピロリドン）（PVP）が用いられている．

まず，塩化金酸の還元によりPVPで保護された直径1.3 nmの金クラスターを生成し，これを核として，順次2.3 nm，3.3 nm，3.5 nm，4.3 nm，4.7 nm，5.0 nm，5.9 nm，9.5 nmの直径を持つPVP保護金クラスターへと段階的に成長させていく．このPVP保護金クラスターを触媒として，p-ヒドロキシベンジルアルコールを以下のように酸化し，p-ヒドロキシベンズアルデヒドの生成を観測した．

$$HO-C_6H_4-CH_2OH \xrightarrow{O_2} HO-C_6H_4-CHO \quad (7.2)$$

この反応では図7.15に示されているように，金クラスターのサイズが小さくなるに従って単位表面積当りの反応性が単調に増加し，特に3 nm以下では急激に大きくなっていることがわかる．

この反応では，金クラスターから酸素分子への**電子移動**が起こり，酸素分子が活性化されることが鍵となっていると推測されている．サイズが小さくなるに従って，酸素分子への電子移動が起こりやすくなっているのである．

7.6 窒化アルミニウムクラスターによる水素吸蔵

　水素は，燃やしても水しか生成しないため，クリーンなエネルギー源として期待されている．しかしながら，代替エネルギーとして実用化するには，いくつかのハードルを越える必要がある．このうち最も高いハードルの1つは，通常の温度条件で水素の吸蔵・放出が行え，かつ高い重量密度，体積密度で水素を貯蔵できる物質を手に入れることである．自動車での利用を目指して当面の目標として，水素を質量比で5～6%吸蔵できる物質の開発を目指して精力的に研究が進められている．また機能する環境条件として，吸蔵物質には－20℃から50℃で，100気圧以下の穏やかな条件で水素の吸蔵・放出を可逆的に行うことが求められている．高い重量比で吸蔵できる物質としては，アルミニウムなどの軽い元素から成る物質が候補として挙がることになる．また，熱力学的な条件を考えると，水素の**吸着エネルギー**が物理吸着と化学吸着の中間領域にあることが必要とされることになる．

　この目的に最適な水素の吸着エネルギーは0.1～0.2 eV程度であり，このような吸着エネルギーを持つ物質を開発する必要がある．化学的な見地からいうと，質量比と吸着エネルギーの2つの要求を同時に満たすことは非常な困難を伴うことになる．軽元素に対しては水素は水素化物を形成したり，有機物のように共有結合を形成することが多い．あるいは，グラファイトやフラーレン，カーボンナノチューブのように水素と弱く相互作用するかのいずれかである．また例えば，水素化マグネシウム MgH_2 は，質量比で7.6%まで水素を吸蔵することが可能であるが，Mg－H間の結合が強いため（約0.78 eV），温度を300℃まで上げないと水素分子が脱離してこない．さらに，このような過程は不可逆的な過程である．水素化アルミニウム AlH_3 は水素を質量比で10%ほど吸蔵するが，やはり，100℃以上にしないと水素が放出されない．

　このような問題を解決する物質として，クラスターが着目されているので

ある．例えば，窒化アルミニウム AlN の固体は通常中身の詰まった結晶を生じるが，クラスターでは中空の**籠状構造**が安定となる．窒化アルミニウム結晶ではアルミニウム原子は4配位をとっているが，籠状構造のクラスターでは2配位あるいは3配位であり，アルミニウム原子の結合が飽和していない．また，クラスターではアルミニウム原子上の電荷が増加し，水素の**吸着サイト**として効率的にはたらくことになる．

計算によると，$Al_{12}N_{12}$ の構造は図 7.16 のようになる．**電気陰性度**を比較するとアルミニウム原子は 1.61，窒素原子は 3.04 であり，差が大きい．このため，このクラスターの電子構造を見てみると，アルミニウム原子にはそれぞれ $+e$ の電荷が存在している．この籠状構造で正電荷の局在したアルミニウム原子が水素分子の吸着サイトとしてはたらき，1個目の水素分子の吸着エネルギーは計算値で $0.212\,\mathrm{eV}$ である．アルミニウム原子上に局在した正電荷が水素分子の分極を引き起こし，そのため，水素原子間の結合距離は若干伸びることになる．

水素分子は最大で 12 個まで吸着し，これらはそれぞれクラスターを構成する 12 個のアルミニウム原子の上に吸着する（図 7.17 参照）．このとき

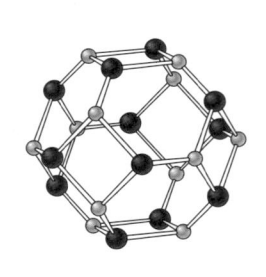

図 7.16 窒化アルミニウムクラスター $Al_{12}N_{12}$ の構造.[12] 黒色の丸はアルミニウム原子を，灰色の丸は窒素原子を表している．

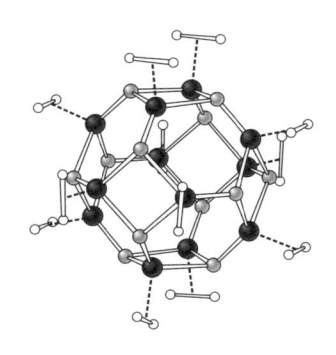

図 7.17 水素分子 H_2 の吸着した窒化アルミニウムクラスター $Al_{12}N_{12}$ の構造.[12] 白い丸が水素原子を表している．

$Al_{12}N_{12}$ の幾何構造は，水素の吸着によってはほとんど変化しない．12 個の水素分子が吸着したときの吸着エネルギーは水素 1 分子当たり 0.19 eV である．これは最初の水素分子の吸着エネルギーとほとんど差がなく，この吸着エネルギーは水素吸蔵物質として最適な領域に入っている．この水素質量比は 4.7%であり，これも目標の 6%に近い値まで到達できている．

しかしながら，さらに水素分子を各アルミニウム原子に近づけていって，合計で 24 個の水素分子を $Al_{12}N_{12}$ に吸着させようとすると，すべての水素分子がアルミニウム原子から 3.3 Å 程度離れたところにさっと引き，吸着エネルギーも 1 分子当り 0.07 eV に低下してしまう．$Al_{12}N_{12}$ には水素分子が最大で 12 個まで安定に吸着できるようである．

このような水素吸蔵の機構を考察する上で重要となる因子は，静電的な**電荷－誘起双極子相互作用**と共有結合に関与する**軌道間相互作用**である．正電荷を帯びたアルミニウム原子に水素分子が接近していくにつれて，アルミニウム原子上の電荷が水素分子の電子雲を分極させていくことになる．実際に電荷分布を解析すると，水素分子は吸着することによって $+0.05e$ の電荷を受け取っている．**電子軌道**を考えると，これはアルミニウム原子の空軌道が水素分子の σ 結合軌道と相互作用して，結果的に σ 電子がアルミニウム原子の空軌道に供与されているためである．

窒化アルミニウムは，ナノ構造体としてこの籠状構造のほかにも角（つの）状構造（ナノホーン）や管状構造（ナノチューブ）を構成することも可能であり，これらの構造に対しても，水素が 0.2 eV 程度の吸着エネルギーで吸着することが計算で確認されている．

参考文献

[1] R. L. Whetten, D. M. Cox, D. J. Trevor and A. Kaldor : Phys. Rev. Lett. **54** (1985) 1494

[2] A. Bérces, P. A. Hackett, L. Lian, S. A. Mitchell and D. M. Rayner : J. Chem. Phys. **108** (1998) 5476

[3] J. Jellinek, Z. B. Güvenç : in *The Synergy between Dynamics and Reactivity at Clusters and Surfaces*, ed. L. J. Farrugia (Kluwer, Dordrecht, The Netherlands, 1995) pp. 217

[4] M. Ichihashi, T. Hanmura and T. Kondow : J. Chem. Phys. **125** (2006) 133404

[5] H. Yoshida, S. Takeda, T. Uchiyama, H. Kohno and Y. Homma : Nano Lett. **8** (2008) 2082

[6] Y. Ohta, Y. Okamoto, S. Irle and K. Morokuma : Phys. Rev. B **79** (2009) 195415

[7] S. Shimoda, T. Takei, T. Akita, S. Takeda and M. Haruta : *Studies in Surface Science and Catalysis* (Elsevier, Amsterdam, The Netherlands)

[8] M. Haruta : Chem. Record **3** (2003) 75

[9] Y. Maeda, M. Okumura, S. Tsubota, M. Kohyama and M. Haruta : App. Surf. Sci. **222** (2004) 409

[10] M. W. Heaven, A. Dass, P. S. White, K. M. Holt and R. W. Murray : J. Am. Chem. Soc. **130** (2008) 3754

[11] H. Tsunoyama, H. Sakurai and T. Tsukuda : Chem. Phys. Lett. **429** (2006) 528

[12] Q. Wang, Q. Sun, P. Jena, and Y. Kawazoe, ACS Nano **3** (2009) 621

8 電子工学分野へ広がる応用

　この章では，クラスターの電子構造の特性を電子工学分野に応用するために必要なバックグラウンドとなる研究例を取り上げる．まずは，高密度記憶素子などへの応用が考えられる有機金属クラスターの磁性に関する研究を紹介し，さらには，このようなクラスターを非破壊的に固体表面に担持する手法に関して述べることにする．また，固体表面を修飾することによるクラスター堆積領域の制御，クラスター細線の形成，クラスター接合状態の解明を行った研究を見ていくことにする．

8.1　有機金属クラスター

　気相中で，遷移金属原子 M（= Sc, Ti, V, Cr）とベンゼン C_6H_6 を反応させると，$M_n(C_6H_6)_m$ で表されるクラスターが生成することが発見された．さらに最近の研究によって，このクラスターが，図 8.1 で表されるような多層サンドイッチ型の構造であることが明らかになってきている．このような**サンドイッチ構造**を持つクラスターでは遷移金属が原子状に孤立しているために，反応活性サイトの密度が高い**触媒**や，各原子の電子スピンを制御した磁性材料などへの発展が期待されている．実際にサンドイッチ化合物であるメタロセン $M(C_5H_5)_2$ は**カミンスキー**（Kaminsky）**触媒**と呼ばれ，ポリエチレン製造のための精密重合触媒として用いられている．

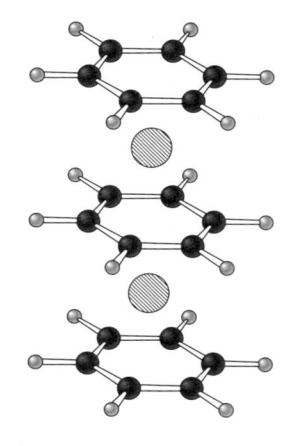

図 8.1 多層サンドイッチ型クラスターの模式図．黒色の丸は炭素原子を，灰色の丸は水素原子を，斜線を施した丸は遷移金属原子を表す．

　また，近年の原子分子技術の進展により，1次元金属鎖の生成や観察が容易なものになって以来，これらの1次元物質の**磁性**に関しても理論的および実験的に興味が持たれるようになってきている．これは，このような新しい磁性物質が，**スピントロニクス***への応用へ向けて多くの関心を引くようになってきているからにほかならない．

　これらへの応用に関連して，これまで0次元あるいは，1次元**磁石**と分類されるような単分子磁石や磁性分子鎖が合成され，その性質が広く調べられてきた．その一つとして，有機金属が積み重なった低次元の線形物質の研究が盛んに進められている．このような磁性物質では，金属の不対電子のスピンの存在が，化学的および物理的特性を決定する重要な役割を果たしている．常磁性金属-π複合体であるサンドイッチ型クラスターは，その相互作用の特異性ゆえに，特にさまざまな分野で基礎的物性の研究対象となっている．また，これらの研究によって，3層サンドイッチ型クラスターの磁化率の研究では，金属間の分離を担う分子の化学的性質がその磁性に関して重大な影響を及ぼすことがわかってきている．それでは，まずサンドイッチ型クラス

---

*　電子の電荷に主に着目して工学利用しているのがエレクトロニクスであるが，スピントロニクスでは電子のスピンにも着目して工学利用しようとする点に特徴がある．

ターの磁性について見ていこう．

8.1.1 サンドイッチ型クラスターの磁性

　サンドイッチ型の有機金属クラスターは，**レーザー蒸発法**によって生成した金属原子と，ベンゼン分子との気相反応によって効率よく生成することが発見された．金属試料としてバナジウムを用いて，$V_n(C_6H_6)_m$ の**質量スペクトル**を測定してみると，n 個のバナジウム原子に対して $n+1$ 個のベンゼン分子が付着したクラスターが主に生成していることがわかった．また，さまざまな測定によって，これは $C_6H_6-V-\cdots-C_6H_6$ のように，両端にベンゼン分子が配したサンドイッチ構造を取っていることが明らかとなっている．

　このような $V_n(C_6H_6)_{n+1}$ を 3.2 節で見たような，シュテルン–ゲルラッハ型の**不均一磁場**中を通過させると，クラスターは磁場から力を受け，ビームが広がるのが観測される（図 8.2 参照）．元々のビーム径が十分に小さければ，ビームがいくつかに分裂して観測されることになる．これは，$V_n(C_6H_6)_{n+1}$ が**磁気モーメント**を持っており，量子化された磁気モーメントの大きさに応じて磁場から受ける力が異なるためである．このため，全体として広がったピークを分裂したピークの重ね合わせとして表すことができる．

　$V(C_6H_6)_2$ は，磁場勾配 dB/dz の大きさに比例して偏向が大きくなる．磁場勾配の大きさと偏向との関係か

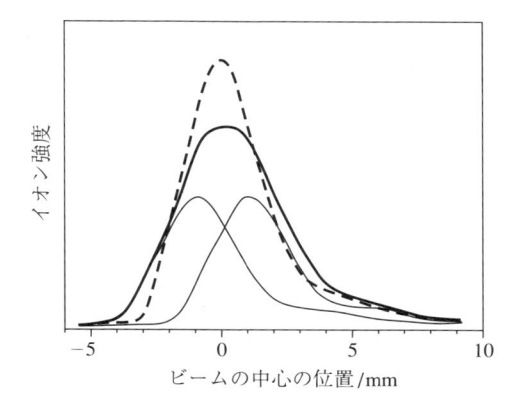

図 8.2 ベンゼン–バナジウムクラスター $V(C_6H_6)_2$ ビームの磁場による広がり．[1] 印加した磁場勾配は $dB/dz = 0$ T/m（破線）と $dB/dz = 205$ T/m（実線）．

ら，例えば，$V(C_6H_6)_2$ の磁気モーメント μ_z は $0.7\mu_B$ と求めることができる．

次に，金属原子数によって磁気モーメントがどのように変化するかをみてみよう．図 8.3 からわかるように，$V_n(C_6H_6)_{n+1}$ の磁気モーメントは n に対して線形的に増加していることが見て取れる．**電子軌道**を考えると，このように，線形的に増加するのは，バナジウム原子上の非結合性の d_σ 電子のスピンが強磁性的に並び，磁気モーメントが層数に対して線形的に増加することに対応している．

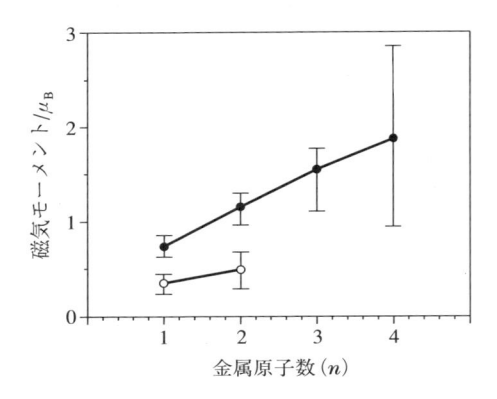

図 8.3 ベンゼン-金属クラスター $M_n(C_6H_6)_{n+1}$ の磁気モーメント（K. Miyajima, S. Yabushita, M. B. Knickelbein and A. Nakajima：J. Am. Chem. Soc. **129** (2007) 8473 より）．白丸はスカンジウム Sc，黒丸はバナジウム V を用いた場合．

この実験で得られた磁気モーメントは，孤立したバナジウム原子の持つ**スピン多重度**（4 重項）から予測される値よりも小さい値になっている．これは，回転の自由度とスピンの自由度が相互作用しているため，実効的な磁気モーメントが減少していることに由来しており，3.2 節で見たスピンの熱緩和（**スピン緩和**）の例に沿っている．

それでは，スピン緩和について考えてみよう．まず，この実験では $V_n(C_6H_6)_{n+1}$ と $Sc_n(C_6H_6)_{n+1}$ で磁気モーメントに違いが観測されている．一般的に，クラスターでのスピン緩和速度は状態密度，スピン–軌道相互作用，スピン–回転相互作用，磁場の強さ，クラスターの内部温度などに依存して変化する．$V(C_6H_6)_2$ の電子構造と $Sc(C_6H_6)_2$ の電子構造の最大の違いは，**不対電子**が占めている軌道の結合の性質とその軌道角運動量である．

8.1 有機金属クラスター

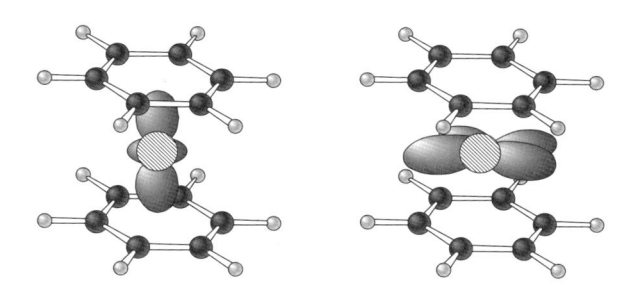

図 8.4 金属原子の d_σ 軌道（左）と d_δ 軌道（右）

$V_n(C_6H_6)_{n+1}$ では，不対電子はバナジウム原子の**非結合性軌道** d_σ を占めている（図 8.4 参照）．一方，$Sc_n(C_6H_6)_{n+1}$ では**結合性軌道** d_δ を占めている．d_σ の非結合性の性質は，金属原子の d_{z^2} 軌道と配位子（ベンゼン分子）の軌道とがほとんど重なりを持っていないことを反映している．なぜならば，d_{z^2} 軌道はベンゼンの分子軌道の中心の方を向いているからである．一方，d_δ はベンゼン分子の分子軌道と重なるように広がっている．

　クラスターに作用する磁場を考えると，外部磁場に加えて，電子のスピンと軌道角運動量から生じる磁場と，回転角運動量から生じる磁場が存在する．このため，電子のスピンは本質的には外部磁場の方向に量子化されているが，その方向は**スピン-軌道相互作用**と**スピン-回転相互作用**を通じてクラスターの向きに関連付けられている．このようにして，スピン-軌道相互作用とスピン-回転相互作用の摂動によってスピン緩和は起こることになる．その場合，この d_σ 軌道のスピン-軌道相互作用は 0 であるから，d_σ 軌道の電子のスピンは，クラスターの方向にはあまり影響を受けない．そのため，スピン-回転相互作用のみが重要になってくる．その上，非結合性という性質上，この d_σ 軌道は**分子振動**にはほとんど影響を受けない．

　一方，1 組の縮退した d_δ 軌道は $\pm 2\hbar$ の軌道角運動量を持っており，電子スピンはスピン-軌道相互作用を通じてクラスターの向きに強く影響を受けることになる．さらに，これらの結合性軌道は金属-配位子間振動と強く相

互作用している．そのため，不対電子が$d_δ$軌道を占めている場合には，クラスター内でのスピン緩和が素早く進行することになる．このように，軌道角運動量の違いと**開殻軌道の結合性の性質の違い**によって，スピン緩和速度の定性的な違いが説明される．

不均一磁場中でのクラスタービームの振舞を考えると，スピン緩和速度が上がるとビームの分裂パターンは不鮮明になっていく．その結果として，ビームの広がりが期待されるよりも小さくなる．スピン緩和が速い極限では，不均一磁場によるビームの広がりは全く観測されなくなり，磁場のない場合と同じになる．

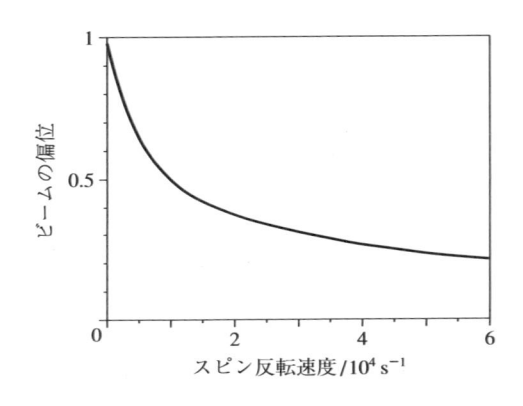

図 8.5 スピン緩和速度によるビームの偏位の変化 [1]

図8.5に示したように，スピン緩和速度の増加とともに磁場による偏向の大きさは急激に小さくなり，分裂していたピークは1つのピークに収れんする．このような振舞は，クラスターのスピン緩和に要する時間と，磁場中を通過するのに要する時間との関係によって説明されることになる．実験では，クラスターの並進速度はおよそ1080 m/sであるので，不均一磁場中を通過するのに要する時間は200 μs である．V(C_6H_6)$_2$ ではスピン緩和速度が遅いため，ビームの偏向も比較的大きい．一方，Sc(C_6H_6)$_2$ではスピン緩和速度が速いために，スピン緩和を考えない場合に比べて，ビームの偏向は1/2以下になっている．

それでは，このような強磁性的な**スピン整列**が起こる機構を理論的に考えてみよう．3重項状態の V$_2$(C_6H_6)$_3$ では上向きスピンの密度がバナジウム原

子上で高く，下向きスピンはベンゼン分子に局在している．対照的に1重項状態では**スピン密度**[*]はバナジウム原子上にのみ現れ，ベンゼン分子上には現れてこない．3重項が安定化されるのは，バナジウム原子内での**交換相互作用**[**]によって説明される．すなわち，$d_δ$軌道とベンゼンの最低空軌道との部分的な電子移動を通じて，バナジウムの$d_σ$軌道と$d_δ$軌道の電子との間で交換相互作用が生じると考えれば分子軌道的な概念で説明が可能となる．

このような強磁性的なベンゼン-金属サンドイッチクラスターを基板上に非破壊的に並べることによって，このような物質を記録媒体やスピントロニクスを担う物質として生かすことが，将来的には可能となるかもしれない．

8.1.2 自己組織化単分子膜によるクラスターの固体表面付着

クラスターの工学的応用を進めるためには，クラスターを組成・サイズ選別した状態で，固体表面上に非破壊的に付着させることが重要な鍵となる．このような非破壊的な付着は，**軟着陸**と呼ばれている（5.7節参照）．硬い金属表面や半導体表面，金属酸化物表面などに付着させる場合は，衝突によるクラスターの破壊を避けるために非常に低いエネルギーでクラスターを着陸させる必要がある．

一方，柔らかい表面を用いることによって，入射エネルギーがある程度高くても，破壊を避けうるような手法も用いられている．低温では，**アルゴンマトリックス法**のように，多層のアルゴン原子で固体表面をあらかじめ覆っておく手法が行われてきた．最近開発された手法としては，金属表面上に**自己組織化単分子膜**を作製することによって，柔らかい表面を用意することも行われている．これはさしづめ，硬い表面の上に毛足の長いラグやカーペットを敷くような手法と捉えることができるであろう．この手法の特徴は，室

---

[*] 上向きスピンの電子と下向きスピン電子の密度の差．
[**] 2つの電子が位置を交換することによって，これらの電子のスピンの間にはたらく相互作用．

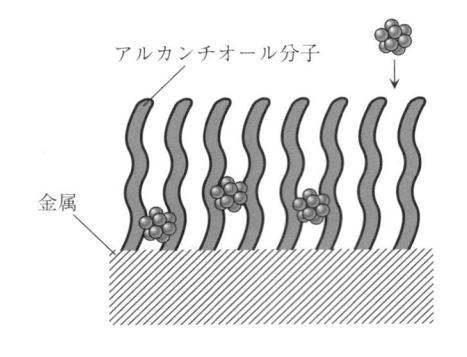

図 8.6 自己組織化単分子膜へのクラスターの軟着陸の概念図

温程度の温度条件下でも壊れやすいクラスターを非破壊で表面に付着できる点にある．また，自己組織化単分子膜に用いる分子を選ぶことによって，"毛足"の長さ，太さ，間隔，先端の形状をデザインできるところにある．これによって，入射するクラスターに最適な"ラグ"を作製することが可能になる．それでは，以下にクラスターを付着させる実験を具体的に見ていくことにしよう．

アルカンチオール $C_jH_{2j+1}SH$ を金表面に蒸着すると，図 8.6 で表されるような分子が整列して付着した膜が形成される．そして，鎖長 j の異なるさまざまなアルカンチオールで覆われた基板を作製し，$V_n(C_6H_6)_{n+1}(n = 1 \sim 3)$ を並進エネルギー 20 eV 程度で基板に入射し，非破壊的に付着することを確認したのである．また，**昇温脱離スペクトル**を測定し，付着したクラスターの熱力学的な安定性や脱離過程を明らかにした．

例えば，$V(C_6H_6)_2$ の昇温脱離スペクトルは図 8.7 のようになる．アルカンチオールの鎖長が長くなるにしたがって，**脱離しきい温度**が徐々に高温側へ移動していくことが見て取れる．$j \geq 12$ では，300 K 以上でも大部分のクラスターが脱離せずに残っていることがわかる．それぞれのスペクトルから $V(C_6H_6)_2$ の脱離の**活性化エネルギー**を求めると，鎖長 $j = 4$ では 0.621 eV であり，Au (111) 面に付着した場合の 0.596 eV と同程度である．鎖長が長くなるにつれて脱離に要するエネルギーは大きくなり，鎖長 $j = 22$ では

8.1 有機金属クラスター

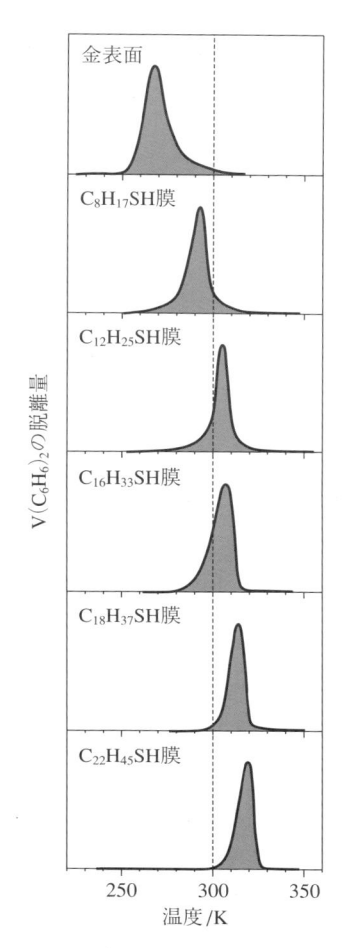

図 8.7 アルカンチオールの鎖長による $V(C_6H_6)_2$ の脱離温度の変化（S. Nagaoka, T. Matsumoto, E. Okada, M. Mitsui and A. Nakajima：J. Phys. Chem. **110**（2006）16008 より）

1.45 eV にもなる．また，スペクトルのピーク形状を比較して見ていくと，鎖長が短いときには左右対称的なピーク形状であるが，アルキル鎖が長くなるに従って非対称的な形状になっていることがわかる．これは脱離の機構が，表面平行方向での拡散を経る間接脱離から，表面法線方向への直接脱離へと変化していることに対応している．

鎖長が長い場合には，アルカンチオール膜の奥に進入したクラスターは強

く捕捉され，また，進入時のアルカンチオール分子との相互作用によって，クラスターの配向が規定されることが**赤外振動スペクトル**の測定からわかってきた．クラスターが，アルカンチオール分子との弱い分子間相互作用で室温以上まで基板上に付着している原理は，アルカンチオール分子の自己組織化に基づく秩序化によっている．すなわち，クラスターが固体表面に衝突するときに，アルカンチオール分子膜の秩序構造を局所的に乱雑にしながら奥まで進入し，発生したエネルギーが散逸して冷却されるに伴って膜が再び秩序化し，クラスターが捕獲されると考えられる．

8.2 金属クラスターの固体表面付着によるデバイス作製

クラスターを基にした新たな電子工学デバイス，光学デバイス，化学デバイスがさまざまに提案され，クラスターの配列制御への関心が高まっている．そのため，クラスターや原子の固体表面拡散と基板修飾の手法とを組み合わせることによって，固体表面構造を自己組織的に構築しようという試みも行われるようになってきている．ここでは，新たなナノスケールでのデバイス，特に**ナノワイヤー**作製法を紹介する．その手法とは，ナノスケールでの操作を必要とせず，固体表面へのクラスター衝突時の付着・散乱の選択性のみに基づくものである．この方法を使うことによって，ビスマスクラスターからナノワイヤーが作製される様子を見てみよう．

ビスマスは比較的融点が低いため（271.3℃），ここでは加熱によりビスマス蒸気を得て，これを希ガス中で凝縮させることによってクラスターを生成している．このようにして，直径25 nm程度のビスマスクラスターを生成している．このクラスターは希ガスの流れに乗っており，速さは45 m/sくらいになっている．

同じ速度でクラスターを固体表面に入射した場合でも，表面の種類によって**付着確率**が大きく異なる．図8.8は，表面の違いによるビスマスクラス

8.2 金属クラスターの固体表面付着によるデバイス作製

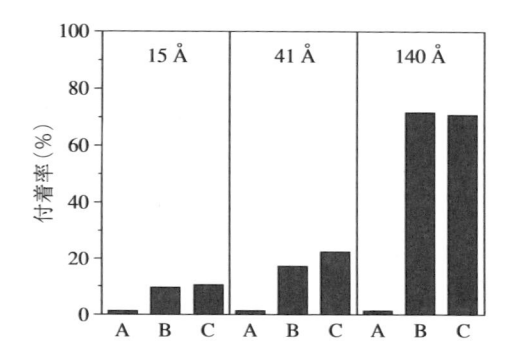

図 8.8 表面膜の種類によるビスマスクラスターの付着率の変化（R. Reichel, J. G. Partridge, F. Natali, T. Matthewson, S. A. Brown, A. Lassesson, D. M. A. Mackenzie, A. I. Ayesh, K. C. Tee, A. Awasthi and S. C. Hendy：App. Phys. Lett. **89**（2006）213105 より）

ターの付着量の違いを示している．なお，A はポリメタクリル酸メチル樹脂，B は窒化ケイ素，C は二酸化ケイ素を表す．さらに，15 Å，41 Å，140 Å はそれぞれ入射したクラスターがすべて堆積し，ビスマス原子が一様に表面に付着したと仮定したときのビスマス原子層の厚みを表す．ポリメタクリル酸メチル（PMMA）で覆われた表面では，窒化ケイ素 Si_3N_4 や二酸化ケイ素 SiO_2 の場合に比べて，付着量がかなり少なくなっていることがわかる．銅クラスターやアンチモンクラスターの場合にも同様な傾向が得られている．

このような表面による付着特性の違いを利用して，付着させたいところにだけクラスターを付着させるのである．例えば，Si_3N_4 表面のほとんどを PMMA で覆っておき，クラスターを付着させたいところだけ Si_3N_4 表面を露出させておくのである．この Si_3N_4 表面には，あらかじめ微細な電極構造を作製しておき，電極間の電流 – 電圧特性を測定できるようにしておく．このような微細加工を施した表面に，実際にビスマスクラスターを付着させると，図 8.9(a) のように電極上にクラスターが並んだワイヤーが生成されるのである．図 8.9(b) のようにもっと細い 50 nm のワイヤーを作製することもできる．どちらの場合でもクラスターを付着させていきながら，電極間に流れる電流を測定することによって導通が生じ，ワイヤーが完成するのを観測することができる．

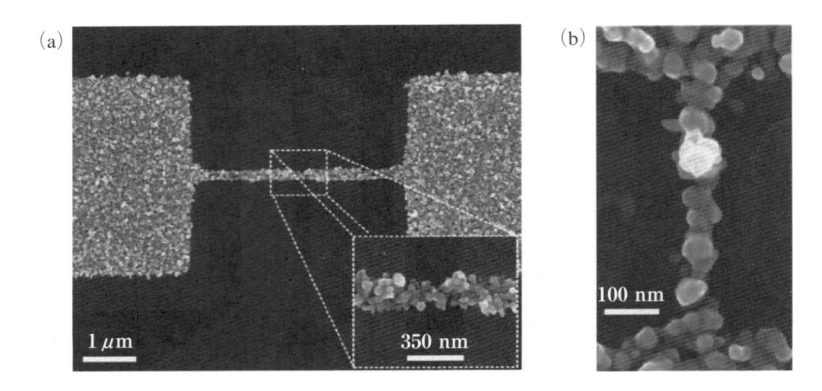

図 8.9　固体表面に作製した電極にビスマスクラスターを付着させたときの電子顕微鏡写真（R. Reichel, J. G. Partridge, F. Natali, T. Matthewson, S. A. Brown, A. Lassesson, D. M. A. Mackenzie, A. I. Ayesh, K. C. Tee, A. Awasthi and S. C. Hendy：App. Phys. Lett. **89**（2006）213105 より）

　また図 8.9(a) の場合，ビスマスクラスターから生成したワイヤーの抵抗値は 700 Ω であり，これを**抵抗率**に換算すると 4×10^{-5} Ωm である．これはバルクのビスマスの抵抗率（1.3×10^{-6} Ωm）より 1 桁程度大きい値である．この違いは，ワイヤーの表面や付着したクラスター間での電子の散乱によって，電子が流れにくくなっていることに由来すると考えられる．付着したビスマスクラスター同士は**融合**して，クラスター間の境界がはっきりしないように見えるが，電子にとってはスムーズに流れられるほどクラスター同士は密着していないのかもしれない．

　5.7 節で見たように，クラスターの**衝突エネルギー**の違いによって，固体表面に付着する割合は大きく変化する．表面衝突後のクラスターの運動エネルギーがクラスターと固体表面との**結合エネルギー**よりも大きければ，クラスターは跳ね返されることになる．**非弾性衝突**によるクラスターの塑性変形が重要な因子ということになる．**塑性変形**とは微視的には**エネルギー障壁**を乗り越えて，クラスターの幾何構造が別の安定構造へと転移することである．

実験で用いたクラスターの速度では十分に塑性変形が起こりうる．図 8.9 からわかるように，クラスターの形状は球形からは大きくずれていて，固体表面との衝突時の衝撃による塑性変形がうかがえる．

参考文献

[1] K. Miyajima, S. Yabushita, M. B. Knickelbein and A. Nakajima：J. Am. Chem. Soc. **129**（2007）8473

[2] S. Nagaoka, T. Matsumoto, E. Okada, M. Mitsui and A. Nakajima：J. Phys. Chem B. **110**（2006）16008

[3] R. Reichel, J. G. Partridge, F. Natali, T. Matthewson, S. A. Brown, A. Lassesson, D. M. A. Mackenzie, A. I. Ayesh, K. C. Tee, A. Awasthi and S. C. Hendy：App. Phys. Lett. **89**（2006）213105

さらに深く学びたい読者のために

この本を読んでクラスターに興味を持ち，もっと詳しく学びたいという読者のために，参考になる書籍などを以下に列挙する．

[1] 梶本興亜 編：「クラスターの化学」(培風館，1992年)
[2] 茅 幸二，西 信之 著：「クラスター ―新物質・ナノ工学のキーテクノロジー」(産業図書，1994年)
[3] 近藤 保，山口 豪，寺嵜 亨 編：「物理学論文選集X クラスター」(日本物理学会，1997年)
[4] 日本化学会 編：「季刊化学総説 マイクロクラスター科学の新展開」(学会出版センター，1998年)
[5] Satoru Sugano, Hiroyasu Koizumi : *Microcluster Physics* (Springer Series in Materials Science, Springer, 1998)
[6] 菅野 暁，近藤 保，茅 幸二 編：「新しいクラスターの科学 ―ナノサイエンスの基礎」(講談社，2002年)
[7] Web ラーニングプラザ「クラスターサイエンスコース」
http://weblearningplaza.jst.go.jp (日本化学会 編，コース責任者：近藤 保，科学技術振興機構，2002年)

事項索引

ア
アーク放電 56
——法 207
アルゴンマトリックス法 231

イ
イオン化 39,201
——エネルギー 64,201
——レーザー—— 64,193
イオン核 153
イオン結合 45
イオンスパッター法 48
イオントラップ 50
異性化 37
異性体 37,70,72,108,116,135
移動度 65
井戸型ポテンシャル 7,23,59,80

エ
STM（走査型トンネル顕微鏡） 217
X線構造解析 219
液体 100,135,170
——殻模型 125
エネルギー障壁（活性化エネルギー） 33,101,126,128,200,232,236
エネルギーギャップ 74,217
エネルギー準位 9,57,205
エネルギー損失 142,158,167
エポキシ化 216
遠心エネルギー 142
遠心力障壁 164
遠赤外 133
エンタルピー 114
エントロピー 114,118

カ
回折パターン 49
回転励起 166
解離吸着 202
解離断面積 173
化学蒸着法 205
核形成モデル 184
殻構造 41
拡散 188
——係数 190
表面—— 202,208
核磁気共鳴（NMR）スペクトル 185
核融合 192
確率 9
核力 192

籠構造 186
籠状構造 38,39,184,207,222
かすり衝突 142
活性化エネルギー（エネルギー障壁） 33,101,126,128,200,232,236
活性サイト 202
価電子 58
——帯 74
カミンスキー（Kaminsky）触媒 225
カロリー曲線 98,104
環化反応 205
換算質量 68,140
環状構造 35
含浸法 214

キ
幾何学断面積 67
規格化条件 9
基準振動 133
期待値 9
基底状態 9
軌道角運動量 82
軌道間相互作用 223
球殻状構造 55
吸着 200
——エネルギー 203,221
——サイト 222

解離 —— 202
　分子状 —— 201
球面調和関数　62
境界条件　3,60
凝固　98
凝固点　107,109
強制振動　79
共沈法　215
金属結合　70
金属 - 非金属転移　73,217

ク

クラストレート（包接化合物）　38,182
クーロン相互作用（静電相互作用）　42,163
クーロン爆発　193
クーロン力　45,192

ケ

結合エネルギー　236
結合解離エネルギー　158,171
結合性軌道　228
　反 —— 202
　非 —— 228
結晶構造　46

コ

5回回転対称性　30,121
交換相互作用　231
交差分子線法　138
格子状構造　45
構造転移　124,192

剛体球　68,119,149,159
光電子スペクトル　75,116
光電子分光法　74
固液共存　100,134
呼吸振動　132,150
固体　100,134,170
固有関数　7
固有値　7,16

サ

最高被占軌道（HOMO）　202,205
サイズ選別　204
最低空軌道（LUMO）　202
酸化反応　215
サンドイッチ構造　225
散乱　49,138
　—— 角　50,140
　弾性 ——　144
　非弾性 ——　144

シ

12面体構造　40,184
磁化　85
磁気モーメント　82,227
自己組織化単分子膜　231
磁石　226
磁性　83,226
実験室系　139
質量スペクトル　28,39,48,54,56,63,201,227
質量選別　50,110

質量分析　56,201
自由エネルギー　114,126
重心系　139
重水素核融合　193
自由電子　58,78
自由度　98
縮退（縮重）　19,116
ジェリウム模型　59,80
主量子数　58
シュレーディンガー（Schrödinger）方程式　2,59
昇温脱離スペクトル　232
衝撃解離　170
常磁性　88
衝突　138,155,193
　—— エネルギー　140,155,164,167,174,202,236
　—— 径数　141,156,164,167
　—— 断面積　67
　かすり ——　142
　直 ——　142,172
　非弾性 ——　236
蒸発　42,155,171
触媒　225
　—— 活性　214
　カミンスキー（Kaminsky）——　225
振動スペクトル　133,143
振動励起　156,166,167,

事項索引

170

ス

水素化反応　217
水素吸蔵　220
水素結合　31,42,182
水和　38
── 構造　183
スピン　70
── - 回転相互作用　229
── 緩和　228
── - 軌道相互作用　229
── 磁気モーメント　83
── 整列　230
── 多重度　70,228
── 密度　231
スピントロニクス　226

セ

正準集団　114
成長核　124
静電相互作用（クーロン相互作用）　42,163
静電ポテンシャル　57
正20面体構造　30,65,98,112,116,122,133,174,219
精密大量合成　218
赤外振動スペクトル　42,70,234
赤外分光法　70
析出沈殿法　215

切頭20面体　55
遷移確率　82
遷移状態　36
全体振動　130,138,148,171
潜熱　112

ソ

双極子　42,163
電荷 - 誘起 ── 相互作用　163,223
電気 ──　42,163
誘起 ── - 誘起 ── 相互作用　96,201
双5角錐柱構造　122
走査型トンネル顕微鏡（STM）　217
相対速度　140
相転移　104,105,109,112,171
塑性変形　176,236

タ

Diatomics-In-Molecules（DIM）法　151
体心立方構造　45,53
帯電エネルギー　202
脱水素反応　204
脱離しきい温度　232
弾性球　130,149
弾性散乱　144
非 ──　144
弾性変形　176
断熱自由膨張　28
断熱反応　167

非 ──　167

チ

中性子　193
── 散乱　184
調和振動子　133
直衝突　142,172

テ

抵抗率　236
デバイ - シェラー環　51
転移温度　125
電荷分布　151,166
電荷 - 誘起双極子相互作用　163,223
電気陰性度　32,222
電気双極子　42,163
電子移動　202,217,220
電子殻模型　79,115
電子軌道　32,202,204,209,223,228
電子顕微鏡　122,206
電子衝撃　39
電子 - 振動相互作用　170
電子親和力　202
電子線　49,122
── 回折　49
電子遷移　167
電子相関　83
電子束縛エネルギー　75
電子配置　58
電子励起　167,170
伝導帯　74

事項索引

ト

ド・ブロイ（de Brogli）の式 3, 49
ドーム構造 207
取り込み 156, 168
ドリフト速度 68

ナ

内部温度 98
ナノワイヤー 234
軟着陸 174, 177, 231

ニ

ニュートンダイアグラム 140

ネ

ねじれ機構 128
ねじれ振動 132
熱イオン放出 41
熱容量 104, 111

ノ

伸び縮み振動 130, 148

ハ

パウリ（Pauli）反発 202
波動関数 9, 60, 152
波動方程式 3
跳ね返り 174, 176
ハミルトニアン（ハミルトン演算子） 7, 151
反結合性軌道 201

反応速度 215
反応断面積 157, 160, 202, 205

ヒ

光解離 110
——断面積 42
光吸収確率 42
光吸収スペクトル 81
非結合性軌道 229
飛行時間スペクトル 143
飛行時間分析法 143, 194
非弾性散乱 144
非弾性衝突 236
非断熱反応 167
非調和性 134
比熱 109
——曲線 111
表面拡散 202, 208
表面修飾 219
表面融解 120
ビリアル定理 154

フ

ファン・デル・ワールス（van der Waals）力 28, 73, 95, 183
不確定性原理 12
不均一磁場 82, 227
付着 176
——確率 234
不対電子 70, 93, 228
プラズマ 193

——振動 78
ブラッグの反射の条件 50
フーリエ解析 116
分子間振動 32
分子状吸着 201
分子振動 42, 229
分子動力学法 95, 132, 155, 167, 174, 185, 202, 207

ヘ

閉殻 28, 57, 73, 82, 108, 112, 230
並進対称性 121
ベッセル（Bessel）関数 60, 131
変数分離 3

ホ

HOMO（最高被占軌道） 202, 205
——-LUMO 遷移エネルギー 202
ボーア（Bohr）磁子 85
方位量子数 58
包接化合物（クラスレート） 38, 182
ポテンシャルエネルギー曲線 32, 95, 127
ボルツマン（Bolzman）の関係式 120
ボルツマン分布 88

事項索引

マ
魔法数　29, 57, 63, 80

ミ
ミー（Mie）振動数　79

メ
面心立方構造　45, 52, 124, 174

ユ
融解　98
　表面——　120
融合　236
誘起双極子-誘起双極子相互作用　96, 201
有効ポテンシャル　142, 163
融点　107, 109, 112, 118, 125

ヨ
溶媒抽出法　56
溶媒和　41, 153
　——殻　41, 153

ラ
ランジュヴァン（Langevin）関数　89
ランジュヴァン断面積　165

リ
律速過程　202
量子化　9
量子数　9
　主——　58
　方位——　58
臨界核　184
臨界サイズ　184

ル
LUMO（最低空軌道）　202
ルジャンドル（Legendre）陪関数　131

レ
励起状態　9
レーザーイオン化　64, 193
レーザー核融合　193
レーザー蒸発法　54, 65, 84, 207, 227
レナード・ジョーンズ（Lennard-Jones）ポテンシャル　95, 174

物質索引

ア

アセチレン 206
アルカリ金属 56,78
　──イオン 45
　──クラスター 57,114
アルカンチオール 232
アルゴン 28,56,58,95,151,231
アルゴンクラスター 95,129,138,175
　──イオン 151
アルミニウム 222
　水素化── 221
　窒化── 222
アンモニア 31

イ

イオン結合クラスター 45
一酸化炭素 215

エ

エチレン 204
　ポリ── 225
N-ビニル-2-ピロリドン 220
塩化金酸 214,220
塩化物イオン 44

カ

過酸化水素 218
カーボンナノチューブ 56,206
貨幣金属 56,65,78
　──クラスター 57

キ

希ガスイオン 48
希ガスクラスター 28
キセノン 28
　──イオン 48
　──クラスター 28
金 65,121,214,232
　──クラスター 65,121,214,219
銀 65,82
金属イオン 41
　アルカリ── 44
金属クラスター 56,166,206
　アルカリ── 57,114
　貨幣── 56,65,78
　遷移── 69,83,200
金属酸化物 215

ク

グラファイト 54,56,221

クリプトン 28,58

コ

氷 38
コバルト 84
コバルトクラスター 84
　──イオン 205
コラニュレン 207

サ

酸化鉄 215
酸化プロピレン 216,218
酸素 216,218

シ

臭化セシウム 41
重水素 193
　──イオン 193
　ヨウ化── 195
　──クラスター 193
重メタン 195
重ヨードメタン 195
硝酸鉄 215

ス

水銀 73
　──クラスター 74
水蒸気 31
水素 200,216,218,221
　重── 192

物質索引

重――イオン 193
重――クラスター 193
ヨウ化重―― 195
過酸化―― 218
水素化アルミニウム 221
水素化マグネシウム 221
水和物 183
　メタン――（メタンハイドレート） 32,182
スカンジウム 56,228

セ

ゼオライト 41
セシウムイオン 41
遷移金属 56,70,83,200
　――クラスター 70,83

タ

炭酸ナトリウム 215
炭素 207
　――クラスター 54
　一酸化―― 215
　非晶質――膜 121

チ

チオラート 219
チオール 218
　アルカン―― 232
チタノシリケート 217
チタンイオン 218

窒化アルミニウム 221
窒化ケイ素 235

テ

鉄 83
　酸化―― 215
　硝酸―― 215
鉄クラスター 84,200,207
　――イオン 203

ト

銅 65,93
　――クラスター 93

ナ

ナトリウム 56,111,167
　炭酸―― 215
ナトリウムクラスター 56
　――イオン 109,167
ナノグラフェン 56

ニ

二酸化ケイ素 206,218,235
二酸化チタン 215
ニッケルクラスター 84,202

ネ

ネオン 28,58

ハ

ハイドレート（水和物）

183
　メタン――（メタン水和物） 38,182
白金 214
バナジウム 71,227
　――クラスターイオン 69
パラジウム 214
p-ヒドロキシベンジルアルコール 220
p-ヒドロキシベンズアルデヒド 220
ハロゲン化アルカリ 45
　――クラスター 45
ハロゲン化物イオン 43,45

ヒ

PMMA（ポリメタクリル酸メチル） 235
PVP（ポリ（N-ビニル-2-ピロリドン）） 220
非晶質炭素膜 121

フ

フラーレン 55,221
プロパン 217
プロピレン 216,218
　酸化―― 216
分子クラスター 31

ヘ

ヘリウム 28,54,56,58,66,84,110,138,172
　――液滴 38

物 質 索 引

ベンゼン　205,225,227

ホ

ポリ（N-ビニル-2-ピロリドン）（PVP）　220
ポリエチレン　225
ポリメタクリル酸メチル（PMMA）　235

ミ

水　32,43,182
―― クラスター　31,184

メ

メタノール　42,43
―― クラスター　41
メタロセン　225
メタンハイドレート（メタン水和物）　38,182

ユ

有機金属クラスター　225

ヨ

ヨウ化重水素　195
ヨウ化セシウムクラスターイオン　45
ヨウ素イオン　198
溶媒和クラスター　41

著者略歴

近藤　保（こんどう　たもつ）
1936 年生まれ
1967 年　東京大学大学院理学系研究科化学専門課程博士課程修了
1988 年　東京大学理学部教授
1997 年　東京大学定年退官，豊田工業大学教授
専攻　化学反応学，クラスター科学

市橋正彦（いちはし　まさひこ）
1966 年生まれ
1995 年　東京大学大学院理学系研究科化学専攻博士課程修了
1996 年　東京大学大学院理学系研究科助手
1997 年　豊田工業大学助手
2002 年　豊田工業大学講師
2006 年　豊田工業大学准教授
専攻　クラスター反応学

クラスター入門　－物理と化学でひも解くナノサイエンス－

2010 年 10 月 25 日　第 1 版 1 刷発行

検印省略

定価はカバーに表示してあります。

著作者	近藤　保
	市橋正彦
発行者	吉野和浩
発行所	東京都千代田区四番町 8 番地
	電話　03-3262-9166（代）
	郵便番号　102-0081
	株式会社　裳華房
印刷所	三報社印刷株式会社
製本所	株式会社　青木製本所

社団法人
自然科学書協会会員

JCOPY〈(社)出版者著作権管理機構　委託出版物〉
本書の無断複写は著作権法上での例外を除き禁じられています．複写される場合は，そのつど事前に，(社)出版者著作権管理機構（電話03-3513-6969，FAX 03-3513-6979，e-mail: info@jcopy.or.jp）の許諾を得てください．

ISBN 978-4-7853-2916-7

© 近藤　保・市橋正彦，2010　　Printed in Japan

化学の指針シリーズ

化学環境学	御園生　誠 著	定価 2625 円
生物有機化学 －ケミカルバイオロジーへの展開－	宍戸・大槻 共著	定価 2415 円
有機反応機構	加納・西郷 共著	定価 2730 円
有機工業化学	井上祥平 著	定価 2625 円
分子構造解析	山口健太郎 著	定価 2310 円
錯体化学	佐々木・柘植 共著	定価 2835 円
量子化学 －分子軌道法の理解のために－	中嶋隆人 著	定価 2625 円
化学プロセス工学	小野木・田川・小林・二井 共著	定価 2520 円

物性科学入門シリーズ

物質構造と誘電体入門	高重正明 著	定価 3675 円
液晶・高分子入門	竹添・渡辺 共著	定価 3675 円
超伝導入門	青木秀夫 著	定価 3465 円

基礎無機化学（改訂版）	一國雅巳 著	定価 2415 円
無機化学（改訂版）	木田茂夫 著	定価 2730 円
有機化学（三訂版）	小林啓二 著	定価 2625 円
分析化学の基礎	木村・中島 共著	定価 3045 円
分析化学（改訂版）	黒田・杉谷・渋川 共著	定価 3990 円
基礎化学選書2　分析化学（改訂版）	長島・富田 共著	定価 3675 円
基礎化学選書7　機器分析（三訂版）	田中・飯田 共著	定価 3465 円
量子化学（上巻）	原田義也 著	定価 5250 円
量子化学（下巻）	原田義也 著	定価 5460 円
ステップアップ　大学の総合化学	齋藤勝裕 著	定価 2310 円
ステップアップ　大学の物理化学	齋藤・林 共著	定価 2520 円
ステップアップ　大学の分析化学	齋藤・藤原 共著	定価 2520 円
ステップアップ　大学の無機化学	齋藤・長尾 共著	定価 2520 円
ステップアップ　大学の有機化学	齋藤勝裕 著	定価 2520 円

裳華房ホームページ　http://www.shokabo.co.jp/　　2010 年 10 月現在